马铃薯气候智慧型种植管理和发展对策

王靖　等　著

中国农业大学出版社
·北京·

内 容 简 介

马铃薯作为世界第四大粮食作物，对保障全球粮食安全具有重要的意义。本书系统综述了我国马铃薯生产现状和实现主粮化的限制因素，深入分析了气候变化对我国马铃薯生产的影响，并针对我国马铃薯生产中存在的单产水平和水肥利用效率低、温室气体排放量高的问题，提出了马铃薯气候智慧型种植管理评估方法，从增产增效和绿色减排角度制定了我国马铃薯不同种植区的气候智慧型管理措施。本书是研究团队对多年来取得的科研成果的系统阐述，也是对国内外相关研究成果的提炼和总结，注重气候变化与气候智慧型种植的新成果，重视联系我国马铃薯生产实际的同时借鉴国外经验。

本书内容丰富、条理清晰，可供从事马铃薯生产管理及种植区划工作的科研和生产管理人员参考，并为政府制定适应气候变化的生产对策提供科学依据。

图书在版编目(CIP)数据

马铃薯气候智慧型种植管理和发展对策/王靖等著. --北京：中国农业大学出版社，2023.9
ISBN 978-7-5655-3017-3

Ⅰ.①马…　Ⅱ.①王…　Ⅲ.①马铃薯—栽培技术　Ⅳ.①S532

中国国家版本馆 CIP 数据核字(2023)第 120738 号

北京市规划自然资源委地图审图号：GS 京(2023)1253 号

书　　名　马铃薯气候智慧型种植管理和发展对策
Malingshu Qihou Zhihuixing Zhongzhi Guanli he Fazhan Duice

作　　者　王　靖　等　著

策划编辑　潘晓丽　韩元凤　　**责任编辑**　韩元凤
封面设计　李尘工作室
出版发行　中国农业大学出版社
社　　址　北京市海淀区圆明园西路 2 号　　**邮政编码**　100193
电　　话　发行部 010-62733489，1190　　读者服务部 010-62732336
编辑部 010-62732617，2618　　出　版　部 010-62733440
网　　址　http://www.caupress.cn　　**E-mail** cbsszs@cau.edu.cn
经　　销　新华书店
印　　刷　北京鑫丰华彩印有限公司
版　　次　2023 年 9 月第 1 版　　2023 年 9 月第 1 次印刷
规　　格　185 mm×260 mm　　16 开本　　10 印张　　250 千字
定　　价　52.00 元

著者名单

王　靖（中国农业大学）

李　扬（中国农业大学）

唐建昭（河北省科学院地理科学研究所）

胡　琦（中国农业大学）

刘霞霞（内蒙古自治区生态与农业气象中心）

张佳莹（中国农业大学）

尹　红（国家气候中心）

郑大玮（中国农业大学）

潘志华（中国农业大学）

潘学标（中国农业大学）

序言

马铃薯是世界第四大粮食作物，近年来在中国的种植面积迅速扩大，总产量大幅增加，加工食品多样，丰富了全国人民的餐桌。马铃薯喜冷凉气候，高产、耐瘠、抗逆、耐贮。从北方农牧交错带、黄土高原到西南山区，种植马铃薯成为许多农村脱贫的捷径。马铃薯含丰富的维生素 C，在美国是仅次于柑橘的提取维生素 C 第二大原料。在中国生长季很短的高寒地区不适宜种植果树和蔬菜，但适宜种植马铃薯，马铃薯成为当地居民饮食摄入维生素 C 的主要来源，保护了当地人的健康。

马铃薯的地位如此重要，但长期以来国内的马铃薯作物气象研究相当薄弱，相关文献与研究成果的数量和社会影响远不及水稻、小麦、玉米等主粮作物，不能适应马铃薯生产发展和市场消费迅速增长的需要。全球气候变化和国内经济社会发展也给中国马铃薯产业发展带来了许多新问题，要求中国的马铃薯生产从传统的粗放种植方式向气候智慧型种植模式转变。王靖教授出生于内蒙古马铃薯主产区之一的乌兰察布市，祖上自山西“走西口”来到内蒙古，从小吃“山药蛋”长大，对于这片土地和马铃薯有着深厚的感情。十多年来，以他为首的科研团队，以农业农村部内蒙古武川旱作农业试验站为主要基地，并联合其他马铃薯主产区开展了大量的试验研究，研究成果已在生产上大面积推广，取得了显著的经济与生态效益。本书是该团队对多年来取得的科研成果的系统阐述，也包括对国内相关研究成果的提炼和结晶。

联合国粮农组织 2010 年提出的气候智慧型农业概念，是指在持续提高农业生产力、增强农业对自然灾害及气候变化抵抗能力的同时，能很好地适应气候变化，减缓农业温室气体排放，能够增强粮食安全和农业发展的农业生产方式。本书全面分析了马铃薯生产对气候要素的要求和气候变化对中国马铃薯物候与产量的影响，提出马铃薯气候智慧型种植的概念，从品种、播期、水肥管理、种植方式等方面系统阐述了马铃薯气候智慧型种植的技术要点和减排增产效果，基本构筑起农牧交错带马铃薯气候智慧型种植的理论和技术体系，对全国马铃薯产业发展前景做出预测并提出若干对策建议。本书填补了马铃薯作物气象研究领域的空白，对于中国马铃薯生产具有重要的指导意义，对于其他作物生产构建气候智慧型种植模式也具有一定的参考价值。

由于条件限制和文献数量不多，本书对于国内其他马铃薯产区的气候智慧型种植模式阐述较少，有待今后继续充实。但气候智慧型种植的基本原理是相通的，相信本书的出版将有力地促进全国分区马铃薯气候智慧型种植理论与技术体系的全面构建。

郑大玮

2022 年 12 月

前言

马铃薯具有抗旱、抗寒、耐瘠、适应性广和产量高等特点，是世界第四大粮食作物，在全球154个国家或地区都有分布，对保障世界粮食安全有重要的意义。中国的马铃薯种植面积和总产约占世界总量的27%和24%，均为世界第一，且由于其独特的营养价值和粮菜兼用功能，马铃薯是中国居民喜爱的一种食物。2015年，中国提出了马铃薯主粮化战略，希望通过将马铃薯加工成适合中国人饮食消费习惯的馒头、面条、米粉等主食产品，开发多样化马铃薯产品系列，实现马铃薯的饮食功能转变，改善中国人的饮食结构，使马铃薯成为小麦、水稻、玉米后的第四大主粮作物。马铃薯主粮化战略符合推动中西部经济发展和小城镇发展战略，可有效缓解资源环境压力，推动居民膳食结构的调整与升级，对世界马铃薯产业的稳定乃至粮食安全起到至关重要的作用。

当前我国马铃薯生产中仍存在一些问题，如与世界马铃薯其他主要生产国相比，我国的马铃薯单产水平和水肥利用效率仍然较低，土豆品质区域差异大，温室气体排放量较高，严重影响了马铃薯主粮化战略的实施和马铃薯产业的可持续发展。为了提高马铃薯的产量、品质和水肥利用效率，同时降低温室气体排放和环境代价，自2008年起，中国农业大学气候变化与农业生产系统模拟团队在农牧交错带武川农业环境科学观测试验站进行了长期分期播种和集雨试验，分析不同气象条件对马铃薯产量和水分利用效率的影响，通过长期试验确定了影响马铃薯产量和水分生产力的关键气象因子。在田间试验的基础上，通过与农业生产系统模型的结合，将研究区域从站点扩展到农牧交错带、北方一作区和中国马铃薯种植区，研究了马铃薯产量差、适宜播期和品种、适宜水肥管理制度，从增产增效和绿色减排出发，提出了中国马铃薯不同种植区的气候智慧型管理措施。

本书主要面向从事马铃薯研究和生产管理的人员。全书共分7章，第1章介绍马铃薯的生产现状、限制因素以及气候变化对中国马铃薯生产影响的研究进展；第2章介绍气候变化对马铃薯物候和产量的影响；第3章介绍马铃薯气候智慧型种植管理评估方法；第4章介绍马铃薯气候智慧型播期和品种管理；第5章介绍马铃薯气候智慧型水肥管理；第6章介绍马铃薯气候智慧型种植模式；第7章介绍中国马铃薯生产发展对策与展望。

本书成果来自著者研究团队的集体智慧，写作分工如下：

前言：王靖；第1章：李扬，唐建昭，尹红；第2章：李扬，唐建昭；第3章：王靖，刘霞霞，李扬；第4章：李扬，张佳莹；第5章：胡琦，刘霞霞，唐建昭；第6章：李扬；第7章：王靖，胡琦，唐建昭，李扬。郑大玮、潘学标、潘志华对全文进行了修改，全书由王靖、张佳莹统稿。

本书的出版得到了国家重点研发计划“蒙冀半干旱风沙区有机旱作抗逆保土生态种植技术模式与应用”(2021YFD1901104)、内蒙古自治区科技重大专项“旱作区农业水资源承载力与作物优化布局研究”(2020ZD0005)、中国农业大学人才培育计划(00109016)等的资助。

本书是著者团队多年工作的总结，希望通过本书为马铃薯主粮化推广工作提供一些参考，为马铃薯生产适应气候变化和可持续发展提供一些启示。因著者水平有限，书中难免有不足之处，敬请各位读者批评指正。

王　靖

2022 年 12 月

目录

第 1 章 绪论

1.1 中国马铃薯的生产现状

马铃薯是仅次于小麦、水稻和玉米的世界第四大粮食作物，但用于直接食用消费的多于玉米，因此马铃薯也被认为是世界第三大粮食作物（卢肖平，2015）。马铃薯起源于南美洲，但目前世界马铃薯主产区以亚洲为主，欧洲次之，其次为非洲、美洲和大洋洲（刘洋等，2014；卢肖平，2015）。马铃薯具有耐旱、耐寒、耐瘠薄和适应性广等特点（任永峰等，2011）。作为一种粮菜饲兼用的作物，其块茎中含有多种营养成分，包含蛋白质、维生素 C（又名 *L*-抗坏血酸）、维生素 B、胡萝卜素等，被誉为"十全十美的全价营养物"（宋伯符，2002；屈冬玉等，2005）。在每 100 g 的主要粮食作物中，玉米、小麦和水稻分别含有 365 kcal（1 cal＝4.2 J）、364 kcal 和 130 kcal 的能量，而鲜马铃薯所含能量仅 87 kcal，是一种绿色健康的食品（Wang et al.，2018）。

世界马铃薯种植面积和总产量分别为 1.8×10^{7} hm^{2} 和 3.7×10^{8} t，而中国马铃薯种植面积和总产量约占世界总量的 27％和 24％，且近些年仍有逐渐增加的趋势（FAO，2018）。中国马铃薯主粮化总体战略的实施符合国家推动中西部经济发展和小城镇发展战略，不仅能够缓解资源环境压力，而且有助于推动我国居民膳食结构的调整与升级。中国马铃薯产业发展的同时也对世界马铃薯产业的稳定乃至世界粮食安全起到至关重要的作用（Jansky et al.，2009；卢肖平，2015；李扬等，2020）。2011—2015 年中国马铃薯潜在鲜重产量和实际鲜重产量的平均值分别为 50.1 $t\cdot hm^{-2}$ 和 16.9 $t\cdot hm^{-2}$，表明中国马铃薯产量尚有很大的提升空间（Wang et al.，2018）。

马铃薯适应性广，种植区域遍布全国，一年四季均有种植，受气候条件、地形地貌等影响，不同种植区马铃薯主栽品种、生长时期和管理方式等均存在较大差异。根据气候条件和种植制度等的差异，中国马铃薯种植区主要划分为 4 个主产区：北方一作区、中原二作区、西南混作区和南方冬作区（隋启君等，2008；Jansky et al.，2009）（图 1-1）。北方一作区主要包括新疆、青海、甘肃、宁夏、陕西、内蒙古、黑龙江、吉林、辽宁、河北北部（承德、张家口和保定等地区）和山西北部（太原及以北地区）等地，该区光照充足、昼夜温差大，适宜马铃薯生长发育，是重要的种薯繁殖基地。中原二作区位于北方一作区以南，大巴山苗岭以东，南岭、武夷山以北地区，主要包括山东、安徽、河南、湖南、湖北、江苏、江西、浙江、河北南部（保定以南地区）和山西南部（晋中及以南地区）等地区。南方冬作区位于南岭、武夷山以南的地区，主要包括福建、广东、广西、海南和台湾等地区，是中国重要的商品薯出口基地，也是当前中国马铃薯生产发展最迅速的地区。西南混作区主要包括西藏、贵州、四川、云南和重庆等地区，该区地形复杂，海拔差异

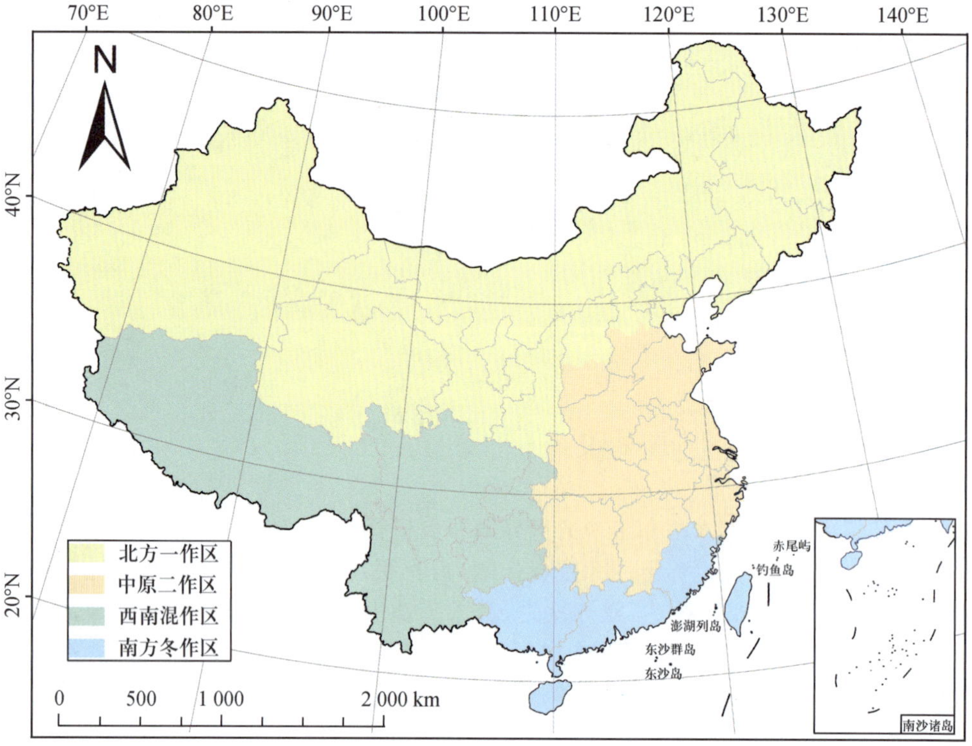

图 1-1　中国马铃薯主产区划分

大，不同海拔高度下马铃薯种植制度存在明显差异，单作、轮作和间套作等种植方式在该区均有分布。

北方一作区马铃薯种植面积和总产量均高于其他产区，南方冬作区马铃薯种植面积和总产量最低。从单产水平来看，北方一作区和中原二作区马铃薯平均单产水平较高，但不同省份间存在较大差异，而平均单产水平最低的西南混作区各省份间的差异较小(图 1-2)。

表 1-1 总结了不同种植区马铃薯熟制、生长季、品种熟性、主栽品种和主要用途的差异。北方一作区受水热条件的影响，种植制度主要为一年一熟，马铃薯生育期较长，因此主栽品种种类较多，早、中和晚熟品种均有种植(赵海超等，2013；赵亮等，2016；文国宏等，2018；李扬等，2019)。其他作区的作物熟制均为一年两到三熟或两年三熟，南方冬作区的一些地区甚至一年三熟(王娜等，2015；梁晶晶，2016；张淑敏，2016)。受轮作或间套作作物生育期的影响，主要种植生育期较短的早、中熟品种。不同种植区马铃薯主要生长季差异较大，北方一作区马铃薯生长季在 4—10 月，过早播种和过晚收获都会受到霜冻的影响；中原二作区温度和水分较一作区充足，马铃薯生长季可延长至 3—11 月，主要在 3—8 月播种；而西南混作区周年均有种植，该区按种植时期不同可分为大春、小春、秋作和冬作马铃薯(梁淑敏等，2016)；南方冬作区主要利用水稻收获后的冬闲田进行马铃薯种植，也有部分马铃薯在秋季种植。北方一作区和西南混作区生产的马铃薯主要用来食用和加工，是主要的种薯生产区，而中原二作区和南方冬作区生产的马铃薯主要用来出口。

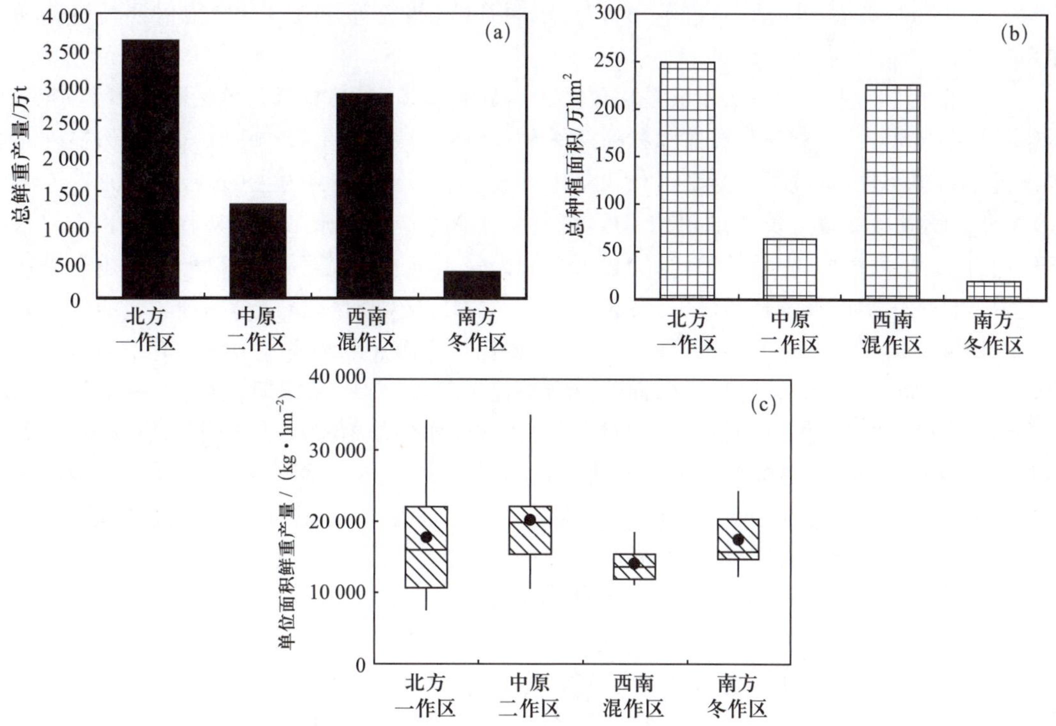

图 1-2　中国马铃薯主产区总产(a)、种植面积(b)和单产水平(c)

表 1-1　不同种植区马铃薯熟制、生长季、品种熟性、主栽品种和主要用途

种植区	熟制	生长季	品种熟性	主栽品种	主要用途
北方一作区	一年一熟	4—10 月	早、中、晚	费乌瑞它、克新系列、底西芮、早大白、夏坡蒂、大西洋、陇薯系列、青薯系列、晋薯系列、康尼贝克、中薯系列等	种薯、食用、加工
中原二作区	一年两熟或两年三熟	3—11 月	早、中	费乌瑞它、东农系列、郑薯系列、中薯系列、鲁引系列、春秋系列、双丰系列等	种薯、出口
西南混作区	一年一熟、两熟或两年三熟	周年	早、中	费乌瑞它、中薯系列、云薯系列、丽薯系列、川凉薯系列、黑美人、红宝石等	种薯、食用、加工
南方冬作区	一年两熟或三熟	10 月至次年 4 月	早、中	闽薯系列、费乌瑞它、克新系列等	出口

北方一作区不仅马铃薯播种面积和总产量最高，也是中国主要的脱毒马铃薯繁育基地，该区马铃薯生产直接影响中国的马铃薯产业发展(马子俊等，2019)。北方大多数地区四季分明、无霜期较短、气候冷凉，适宜商品薯生长和优质种薯繁育，但该区干旱少雨，作物生长季降水年际变异较大，旱作雨养和补充灌溉是该区马铃薯的主要生产方式(Tang et al.，2018)。为了补充马铃薯生育期需水，该区马铃薯主要通过起垄覆膜(Zhang et al.，2017)、播期和品种调控

(李扬等,2019)、滴灌和喷灌(李志平,2017)、集雨补灌(胡琦等,2015)等措施保证马铃薯稳产和高产。

以华北平原为主的中原二作区是重要的种薯繁育基地和出口产区,该区跨越多个纬度,马铃薯播期差异较大,主要分为春播和秋播两季种植,春播马铃薯生长季多在3—5月,播种时通常进行“催芽”处理,通过早出苗来延长块茎生长期,以生产商品薯为主(张希太,2011;陈焕丽等,2012);秋播马铃薯生长季在8—11月,主要为种薯生产。中原二作区马铃薯生长季内水热条件适宜,主要种植早、中熟品种,马铃薯生育期内受干旱和低温等胁迫较少,加上山东等地初具规模的机械化生产技术,使该区马铃薯单产水平位居四大作区之首(李娜等,2019)。

西南混作区气候特点为多雨、高湿,地形主要包括低山丘陵和高寒山地。其中高原山区气温较低,无霜期较短,多为一年一熟,而低山河谷地区气温较高,无霜期较长,为一年两熟或两年三熟,混作区作物种植类型较多,与马铃薯间作或套作的作物有水稻、玉米和蔬菜等(刘胜军和刘介民,2006;王平等,2017)。该区春播马铃薯通常在1—5月播种,而秋冬播马铃薯通常在8—12月播种(刘胜军和刘介民,2006;邓仁菊等,2016;潘建梅等,2016)。西南山区地形复杂,辐射较低,加之复杂多变的立体气候和混作的作物搭配不合理等因素导致整个区域马铃薯的单产水平低于其他地区(梁晶晶,2016;潘建梅等,2016;王平等,2017)。

南方冬作区无霜期在300 d以上甚至全年无霜,年降水量充沛,大多数地区属海洋性气候。该区马铃薯分秋播和冬播,其中秋播通常在10月播种,12月收获,冬播通常在1月播种,4月收获。尽管该区全年降水充沛,但利用冬闲田种植的马铃薯恰逢旱季,因此生长过程中需要适量补灌(李晓波等,2010)。该区马铃薯播种面积和总产量相对其他作区低,但单产水平较高,且产量在年际的变异较小。

1.2 中国马铃薯生产的限制因素

尽管中国马铃薯种植面积和总产量均居世界第一,但当前中国马铃薯单产水平相对于其他主要种植国家仍较低(Jansky et al.,2009;Wang et al.,2018;Li et al.,2022),主要的限制因子包括种薯质量差、气候条件不适宜、水肥管理不当、病虫草害多发、机械化水平低、产业链不完善和政策导向力度偏弱等。

1. 种薯质量较差

与其他国家相比,中国马铃薯产量低的重要原因之一是种薯质量较低,而发达国家马铃薯产量高的主要原因是普遍采用了脱毒的高质量种薯(谢开云等,2008)。研究表明,优质的脱毒种薯比普通种薯增产2～4倍(王芳丽,2016)。中国脱毒种薯的生产技术起步较晚,当前脱毒种薯的种植面积仅占总面积的30%左右,农民较普遍使用切块带芽眼的薯块进行种植,而发达国家脱毒种薯的播种面积可达70%左右(康荣和王生荣,2013)。

2. 不同种植区气候障碍因子不同

马铃薯生育期气候条件对产量形成起决定性作用(Tang et al.,2018),不同种植区的气候因子对马铃薯产量形成有不同程度的影响。对于北方一作区,马铃薯生产以“靠天吃饭”为主(李扬等,2020),主要的气候障碍因子为马铃薯生长季降水量低且年际变异高。而在中原二作区、西南混作区和南方冬作区,轮作和间套作导致马铃薯大多在冬季选种较短生育期的早、中熟品种利用冬闲田进行种植,轮作和混作导致生育期低温寡照、季节性干旱和成熟收获时的连阴雨等气象灾害均对马铃薯生产不利(池再香等,2009;黄团等,2013;邓仁菊等,2016)。

3. 水肥管理措施不合理

相比于其他作物,马铃薯全生育期需水量较高(赵鸿等,2018),约418 mm(钟兆站等,2020),且在不同生育期差别较大(王俊国,2010)。实际生产中为追求高产,许多种植区仍以沟灌和漫灌等传统方式进行灌溉,造成水资源浪费和水分利用效率较低等问题(计荣坤等,2016)。尽管施肥可显著提高马铃薯产量,但目前农民过量施肥导致马铃薯抗性降低、品质下降、病虫害增加、土壤酸化、农业面源污染加重等,不利于农业生产和生态环境的可持续发展(张君,2018)。

4. 病虫草害多发

病虫草害多发是影响马铃薯产量稳定提升的主要限制因子之一,马铃薯的主要病害按严重程度排列主要包括晚疫病、早疫病、黑胫病、疮痂病、黑痣病、炭疽病、环腐病和青枯病等(高玉林等,2019)。晚疫病作为马铃薯生产中最严重的病害,发病区域遍布中国马铃薯各个产区,年均发病面积可达200万 hm^2,减产率可达10%～50%,一些地区甚至会因此造成绝收(黄冲和刘万才,2016)。

虫害也是影响马铃薯生产的重要限制因素,对马铃薯生产产生重要影响的虫害有蚜虫、二十八星瓢虫、块茎蛾和一些地下害虫(蛴螬、蝼蛄、地老虎、金针虫等)(高玉林等,2019)。随着种植面积的扩大,虫害的种类和受灾面积也在逐步扩大,北方虫害受灾面积高于南方,总的发生面积接近总种植面积的一半,年均产量损失可达19.6万 t(任斌元等,2015;高玉林等,2019)。

马铃薯田间杂草种类繁多,主要包括马唐、牛筋草、棒头草、灰菜、狗尾草、反枝苋、繁缕、碎米荠、辣子草、铁苋菜和香附子等,若管理不当,会严重影响马铃薯的产量和品质(向云佳等,2019)。

5. 机械化水平低

当前,中国马铃薯生产仍以小农户为主体,种植田块分散,较粗放的田间管理导致集约化经营困难,加之较落后的农机设备导致马铃薯产量偏低,甚至有些地区的马铃薯生产仅能保证自给自足(宾士友和郑浩,2019;张荣达等,2019)。由于规模化的马铃薯生产较少,各种植区马铃薯生产机械化水平总体偏低,而山东等少数省份马铃薯机械化生产进程中仍存在技术与设备较落后等问题(李娜等,2019)。

6. 贮运销和产业链单一

当前中国马铃薯主产区的仓储及转运体系相对落后,呈现区域性、结构性和季节性失衡的特点(李辉尚等,2019)。马铃薯仓储不能充分满足生产需求会造成极大的损失,尤其对于南方马铃薯种植区,气候湿润、降水充沛导致马铃薯水分含量高,淀粉含量低,晚疫病高发,易腐烂,不耐贮藏,加大了鲜薯销售的风险和价格波动(米建等,2012;李志平,2017)。此外,中国马铃薯产业体系不完整,产业链较单一,马铃薯加工业较落后且生产力不足,导致马铃薯附加产品种类较少(张荣达等,2019),产后加工值较低,主要以马铃薯淀粉为主,全粉、薯条、薯片等附加值较高的产品少(李志平,2017;宾士友和郑浩,2019)。

7. 马铃薯主粮消费和政策导向力度弱

在很长时期内,消费者的传统主食消费观念仍难以转变,马铃薯被当作主食的观念不强,且中国马铃薯的消费结构仍以鲜食为主,消费结构比较单一。政策层面上,当下鼓励粮食生产的惠民政策和财政补贴政策并未惠及马铃薯生产,马铃薯未被纳入农民直接补贴中,而良种补贴也仅在少数主产区开展。此外，当前马铃薯产量按照 5 ∶ 1 的比例折粮指标偏低，且缺乏科学依据，不利于调动马铃薯主产区地方政府发展马铃薯产业的积极性。

1.3 气候变化对中国马铃薯生产影响的研究进展

马铃薯为喜凉作物且对干旱十分敏感，以暖干化为主要特征的气候变化对马铃薯生长产生了重要影响（Hijmans，2003；Stockle et al.，2010）。气候变化对中国马铃薯生产的影响主要体现在 4 个方面：气候变化影响中国马铃薯种植格局、种植适宜度和农作措施（张强等，2008）；气候变化对马铃薯生育期、干物质量和产量产生重要影响（姚玉璧等，2010）；气候变化导致马铃薯生育期内供需水状况发生变化（唐建昭等，2020）；气候变化增加马铃薯晚疫病流行的不确定性（陈素华等，2006）。

1.3.1 气候变化对中国马铃薯种植格局产生的影响

研究表明，气候变暖使马铃薯适宜种植范围扩大（宋玉芝等，2009）。20 世纪 90 年代与 80 年代相比，气候变暖使马铃薯适宜种植的上限海拔高度平均提高了 100～200 m，从而使黄土高原尤其是甘肃陇中地区的种植面积扩大（邓振镛等，2008）。气候变暖使宁夏马铃薯种植边界有不同程度的北移，马铃薯可种植面积增加（孙俊和李剑萍，2009）。20 世纪 90 年代中国马铃薯种植格局整体呈现“单核心＋外围小中心”的分布特征，受气候变化的影响，当前中国马铃薯种植格局整体呈现“双核心＋外围小中心”的特征（张烁等，2020）。

气候变化对中国不同地区马铃薯生产的适宜度产生重要影响，研究表明，从空间分布上看，内蒙古马铃薯温度适宜度由西向东呈“低—高—中”的带状分布，降水适宜度由西向东、由北向南增加，日照适宜度西高东低，综合光温水三要素影响，阴山南北麓东段及大兴安岭南麓区为马铃薯气候适宜度的高值区，具有适宜生产马铃薯的气候资源优势；从年代变化上看，1961—1990 年内蒙古马铃薯生产的综合气候适宜度除东部偏北及西部偏北呈微弱的下降外，总体呈增加趋势，1991—2015 年大部分地区综合适宜度由上升转为下降的趋势（金林雪等，2018）。由于气候适宜度发生变化，导致内蒙古不同地区马铃薯的生产脆弱性发生变化，内蒙古马铃薯生产脆弱性分布呈中部高、东西部低的特点（杨丽桃，2021）。在甘肃地区，气候变化使马铃薯种植的最适宜区和适宜区缩小，次适宜区和可种植区扩大，不适宜区减小（王鹤龄等，2017）。在宁夏地区，不考虑灌溉条件时，宁夏马铃薯种植适宜度较高的地区主要分布在宁夏南部地区，次适宜区和可种植区主要分布在宁夏中部，不适宜种植区主要分布在北部；当考虑灌溉条件时，可种植区范围在宁夏北部明显增加。气候变化也对不同地区农作措施产生影响，如农业节水灌溉技术和覆膜技术的推广、播期的调整、田间管理方式的变化、农业生产结构和能源消费结构的调整等（杨丽桃，2021）。

1.3.2 气候变化对马铃薯生长发育和品质产生的影响

对马铃薯生育期有显著影响的气候因子主要为日照时数和温度。研究表明，青海共和地区 5 月日照时数增加，播种至出苗时间间隔延长；现蕾至开花期间隔日数与 6 月平均气温、≥0 ℃积温呈显著正相关，开花至成熟期间隔日数与 4 月和 8 月日照时数、6 月和 8 月平均气温及≥0 ℃积温呈显著负相关（赵年武等，2015）。贵州西部地区，气温是影响马铃薯生育期的主要气候因子，气候变暖导致马铃薯生育期缩短（池再香等，2012）。在黄土高原地区，气温升高使具有无限生长习性的马铃薯营养生长阶段缩短（播种至出苗期每 10 年缩短 1～2 d），而生殖生长阶段延长（花序形成至采收期每 10 年延长 9～10 d），全生育期延长，马铃薯块茎生长表现由缓慢生长转为迅速生长又转为缓慢生长的阶段变化特征（姚玉璧等，2010）。气候变暖对中国不同地区马铃薯产量影响不同。在东北地区，研究表明 1961—2017 年马铃薯潜在产量呈降低趋势，其中平均温度升高、气温日较差降低以及辐射量减少是马铃薯单产降低的主要原因（徐瑞阳等，2021）。在宁夏大部分地区对马铃薯产量影响程度最大的气象因素是温度，7 月气温每下降 1 ℃产量可增加 50 $kg \cdot hm^{-2}$ 左右（景彩艳，2008）。在西北地区，气温对马铃薯产量形成除采收期外，均为负效应，块茎膨大期对气温变化最敏感，除出苗期和采收期降水对马铃薯产量形成负效应外，其余时段降水量对马铃薯产量形成均为正效应，马铃薯分枝—开花期对降水量变化最敏感（姚玉璧等，2009）。

气候变暖对马铃薯的品质也产生重要影响，研究表明，气温升高显著增加块茎的干物质含量和淀粉含量，而粗蛋白质含量、还原糖含量和维生素 C 含量随着气温的升高呈下降趋势（肖国举等，2015）。未来升温对马铃薯产生进一步影响，研究表明，在未来气候变化情景下，中国黄土高原马铃薯产量总体呈现下降趋势，但可通过改善灌溉条件、调整播期等降低气候变化对马铃薯的负面影响（王春玲，2015）。在宁夏地区，未来 A2（反映区域性合作，对新技术的适应较慢，人口继续增长）和 B2（假定生态缓解的改善具有区域性）两种气候变化情景下，马铃薯单产呈减少趋势，2020—2089 年减产幅度在 8.7%～41.3%；且 A2 情景下的减产幅度比 B2 情景下的减产幅度更大，在空间分布特征上，宁夏中部干旱带马铃薯减产幅度较宁夏南部山区更大（李剑萍等，2009）。

1.3.3　气候变化对马铃薯供需水状况产生的影响

研究表明，冀北地区近 50 年马铃薯生育期需水量和缺水量年际变化表现出 1969—2003 年减少、2004—2018 年增多的趋势，且需水量高的年份缺水量也高，近 50 年平均需水量和缺水量分别为 497 mm 和 349 mm；空间分布上呈现自坝上高原区向坝下山地增多的特点，且需水量高的地区缺水量也高，马铃薯块茎膨大期需水量最高，其间也是缺水量最大的时期（马凤莲等，2020）。气候变暖对晋西北地区马铃薯生态需水量的影响表明，气温升高会增加马铃薯的需水量，且不同地区需水量的增幅不尽相同，气候变暖对寒冷地区马铃薯需水量的影响更加显著（郭伟等，2014）。气候变化背景下，宁夏马铃薯需水量在近 30 年内呈现上升的趋势，并且南部山区上升趋势明显高于中部地区，从播种—分枝期，马铃薯日需水量逐渐增大，花序—盛花期这一作物生长旺盛阶段为需水高峰期，块茎成熟—收获期日需水量迅速下降。未来宁夏地区马铃薯缺水幅度进一步加大，马铃薯生长将面临更加严峻的水分问题（李剑萍等，2011）。

1.3.4　气候变化增加马铃薯晚疫病流行的不确定性

近年来，随着气候暖干化和中国马铃薯种植格局的变化，马铃薯晚疫病普遍流行，危害程度呈上升趋势，严重影响马铃薯产量、品质和商品薯率（姚玉璧等，2010）。适宜的气温是晚疫病发生的基本条件，高湿是晚疫病发病流行的重要条件（张厚桐，2002）。自 20 世纪 90 年代以来，最高温度已达到马铃薯晚疫病流行的最佳条件，最低气温也基本适宜（陈素华等，2004），在马铃薯生育期内遇到连续阴雨天气，晚疫病便迅速蔓延和流行。因此，气候变化导致 20 世纪

90年代后，晚疫病在我国马铃薯主产区普遍发生，危害程度呈上升趋势，如内蒙古地区（陈素华等，2004）、河北坝上地区（谭宗九等，2001）和甘肃定州地区（姚玉璧等，2010）。

未来关于气候变化对马铃薯影响的研究应重点在以下几个方面开展：①加强气候变化对马铃薯生长发育影响的试验研究手段，如采用FACE试验、开顶式人工气候室等；②加强升温和CO_2浓度升高对马铃薯生长发育的交互影响过程研究；③加强气候变化对马铃薯品质的影响研究；④开展气候变化伴随胁迫（干旱、高温）对马铃薯的影响研究。

参考文献

宾士友，郑浩．广西马铃薯产业发展现状与展望[J]．广西农业学报，2019，34(5)：1-7.

陈焕丽，吴焕章，郭赵娟．中原二作区秋播马铃薯栽培技术[J]．现代农业科技，2012(24)：100.

陈素华，潘进军，王志春，等．气候变化对内蒙古马铃薯晚疫病流行的影响[J]．干旱地区农业研究，2004，24(6)：48-50.

池再香，张普宇，张艳梅，等．贵州西部地区马铃薯生产主要气象限制因子分析[J]．中国农业气象，2009，30(s2)：257-259.

池再香，杜正静，杨再禹，等．贵州西部马铃薯生育期气候因子变化规律及其影响分析[J]．中国农业气象，2012，33(3)：417-423.

邓仁菊，卢扬，潘建梅，等．不同栽培模式对贵州冬作马铃薯抗旱防寒的影响[J]．江西农业科学，2016，44(9)：119-122.

邓振镛，张强，徐金芳，等．全球气候增暖对甘肃农作物生长影响的研究进展[J]．地球科学进展，2008，23(10)：1070-1078.

高玉林，徐进，刘宁，等．我国马铃薯病虫害发生现状与防控策略[J]．植物保护，2019，45(5)：106-111.

郭伟，阳伏林，张荣，等．晋西北地区马铃薯生态需水量对气候变化的响应[J]．干旱气象，2014，32(4)：516-520.

胡琦，潘学标，杨宁．北方农牧交错带马铃薯沟垄集雨技术适宜性研究[J]．干旱区地理，2015，38(3)：585-591.

黄冲，刘万才．近几年我国马铃薯晚疫病流行特点分析与监测建议[J]．植物保护，2016，12(5)：142-147.

黄团，邓仁菊，韦唯，等．不同覆膜栽培对冬作马铃薯的影响[J]．农技服务，2013，30(11)：1192-1194.

计荣坤，王云华，高森，等．陆良县马铃薯膜下滴灌实施成效与技术优势[J]．云南农业，2016(1)：80-82.

金林雪，李云鹏，李丹，等．气候变化背景下内蒙古马铃薯关键生长期气候适宜性分析[J]．中国生态农业学报，2018，26(1)：38-48.

景彩艳．甘肃省气候条件对马铃薯生产安全影响浅析[J]．甘肃农业科技，2008，3：39-40.

康蓉，王生荣．甘肃马铃薯疮痂病病原初步鉴定[J]．植物保护，2013，39(3)：78-82.

李辉尚，赵鑫，郭昕竺，等．欧美主要国家马铃薯消费及其对中国马铃薯产业发展的启示[J]．农业展望，2019，15(11)：123-128.

李剑萍，耿秀华，韩颖娟，等．宁夏马铃薯需水量的时空特征分析[J]．安徽农业科学，2011，39(26)：15888-15892.

李剑萍，杨侃，曹宁，等．气候变化情景下宁夏马铃薯单产变化模拟[J]．中国农业气象，2009，30(3)：407-412.

李娜，周进，崔中凯，等．山东省马铃薯生产全程机械化现状与对策建议[J]．中国农机化学报，2019，40(1)：198-204.

李小波，刘晓津，方志伟，等．2010年广州冬种马铃薯引种试验初报[J]．广东农业科学，2011(s1)：126-129.
李扬，王靖，唐建昭，等．播期和品种变化对马铃薯产量的耦合效应[J]．中国生态农业学报，2019，27(2)：296-304.
李扬，王靖，唐建昭，等．农牧交错带马铃薯高产和水分高效利用的播期和品种选择[J]．农业工程学报，2020，36(4)：118-126.
李志平．内蒙古马铃薯产业发展现状及应对措施[J]．中国农技推广，2017，33(11)：8-11.
梁晶晶．云南省马铃薯主粮化发展的思考[J]．现代商业，2016(32)：176-177.
梁淑敏，王颖，杨琼芬，等．我国云南山区马铃薯周年生产潜力的时空分布特征[J]．中国农业资源与区划，2016，37(6)：201-207.
刘胜军，刘介民．西南山区马铃薯育种研究[J]．安徽农业科学，2006，34(11)：2342-2343.
刘洋，高明杰，何威明，等．世界马铃薯生产发展基本态势及特点[J]．中国农学通报，2014，30(20)：78-86.
卢肖平．马铃薯主粮化战略的意义、瓶颈与政策建议[J]．华中农业大学学报，2015，117(3)：1-7.
马凤莲,温永菁,李春强,等．冀北地区近50年马铃薯需水量及水分盈亏时空变化特征[J]．中国生态农业学报,2020,28(5):713-723.
马子竣，刘玲玲，汝甲荣，等．北方一作区马铃薯机械化栽培模式要点[J]．黑龙江农业科学，2019(11)：173-175.
米建，罗其友，高明杰．南方冬作区马铃薯发展趋势、区域格局与增产潜力[J]．中国农业资源与区划，2012，33(3)：73-79.
潘建梅，卢扬，陈恩发．贵州冬作马铃薯中早熟品种评比分析[J]．农技服务，2016，33(11)：36-37.
屈冬玉，谢开云，金黎平，等．中国马铃薯产业发展与食物安全[J]．中国农业科学，2005，38(2)：358-362.
任彬元，杨普云，赵中华．我国马铃薯病虫害防治现状与前景展望[J]．中国植保导刊，2015，35(10)：26-31.
任永峰，赵举，张永平，等．阴山北麓地区马铃薯品种抗旱特性的研究[J]．作物杂志，2011(6)：53-56.
宋玉芝,王连喜,李剑萍．气候变化对黄土高原马铃薯生产的影响[J]．安徽农业科学,2009,37(3)：1018-1019.
隋启君，李先平，杨万林．中国马铃薯生产情况分析[J]．西南农业学报，2008，21(4)：1182-1188.
孙俊,李剑萍．气候变化与宁夏西吉马铃薯种植农业气候区划[J]．安徽农业科学,2009,37(26):12462-12464,12560.
谭宗九,王文泽,丁明亚,等．气象因素对马铃薯晚疫病发生流行的影响[J]．中国马铃薯,2001,15(2):96-98.
唐建昭,肖登攀,柏会子．未来气候情景下农牧交错带不同灌溉水平马铃薯产量和水分利用效率[J]．农业工程学报,2020,36(2):103-112.
王春玲．气候变化对西北半干旱地区马铃薯生产影响的研究[D]．南京:南京信息工程大学,2015.
王芳丽．静宁县马铃薯脱毒种薯发展现状及建议[J]．农业科技与信息，2016(7)：18-19.
王鹤龄,张强,王润元,等．气候变化对甘肃省农业气候资源和主要作物栽培格局的影响[J]．生态学报,2017,37(18):6099-6110.
王俊国．建薯1号马铃薯生育期适宜土壤水分指标研究[J]．安徽农业科学，2010，38(32)：1811-18120，18154.
王娜，王靖，冯利平，等．华北平原冬小麦-夏玉米轮作区采用“两晚”技术的产量效应模拟分析[J]．中国农业气象，2015(5)：611-618.
王平，刘丽芳，沈学善，等．四川省冬马铃薯不同生态区品种引进与筛选[J]．中国马铃薯，2017，31(1)：1-6.

文国宏，李高峰，李建武，等．陇薯系列马铃薯品种营养品质评价及相关性分析[J]．核农学报，2018，32(11)：2162-2169.
向运佳，符慧娟，李其勇，等．四川丘陵区旱作病虫草害发生特点和规律[J]．山地农业生物学报，2019，38(4)：46-53.
肖国举，仇正跻，张峰举，等．增温对西北半干旱区马铃薯产量和品质的影响[J]．生态学报，2015，35(3)：830-836.
谢开云，屈冬玉，金黎平，等．中国马铃薯生产与世界先进国家的比较[J]．世界农业，2008(5)：35-38，41.
徐瑞阳，何英彬，赵锡海，等．基于 DSSAT 模型的 1961—2017 年东北地区马铃薯潜在单产及其影响因子分析[J]．中国农业资源与区划，2021，42(12)：102-114.
杨丽桃．基于 GIS 的气候变化对马铃薯生长的脆弱性评价[J]．灾害学，2021，36(1)：100-105.
姚玉璧，王润元，邓振镛，等．黄土高原半干旱区气候变化及其对马铃薯生长发育的影响[J]．应用生态学报，2010，21(2)：379-385.
姚玉璧，张存杰，万信，等．气候变化对马铃薯晚疫病发生发展的影响[J]．干旱区资源与环境，2010，24(1)：173-178.
姚玉璧，张秀云，卢汉威，等．气象条件对西北温凉半湿润区马铃薯块茎形成及产量的影响[J]．中国农业气象，2009，30(2)：208-211.
张厚桐．春季马铃薯晚疫病的气象因素分析[J]．山东气象，2002，2，12-13.
张君．阴山北麓马铃薯水氮耦合效应及合理利用机制研究[D]．北京：中国农业大学，2018.
张强，邓振镛，赵映动，等．全球气候变化对我国西北地区农业的影响[J]．生态学报，2008，28(3)：1210-1218.
张荣达，刘红梅，王立新，等．贵州毕节马铃薯产业发展的现状及提升措施[J]．农技服务，2019，36(2)：83-86.
张淑敏．秸秆还田与地膜覆盖对马铃薯-玉米-马铃薯产量的影响[D]．泰安：山东农业大学，2016.
张烁，罗其友，马力阳．我国马铃薯区域格局演变及其影响因素分析[J]．中国农业大学学报，2020，25(12)：151-160.
张希太．中原二作区脱毒马铃薯春播栽培技术[J]．现代农业科技，2011(6)：130-131.
赵海超，抗艳红，龚学臣，等．干旱胁迫对不同马铃薯品种苗期生理生化指标的影响[J]．作物杂志，2013(6)：63-69.
赵鸿，任丽雯，赵福年，等．马铃薯对土壤水分胁迫响应的研究进展[J]．干旱气象，2018，36(4)：537-543.
赵亮，王航，刘江娜，等．新疆主栽马铃薯品种介绍[J]．农业科技，2016(12)：43-44.
赵年武，郭连云，赵恒和．高寒半干旱地区马铃薯生育期气候因子变化规律及其影响[J]．干旱气象，2015，33(6)：1023-1030.
钟兆站，赵聚宝，郁小川，等．中国北方主要旱地作物需水量的计算与分析[J]．中国农业气象，2000，21(2)：1-4.
FAO, 2018. FAO statistical databases. http://faostat3.fao.org/.
Hijmans R J. The effects of climate change on global potato production[J]. American Journal of Potato Research, 2003, 80: 271-279.
Jansky S H, Jin L, Xie K, et al. Potato production and breeding in China[J]. Potato Res, 2009, 52: 57-65.
Li Y, Tang J Z, Wang J, et al. Diverging water-saving potential across China's potato planting regions[J]. Eur J Agron, 2022, 134, 126450.
Stockle C O, Nelson R L, Higgins S, et al. Assessment of climate change impact on eastern Washington agriculture[J]. Climatic Change, 2010, 102(1-2): 77-102.
Tang J Z, Wang J, Wang E L, et al. Identifying key meteorological factors to yield variation of potato and the

optimal planting date in the agro-pastoral ecotone in North China[J]. Agricultural and Forest Meteorology, 2018(3): 256-257, 283-291.

Wang N, Reidsma P, Pronk A A, et al. Can potato add to China's food self-sufficiency? The scope for increasing potato production in China[J]. European Journal of Agronomy, 2018, 101: 20-29.

Zhang Y, Wang F, Shock C C, et al. Influence of different plastic film mulches and wetted soil percentages on potato grown under drip irrigation[J]. Agricultural Water Management, 2017, 180(11): 160-171.

第 2 章

气候变化对马铃薯生产的影响

马铃薯是一种抗旱、耐寒、耐瘠薄的高产作物，而中国马铃薯主要种植区的气候干暖化问题日趋严重（任永峰等，2011；姚玉璧等，2017）。马铃薯喜凉且不耐高温，气候变暖对马铃薯的生长发育、产量和品质等都产生了较严重的影响（邓振镛等，2008；肖国举等，2015；姚玉璧等，2013）。

马铃薯生长发育和产量形成主要受到生育期水热条件变化的影响（赵鸿等，2013）。不同马铃薯种植区的温度有明显的上升趋势，平均每 10 年上升 0.24 ℃，而降水有明显的减少趋势，平均每 10 年减少 13.4 mm（姚玉璧等，2010）。温度升高使马铃薯生育阶段持续时间显著缩短，以阴山北麓农牧交错区为例，马铃薯生育期温度每升高 1 ℃，生育期约缩短 20.6 d（唐建昭等，2020；李扬等，2020）。气候干暖化对马铃薯生长发育的负面影响最终表现为产量减少（Khan et al.，2011）。在马铃薯的温度阈值范围内时，马铃薯的叶片净光合速率会随温度的升高而增加，但高温超过了马铃薯的温度阈值时，叶片蒸腾速率高于净光合速率，马铃薯光合作用降低，直接导致干物质积累和产量减少（Peng et al.，2004）。马铃薯生育期对水分的需求较高，整个生育期的需水量约 418 mm，但马铃薯主要种植区的生长季降水不能满足马铃薯的生长需求（Fleisher et al.，2006；Tang et al.，2018a；耿秀华等，2011；孙芳等，2008），水分亏缺使马铃薯生长发育受阻，植株体内含水量减少，生育期供需水比例降低，块茎膨大速率减缓，最终导致产量受到影响（Tang et al.，2018b）。马铃薯块茎品质包含淀粉、蛋白质、还原糖和维生素 C 等营养指标，气候变暖同样导致块茎主要营养指标发生变化。研究表明，马铃薯块茎中的维生素 C、淀粉和干物质的含量随着温度的升高有一定的增加，但块茎中粗蛋白和还原糖的含量随着温度的升高有一定的减少趋势（肖国举等，2015）。马铃薯对水分十分敏感，水分亏缺同样会影响马铃薯的品质，生育期内充足的水分补给有利于马铃薯品质的提升（赵鸿等，2018）。

未来全球气候或将持续变暖，但对于未来马铃薯产量的增加或减少趋势有不同的研究结果。Hijmas(2003)的研究结果表明，在未来气候条件下，马铃薯产量或将降低 18%～32%，其他一些学者的研究同样表明气候变暖对马铃薯产量产生较大的负面影响（Holden et al.，2003；Rosenzweig et al.，1996）。但 Peiris 等(1996)和唐建昭等(2020)的研究却表明，未来气候变化情景下，马铃薯产量均有增加的趋势，且通过调整播期和补灌等管理措施可在一定程度上补充气候变暖带来的负面影响，进而使未来马铃薯产量增加（王春玲，2015；Wang et al.，2015）。

2.1　历史气候变化对马铃薯生产的影响

为探究历史气候变化对中国马铃薯生产的影响，本节首先介绍中国不同马铃薯主产区主要栽培品种的生育期和产量数据，通过对 APSIM-Potato 模型进行调参和验证，确定了不同马铃薯品种的遗传参数(Li et al.，2022)，随后使用 APSIM-Potato 模型在当前种植模式下探究不同马铃薯主产区历史气候变化背景下马铃薯生长发育、耗水和产量的变化情况。APSIM-Potato 模型中应用的核心模块主要包括马铃薯模块、土壤水模块、土壤氮模块、土壤有机质模块和管理模块。模型基于辐射、温度、光周期、土壤水和氮肥以日为步长，模拟马铃薯的生长发育、干物质积累和产量形成等。模型中，马铃薯从播种到成熟共分为 6 个生育阶段：播种到萌芽、萌芽到出苗、出苗到薯块形成(现蕾)、薯块形成到开始衰老(开花)、开始衰老到枯萎和枯萎到成熟。每个生育阶段由一定的积温(Cumulative Thermal Time，CTT)驱动完成。从萌芽到出苗所需时间由播种深度和芽伸长速率所决定，而芽伸长速率又主要取决于土壤温度。从出苗到薯块形成阶段所需积温随着光周期的增加而增加，其他 4 个生育阶段均只受积温的控制。干物质日积累量(ΔDM)由日总辐射和光能利用率(Radiation Use Efficiency，RUE)决定，但是随着水分和氮素的胁迫而降低。马铃薯产量的模拟根据干物质的积累量以及干物质向不同器官的运移和分配计算。

2.1.1　历史气候变化对马铃薯生长发育的影响

图 2-1 表明，不同时期中国马铃薯主产区的马铃薯生育期存在较大差异。1961—1970 年，北方一作区(NS)、中原二作区(CD)、西南混作区(SWM)和南方冬作区(SW)马铃薯平均生育期长度分别为 105.3 d、128.9 d、157.9 d 和 129.9 d(图 2-1a)。在 1971—1980 年，北方一作区和西南混作区马铃薯的平均生育期较 1961—1970 年略有增加，而中原二作区和南方冬作区马铃薯的平均生育期略微缩短(图 2-1b)。1981—1990 年，北方一作区、中原二作区和南方冬作区马铃薯生育期长度较 1961—1970 年略微缩短，但西南混作区略微增加(图 2-1c)。在 1991—2000 年、2001—2010 年和 2011—2020 年，中国不同马铃薯主产区的生育期长度均较 1961—1970 年缩短，尤其在 2011—2020 年，北方一作区、中原二作区、西南混作区和南方冬作区的马铃薯生育期长度较 1961—1970 年分别缩短了 4.3%、6.6%、6.4%和 5.7%(图 2-1d,e,f)。

1961—1970 年不同马铃薯主产区现蕾—成熟阶段持续天数存在较大差异，北方一作区(NS)、中原二作区(CD)、西南混作区(SWM)和南方冬作区(SW)马铃薯现蕾—成熟阶段的持续天数分别为 50.5 d、49.8 d、63.9 d 和 62.6 d(图 2-2a)。在 1971—1980 年、1981—1990 年、1991—2000 年和 2001—2010 年各马铃薯主产区现蕾—成熟阶段持续天数均无明显的变化趋势，仅西南混作区 1971—1980 年和 1981—1990 年现蕾—开花阶段持续天数较 1961—1970 年增加了 1.9%和 2.4%(图 2-2b,c,d,e)。在 2011—2020 年，各马铃薯主产区现蕾—成熟阶段持续天数较 1961—1970 年均有缩短趋势，南方冬作区缩短最多，较 1961—1970 年缩短了 3.6%(图 2-2f)。

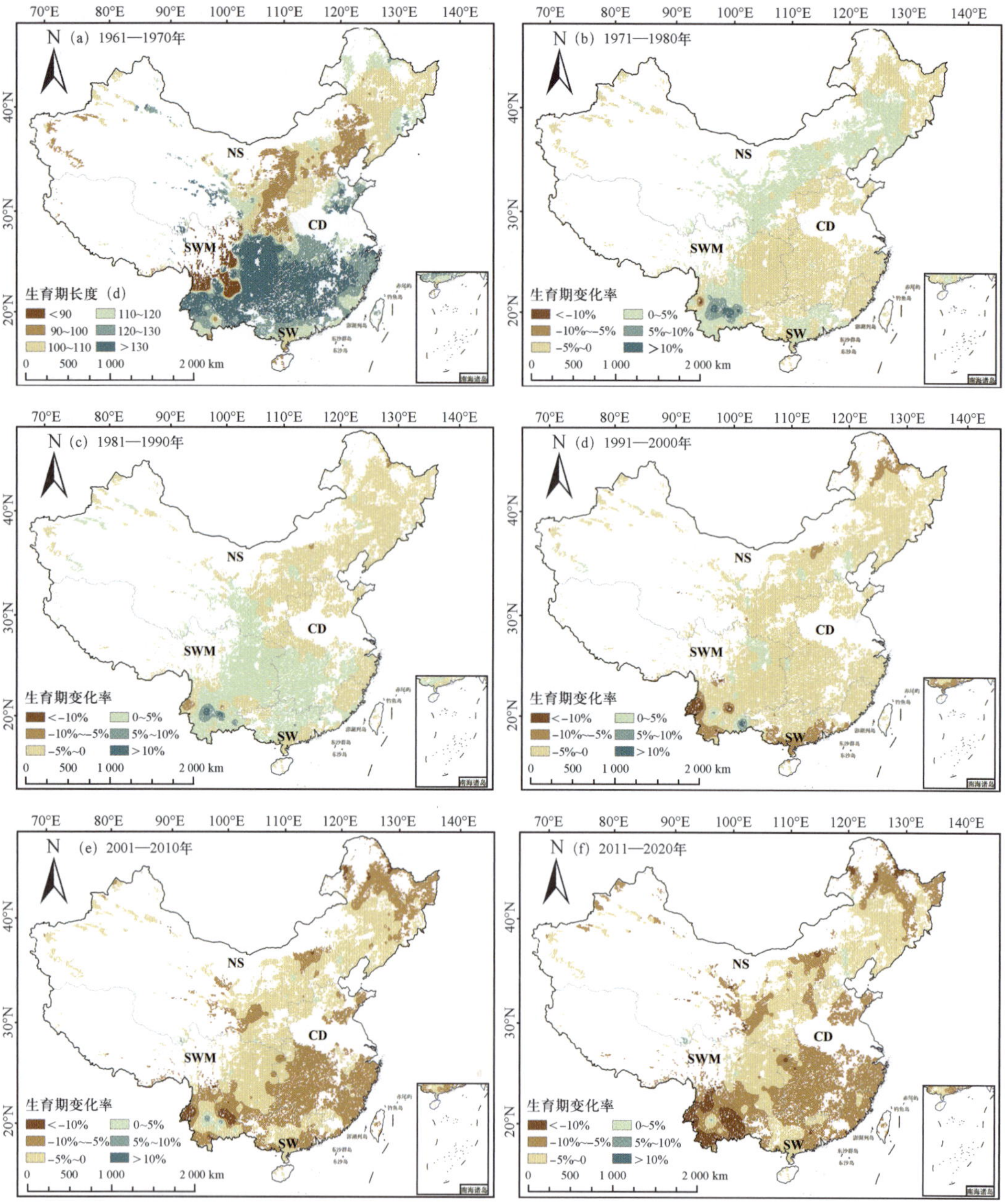

图 2-1　不同年代北方一作区(NS)、中原二作区(CD)、西南混作区(SWM)和南方冬作区(SW)雨养条件下马铃薯生育期长度相对于 1961—1970 年马铃薯生育期长度的变化率

2.1.2　历史气候变化对马铃薯耗水量和产量的影响

图 2-3 显示了中国马铃薯主产区不同年代雨养马铃薯生育期蒸散量(ET)相对于 1961—1970 年雨养马铃薯生育期蒸散量的变化率。在 1961—1970 年，北方一作区(NS)、中原二作区(CD)、西南混作区(SWM)和南方冬作区(SW)雨养马铃薯的平均蒸散量分别为 285.4 mm、342.5 mm、245.3 mm 和 215.7 mm(图 2-3a)。在 1971—1980 年，北方一作区和西南混作区雨养马铃薯生育期平均蒸散量较 1961—1970 年分别减少 1.6%和增加 1.5%，而中原二作区和南

方冬作区在 1971—1980 年雨养马铃薯生育期平均蒸散量较 1961—1970 年均减少了 4%(图 2-3b)。在 1981—1990 年,除西南混作区马铃薯生育期平均蒸散量较 1961—1970 年增加了 1%外,其他各主产区均出现 3.1%～7.1%的减少趋势(图 2-3c)。在 1991—2000 年、2001—2010 年和 2011—2020 年,各马铃薯主产区雨养条件下生育期平均蒸散量较 1961—1970 年均出现减少趋势,其中 2011—2020 年北方一作区、中原二作区、西南混作区和南方冬作区雨养马铃薯生育期平均蒸散量较 1961—1970 年分别减少了 1.9%、10.5%、6.6%和 7.9%(图 2-3f)。

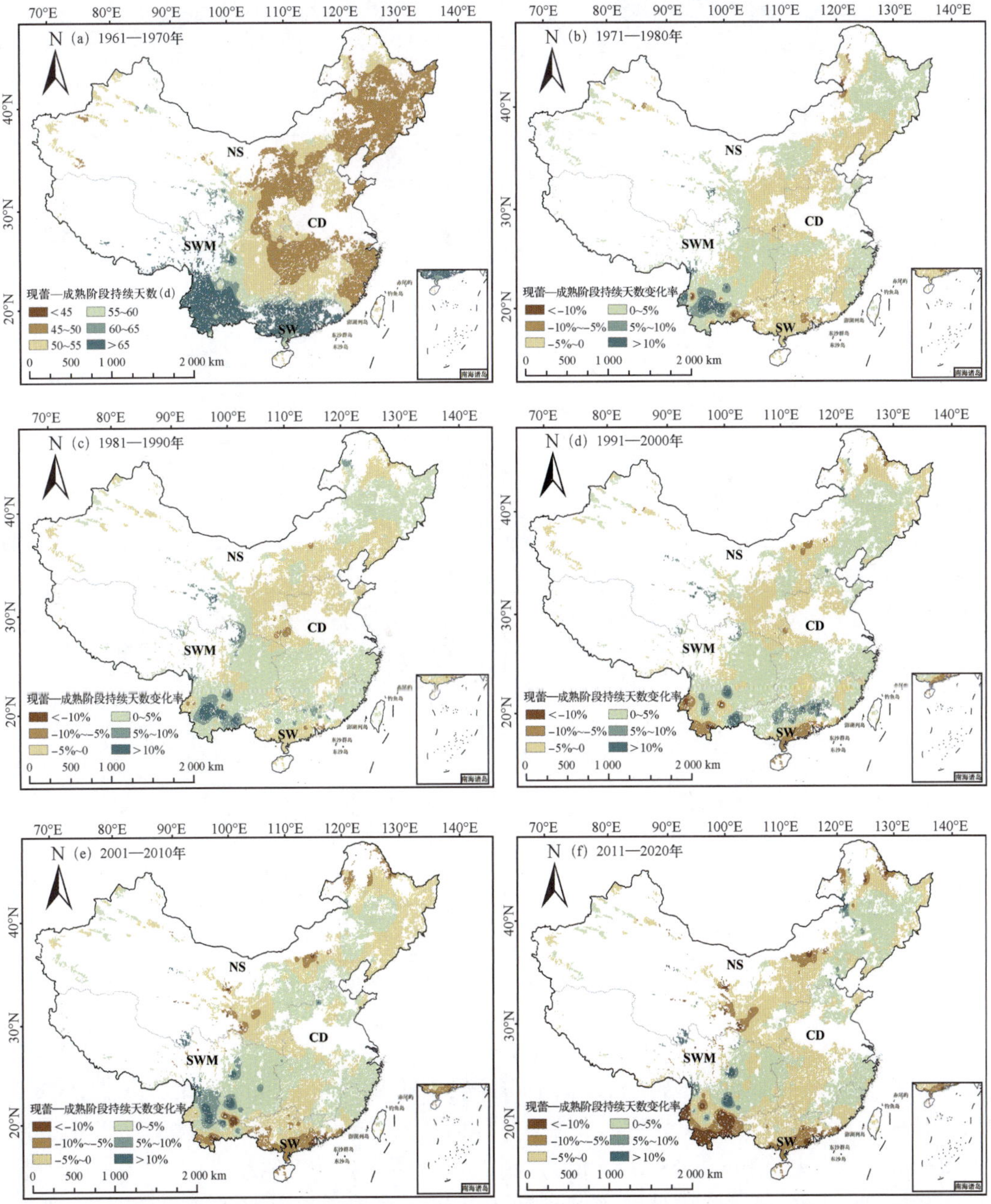

图 2-2　不同年代北方一作区(NS)、中原二作区(CD)、西南混作区(SWM)和南方冬作区(SW)雨养条件下马铃薯现蕾—成熟阶段持续天数相对于 1961—1970 年马铃薯现蕾—成熟阶段持续天数的变化率

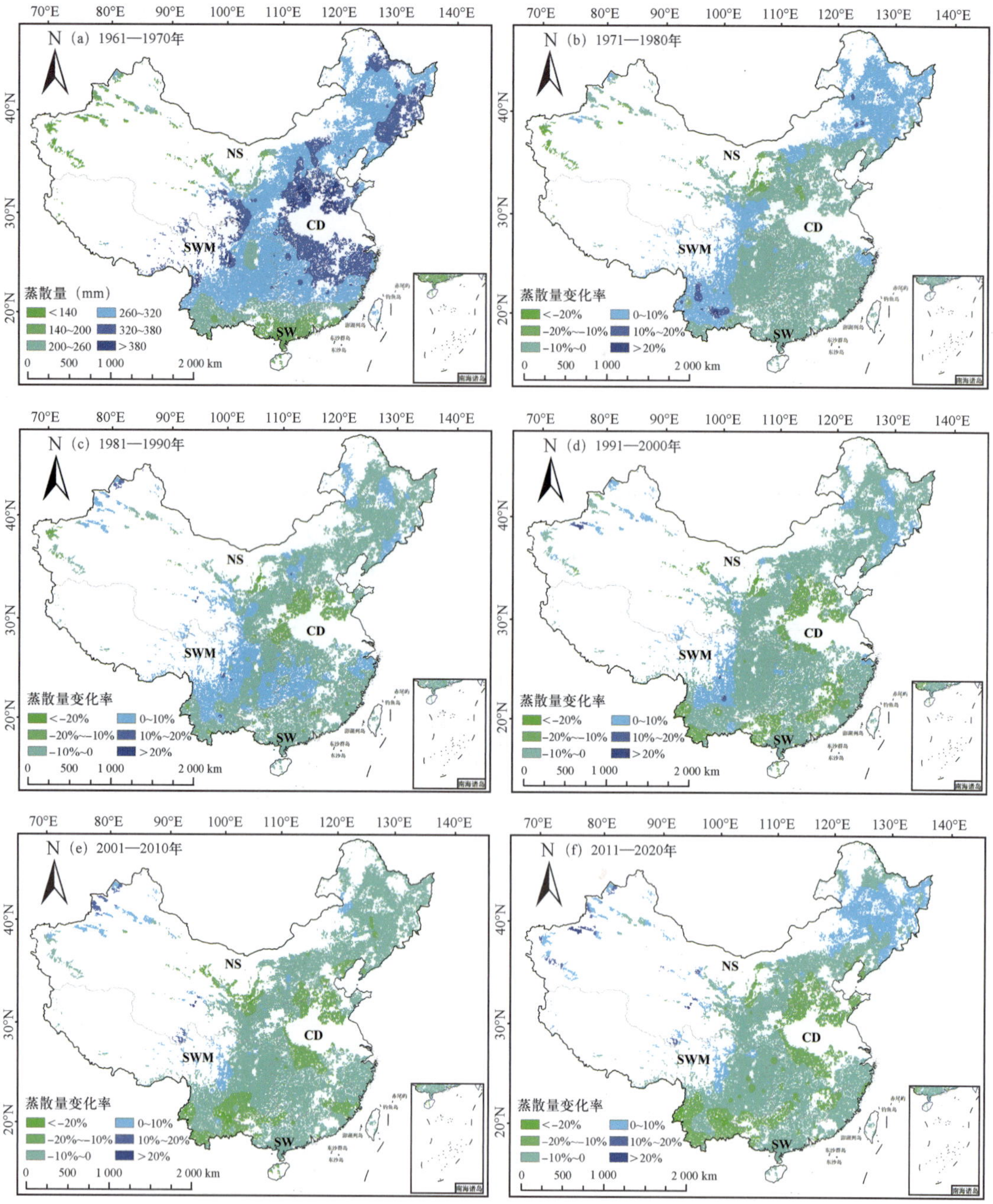

图 2-3　不同年代北方一作区(NS)、中原二作区(CD)、西南混作区(SWM)和南方冬作区(SW)雨养条件下马铃薯蒸散量相对于 1961—1970 年马铃薯蒸散量的变化率

在 1961—1970 年，全国雨养马铃薯的平均鲜重产量为 23.2 t·hm^{-2}，北方一作区(NS)、中原二作区(CD)、西南混作区(SWM)和南方冬作区(SW)雨养马铃薯的平均鲜重产量分别为 22.8 t·hm^{-2}、26.6 t·hm^{-2}、23.9 t·hm^{-2} 和 19.7 t·hm^{-2}(图 2-4a)。在 1971—1980 年和 1981—1990 年，北方一作区、中原二作区和南方冬作区平均雨养马铃薯鲜重产量较 1961—1970 年减少了 1.6%～7.2%，而西南混作区较 1961—1970 年的鲜重产量增加了 1%～1.5%

(图 2-4b,c)。在 1991—2000 年、2001—2010 年和 2011—2020 年,各马铃薯主产区雨养条件下的马铃薯鲜重产量较 1961—1970 年均呈减少趋势;在 2011—2020 年,中原二作区和南方冬作区雨养马铃薯鲜重产量较 1961—1970 年分别减少了 10.6%和 12.4%,北方一作区和西南混作区减少量较少,分别较 1961—1970 年的鲜重产量减少了 5.4%和 3.3%(图 2-4f)。

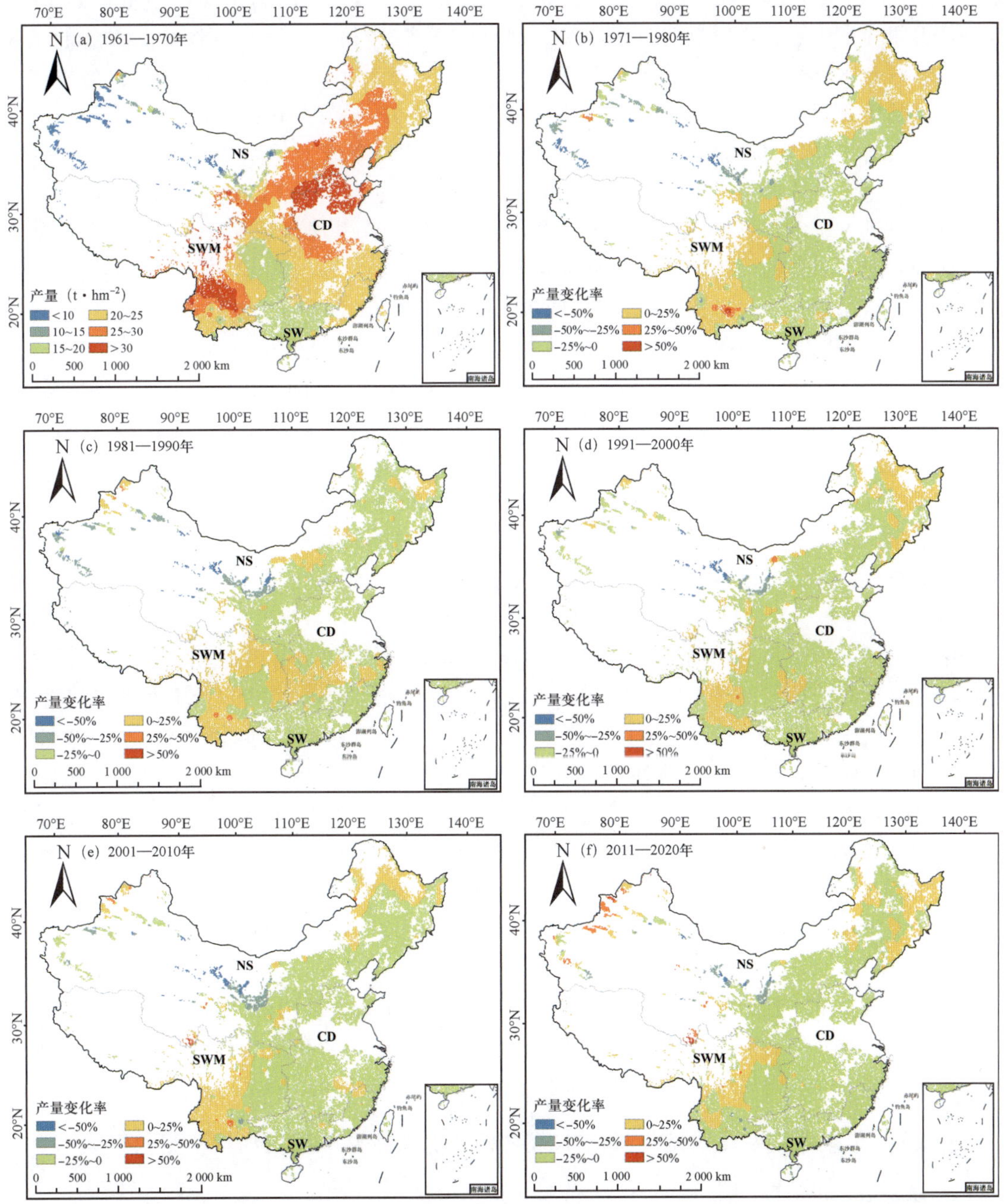

图 2-4　不同年份北方一作区(NS)、中原二作区(CD)、西南混作区(SWM)和南方冬作区(SW)雨养条件下马铃薯产量相对于 1961—1970 年马铃薯产量的变化率

2.2 未来气候变化对马铃薯生产的影响

近一个世纪全球气温不断上升，2011—2020 年平均气温相比工业革命之前（1850—1900 年）已上升 1.09 ℃（IPCC，2021）。气候变暖已对农业生产和水资源利用等产生重要影响，并且持续升温会产生进一步影响（许迪等，2019；张更喜等，2021）。为降低气候变化引起的风险和影响，《联合国气候变化框架公约》（UNFCCC）近 200 个缔约方一致同意通过《巴黎协定》，将全球平均地表温度较工业前水平升高控制在 2.0 ℃之内，并为控制在 1.5 ℃内努力（Huang et al.，2020）。中国水资源短缺，人均水资源占有量仅为全球平均水平的 1/4（张利平等，2009），农业用水的比例更是由 1949 年的 97.1%下降到 2011 年的 61.3%（王庆锁等，2017）。未来升温将进一步增加农业用水的供需矛盾，因此，揭示未来升温情景下农作物水分利用的变化对保证农业水资源的可持续利用具有重要意义。

马铃薯是全球第四大口粮作物，其总产量仅次于玉米、水稻和小麦（Tang et al.，2019；白丽等，2019）。中国是马铃薯主产国，中国马铃薯总产量和播种面积在全球的占比均超过 1/4（Haverkort et al.，2015）。然而，由于气候和管理措施的差异，不同种植区马铃薯产量变异较高，收获的单产在 4～33 t • hm^{-2} 之间（Jansky et al.，2009）。马铃薯是喜凉作物，并且对水分变化敏感，过去几十年以升温为主的气候变化显著影响了马铃薯生产（Tang et al.，2020）。前人研究指出气候变暖导致马铃薯生育期内气候适宜度、生产潜力和单产水平降低（金林雪等，2018；Tang et al.，2016；高涛等，2011）。气候变暖伴随降水减少导致马铃薯水分利用效率显著降低，并且气候变化背景下导致马铃薯水分利用效率变化的不确定性因素增加（姚玉璧等，2016）。

未来气候变化情景下，气温进一步上升（Harrison et al.，2014）。因此，未来升温对马铃薯的影响研究已在全球范围内开展（Hijmans，2003；Raymundo et al.，2018）。前人研究表明，在不考虑 CO_2 浓度上升情景下，全球马铃薯产量在 2040—2069 年期间将降低 18%～32%（Hijmans，2003），而 CO_2 施肥作用将使欧洲地区马铃薯产量增加（Stockle et al.，2010；Supit et al.，2012）。在中国，研究表明，未来气候变化导致西南地区和南方地区马铃薯产量分别下降 30%～50%和 34.6%～40%（俄有浩等，2011；廖雪萍等，2017）。我们前期研究表明未来温度和 CO_2 浓度共同升高情景下，中国北方地区马铃薯产量呈上升趋势（唐建昭等，2020）。然而，以上研究主要集中在未来气候变化对马铃薯产量的影响，对中国不同种植区马铃薯水分利用的影响研究较少。

揭示未来升温情景下对中国不同种植区马铃薯产量和水分利用的影响，对制定马铃薯生产适应未来气候变化的策略具有重要意义。因此，本节基于马铃薯生长机理模型模拟分析未来气候变化对中国不同尺度的马铃薯产量和水分利用效率变化的影响。

2.2.1 未来气候变化对站点尺度不同灌溉水平马铃薯产量和水分利用的影响

1. 研究方法

(1)研究区域

选择北方农牧交错带（36°08′～50°15′N、104°09′～123°25′E）2 个典型站点——张北（41°09′N，114°42′E）和武川（41°06′N，111°28′E）作为研究区域。张北站马铃薯生育期总辐

射、平均温度和总降水量为 2 440 MJ·m^{-2}、14.6 ℃和 348 mm，武川站为 2 540 MJ·m^{-2}、15.2 ℃和 344 mm。张北站土壤类型为沙壤土，武川站为栗钙土。2 个站点马铃薯生产处于不同水分管理条件，张北站为雨养马铃薯，武川站为灌溉马铃薯。

(2)气候数据获取

1981—2017 年气象观测数据(包括日最高温度、最低温度、降水量和日照时数)来自国家气象信息中心气象资料室的中国地面气候资料数据集。其中辐射通过日照时数计算获得，计算方法依据 Angstrom-Prescott 方程。

未来气候变化情景数据来自 CMIP5 中 33 个全球气候模式(global climate models，GCM)(表 2-1)，基于气候变化情景的代表性和数据完整性，选取 2 个典型气候变化情景下(RCP4.5 和 RCP8.5)的气候模拟数据进行分析。RCP4.5 表示未来比较稳定的排放情景，以 CO_2 为主的温室气体排放量在 2040 年左右达到峰值，在整个 21 世纪后期，大气温室气体浓度呈下降趋势(Jones et al.，2013)；RCP8.5 是应对和适应气候变化最具挑战性的未来气候变化情景，温室气体排放量在整个 21 世纪持续增加，使得 RCP8.5 温度上升幅度在所有 RCP 情景下最大(Jones et al.，2013)。

表 2-1　33 个全球气候模式(GCM)概况

序号	模式名称	开发机构	国家	2030s—2090s 温度变化/℃		2030s—2090s 降水变化/%	
				RCP4.5	RCP8.5	RCP4.5	RCP8.5
01	ACCESS1.0	CSIRO-BOM	澳大利亚	0.3～2.8	1.4～4.8	−1.6～7.1	3.9～37.1
02	ACCESS1.3	CSIRO-BOM	澳大利亚	1.5～3.9	2.3～5.8	4.7～11	2.9～32.2
03	BBC-CSM1.1	BCC	中国	1.3～2.8	1.3～4.4	−6.3～18.7	5.5～13.4
04	BCC-CSM1.1(m)	BCC	中国	0.9～2.1	1.0～4.6	−3.9～20.7	7.9～32.8
05	BNU-ESM	GCESS	中国	2.3～3.5	2.0～4.8	11.5～15.1	−7.5～35.8
06	CanESM2	CCCMA	加拿大	2.6～4.1	1.4～5.6	4.6～20.9	1.7～33.2
07	CCSM4	NCAR	美国	1.3～2.4	2.2～4.9	−6.9～25.8	−6.1～26.6
08	CESM1(BGC)	NSF-DOE-NCAR	美国	1.6～3.5	2.1～5.4	4.4～32.9	−9.5～27.6
09	CESM1(CAM5)	NSF-DOE-NCAR	美国	1.9～3.8	2.1～5.1	−3.1～13.5	2.1～24.5
10	CESM1(WACCM)	NSF-DOE-NCAR	美国	1.0～2.0	1.6～4.3	−3.1～14.2	−2.1～19.8
11	CMCC-CM	CMCC	欧洲	2.6～4.3	1.3～5.5	−11.8～11.9	−0.4～10.5
12	CMCC-CMS	CMCC	欧洲	1.9～3.9	1.8～5.0	−7.1～7.3	−18.3～9.4
13	CSIRO-Mk3.6.0	CSIRO-QCCCE	澳大利亚	1.8～4.4	2.1～5.7	−3.7～17.4	−1.7～29.3
14	EC-EARTH	EC-EARTH	欧洲	0.2～2.1	1.0～4.3	−3.6～7.1	−3.6～18.6
15	FIO-ESM	FIO	中国	0.4～1.1	1.1～5.2	−3.9～4.2	1.5～44.9
16	GISS-E2-H	NASA GISS	美国	1.6～3.1	1.1～5.4	−5.3～6.5	−4.6～10.7
17	GISS-E2-H-CC	NASA GISS	美国	1.4～3.1	0.9～5.2	1.3～10.9	6.7～21.3
18	GISS-E2-R	NASA GISS	美国	1.4～3.0	2.2～5.9	2.2～15.6	6.9～26.3
19	GFDL-CM3	NOAA GFDL	美国	2.6～4.1	2.7～5.1	4.5～42.9	−3.2～40.5

续表2-1

序号	模式名称	开发机构	国家	2030s—2090s 温度变化/℃		2030s—2090s 降水变化/%	
				RCP4.5	RCP8.5	RCP4.5	RCP8.5
20	GFDL-ESM2G	NOAA GFDL	美国	0.3～1.2	1.2～3.2	0.8～11.6	−18.3～16.1
21	GFDL-ESM2M	NOAA GFDL	美国	1.2～2.4	1.8～3.0	−8.6～8.6	−1.1～19.7
22	HadGEM2-AO	NIMR/KMA	韩国	1.8～4.2	1.8～5.4	−1.4～13.3	5.1～32.7
23	INM-CM4	INM	俄罗斯	0.1～1.1	1.3～4.3	−14.5～12.2	−3.2～5.7
24	IPSL-CM5A-MR	IPSL	法国	1.3～2.8	1.7～4.6	−9.4～8.6	−7.9～10.8
25	IPSL-CM5B-LR	IPSL	法国	0.8～1.8	2.1～4.1	−2.4～19.9	−9.8～16.6
26	MIROC5	MIROC	日本	2.1～4.8	2.1～5.1	4.5～22.1	−0.1～35.3
27	MIROC-ESM	MIROC	日本	2.1～4.4	2.1～5.2	1.7～15.7	−1.8～26.7
28	MIROC-ESM-CHEM	MIROC	日本	1.9～4.2	2.0～5.2	−3～25.8	−8.3～13.9
29	MPI-ESM-LR	MPI-M	德国	1.6～3.1	1.9～3.9	−7.6～1.1	−12.8～−0.2
30	MPI-ESM-MR	MPI-M	德国	1.1～2.6	1.3～4.7	−8.2～2.3	−14.3～−1.8
31	MRI-CGCM3	MRI	日本	1.8～4.3	2.2～5.1	1.5～16.3	−10.5～23.4
32	NorESM1-M	NCC	挪威	1.6～3.6	1.7～4.7	3.4～20.2	−13～26.8
33	NorESM1-ME	NCC	挪威	1.6～3.1	1.6～4.4	5.1～16	3.3～22.4

注：2030s(2021—2040)，2090s(2081—2100)。

全球气候模式数据为月尺度的格点气候数据，本研究基于 Liu 和 Zuo(2012)阐述的统计降尺度方法通过空间降尺度和时间降尺度 2 个步骤将月尺度的格点数据降尺度为站点的逐日数据。

空间降尺度，利用反距离权重插值法(inverse distance weighted，IDW)将逐月全球气候模式栅格单元的降水、温度等气候变量降尺度为逐月站点数据，公式如下：

$$S_i = \sum_{k=1}^{4}\left[\frac{1}{d_{i,k}^{m}}\left(\sum_{j=1}^{4}\frac{1}{d_{i,k}^{m}}\right)^{-1}P_k\right] \tag{2-1}$$

式中，S_i 为降尺度后站点 i 的 GCM 预测值；P_k 为栅格单元 k 的 GCM 预测值；$d_{i,k}$ 为站点 i 与栅格单元 k 中心的距离；在本节中，基于对空间降尺度的分辨率要求，m 值取 3。

在对数据空间降尺度之后，需要利用气候观测数据对空间降尺度气候数据进行偏差校正，以提高模拟准确度，校正公式如下：

$$x_k^f = y_i^o + \frac{y_{i+1}^o - y_i^o}{x_{i+1}^h - x_i^h}(x_k^r - x_i^h)，x_i^h \leqslant x_k^r \leqslant x_{i+1}^h \tag{2-2}$$

式中，x_k^f、x_i^h、x_k^r、y_i^o 分别为校正后未来 GCM 数据预测值、评估期逐月 GCM 数据、校正前未来 GCM 数据预测值和评估期内站点逐月观测数据。

时间降尺度利用修正后的 WGEN 天气随机发生器将站点逐月空间降尺度气象数据转化为逐日气象数据，其驱动参数根据 GCMs 逐月数据与逐日观测气象数据关系设置。以降水为例，在 WGEN 中，利用耦合伽马分布的一阶马尔科夫链模拟每日降水产生概率，利用双参数伽马分布模拟降水量，伽马分布的密度函数公式为：

$$f(p)=\frac{p^{\alpha-1}e^{(-p/\beta)}}{\beta^{\alpha}\Gamma(\alpha)} \tag{2-3}$$

式中，p 为降水量，α 和 β 为决定降水分布函数斜率和范围的参数，且 $p>0,\beta>0,0<\alpha<1$。

气候模式间物理参数的选取、分辨率、气候强迫场景选择等存在差异，其模拟结果也会产生不同。利用等权重平均法对 33 个 GCMs 模拟结果进行集合平均，可以减小预估结果的不确定性，提高其可信度。

RCP4.5 和 RCP8.5 情景下各年 CO_2 浓度分别根据式(2-4)和式(2-5)计算获得：

$$[CO_2]_{RCP4.5}=650.18+\frac{7.532\,6\times10^{-5}y-0.162\,76}{2.229\,9\times10^{-4}-727.97y^{-2}}-1.874\,7\times10^{-4}(y-2\,045)^3 \tag{2-4}$$

$$[CO_2]_{RCP8.5}=1\,034.3+\frac{267.78-1.618\,8y}{4.014\,3+53.342y^{-5.288\,2}}+2.174\,6\times10^{-5}(y-2\,020)^3+1.006\,5\times10^{-4}(y-1\,911)^3 \tag{2-5}$$

式中 y 为 1981—2100 年所对应的年份。

(3)大田定位试验

张北试验站：2010—2017 年试验中马铃薯均在雨养条件下进行种植。供试马铃薯为中熟品种，生育期 130 d 左右。总试验小区面积为 1 000 m^2，马铃薯播种密度为 40 000 株·hm^{-2}，播种深度为 15 cm。播前在试验小区内一次性施入农家肥 2 500 kg，整个生育期不再追肥。记录的马铃薯生育期包括播种、出苗、薯块形成、薯块膨大和成熟。生育期内采用烘干法测定土壤水分。马铃薯成熟时对小区内所有的植株进行测产，测定项目包括总产、单株薯块质量以及收获指数。马铃薯生育期内对试验田进行多次中耕以保证无杂草和病虫害影响。为保证模型调参供试品种的一致性，本研究选择种植年份较多的大白花（2011 年、2012 年、2014 年和 2017 年）作为研究对象，其播种期为 4 月 28 日至 5 月 8 日，收获期为 9 月 9—14 日。

武川试验站：2015 年和 2016 年在农业部武川农业环境科学观测试验站进行不同灌溉处理的马铃薯大田试验。供试马铃薯品种为克新一号，生育期 110 d 左右。播种密度为 46 500 株·hm^{-2}，播种日期分别为 2015 年 5 月 2 日和 2016 年 5 月 1 日，收获日期分别为 2015 年 9 月 24 日和 2016 年 9 月 12 日。试验共设 4 个灌溉梯度，生育期内灌溉量分别为 0 mm、90 mm、180 mm 和 360 mm，每处理重复 4 次。试验小区采用随机区组排列方式，单个小区面积为 30 m^2(4 m×7.5 m)。播前尿素（纯氮 46%）、磷酸二铵和氯化钾的施入量分别为 180 kg·hm^{-2}、120 kg·hm^{-2} 和 90 kg·hm^{-2}，整个生育期不再追肥。马铃薯生育期分为播种、出苗、薯块形成、薯块膨大和成熟，生育期内采用烘干法测定土壤水分。选取中间 4 行（15 m^2）进行马铃薯测产。

(4)APSIM-Potato 模型评价

张北和武川 2 个站点马铃薯品种分别为大白花和克新一号。利用多年田间试验获得的试验数据对 APSIM-Potato 模型进行品种参数确定。模型调参和验证所用的方法为“试错法”。张北站调参年份为 2011 年和 2012 年，验证年份为 2014 年和 2017 年。武川站调参年份为 2015 年，验证年份为 2016 年。评价 APSIM 模型对马铃薯土壤水分动态和产量模拟效果的指标包括实测值和模拟值进行线性回归后的决定系数（R^2）、均方根误差（Root Mean Squared

Error，RMSE）和相对均方根误差（Relative Root Mean Squared Error，RRMSE）。RMSE 和 RRMSE 反映模拟值与实测值之间的绝对误差和相对误差，其值越小，说明模拟值与实测值之间偏差越小，模拟精度越高；R^2 越接近 1，表明拟合度越好。

（5）模型模拟设置

APSIM-Potato 模型土壤模块中设定的水分特征参数主要包括土壤容重、土壤凋萎含水率、田间持水量和饱和含水率，土壤水分特征参数均通过田间实际测量获取。未来气候变化情景下马铃薯产量和耗水模拟共设置 4 个不同灌溉水平，总灌溉量分别为 60 mm、120 mm、180 mm 和 240 mm，具体灌溉设置如表 2-2 所示。

表 2-2　未来气候变化情景下 APSIM-Potato 模型中灌溉设置

灌溉水平	总灌溉量/mm	各时期灌溉量/mm			
		播种	出苗	薯块形成	薯块膨大
P1	60	—	—	60	—
P2	120	—	—	60	60
P3	180	—	60	60	60
P4	240	60	60	60	60

（6）产量、蒸散和水分利用效率的变化

马铃薯实际蒸散量（ET）为模拟的作物蒸腾量（T）与土壤蒸发量（ES）之和。马铃薯水分利用效率（WUE）为马铃薯鲜薯产量（Yield）和蒸散量（ET）的比值：

$$ET=T+ES \tag{2-6}$$

$$WUE=Yield/ET \tag{2-7}$$

本节中，未来研究时段分为 2030s（2021—2040 年）、2060s（2051—2070 年）和 2090s（2081—2100 年）3 个时段。未来气候变化情景下不同气候因子、同一灌溉水平的产量、蒸散量和水分利用效率相比于基准期（1981—2010 年）的变化率根据以下公式进行计算：

$$CR=\frac{V_f-V_b}{V_b} \tag{2-8}$$

式中 CR 代表未来气候变化情景下辐射（$MJ \cdot m^{-2}$）、温度（℃）、降水（mm）、同一灌溉水平的产量（$kg \cdot hm^{-2}$）、蒸散量（mm）和水分利用效率（$kg \cdot hm^{-2} \cdot mm^{-1}$）相比于基准期的变化率%，$V_f$ 和 V_b 分别代表辐射（$MJ \cdot m^{-2}$）、温度（℃）、降水（mm）、同一灌溉水平的产量（$kg \cdot hm^{-2}$）、蒸散量（mm）和水分利用效率（$kg \cdot hm^{-2} \cdot mm^{-1}$）在未来气候变化情景和基准期的数值。

2. 研究结果

（1）APSIM-Potato 模型模拟评价

APSIM-Potato 模型可以较好地模拟两个站点的土壤水分动态，张北站在调参年份和验证年份 0.5 m 土层土壤贮水量的 RRMSE 分别为 18.1%和 10.9%（图 2-5a，b）。武川站在调参年份和验证年份 1 m 土层土壤贮水量的 RRMSE 分别为 15.4%和 8.7%（图 2-5c，d）。此外，APSIM-Potato 模型能够较好地模拟张北站点不同年份马铃薯产量的变化（表 2-3）；也能够较好地反映武川站不同灌溉处理下马铃薯产量的变化，不同灌溉处理下马铃薯实测产量和模拟产量的 RRMSE 在调参年份和验证年份分别为 14.4%和 17.4%（表 2-3）。

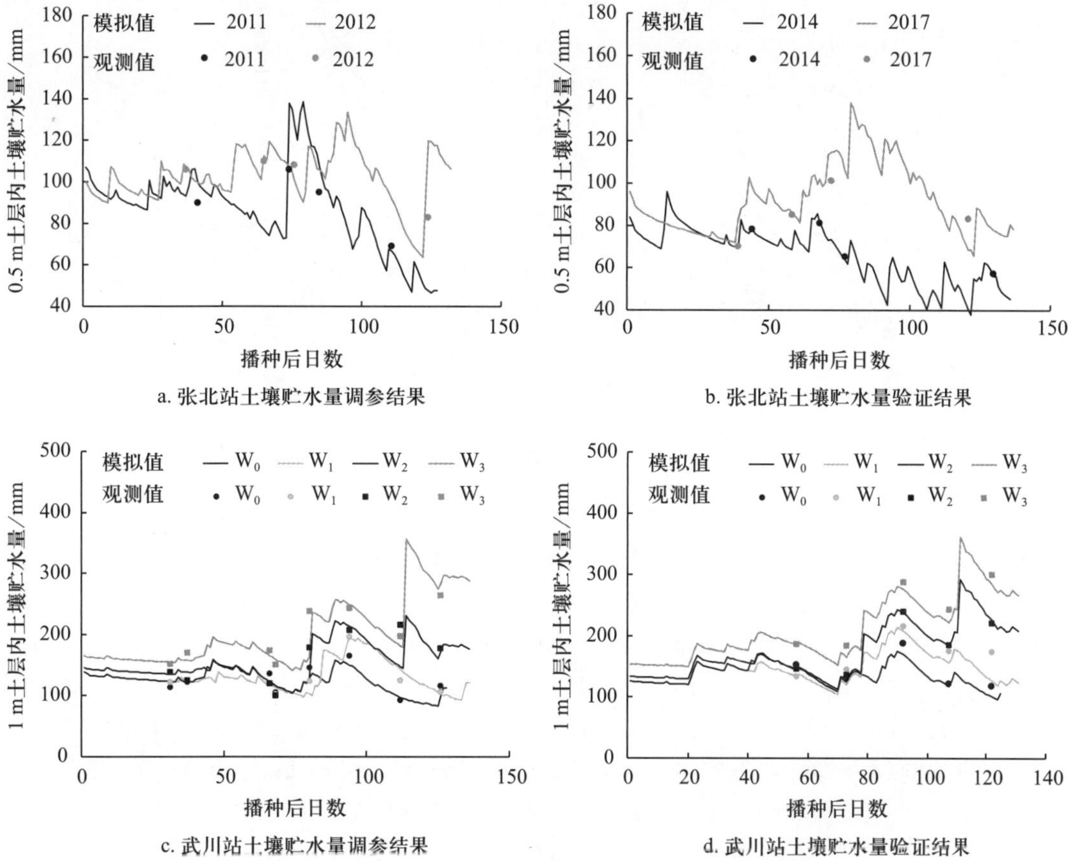

图 2-5　张北站和武川站马铃薯土壤贮水量调参验证结果

（2）站点未来气候变化

张北和武川站基准期（1981—2010 年）平均最低温度分别为 10.8 ℃和 11.1 ℃。RCP4.5 排放情景下，2030s—2090s 张北站和武川站最低温度分别升高 1.6～2.8 ℃和 1.8～3.3 ℃；RCP8.5 情景下 2 个站点分别升高 1.8～4.9 ℃和 1.9～5.2 ℃（图 2-6a，b）。基准期张北和武川站平均最高温度分别为 23.1 ℃和 24.0 ℃，RCP4.5 情景下 2 个站点在 2030s—2090s 分别升高 1.7～2.8 ℃和 1.4～2.6 ℃；RCP8.5 情景下分别升高 1.8～4.1 ℃和 1.6～3.3 ℃（图 2-6c，d）。张北和武川站基准期马铃薯生育期内降水量分别为 282 mm 和 248 mm，RCP4.5 情景下 2 个站点在 2030s—2090s 分别增加 4.9%～9.4%和 1.6%～7.4%；RCP8.5 情景下分别增加 5.9%～15.3%和 3.1%～13.3%（图 2-6e，f）。相比于基准期（1981—2010 年），2 个站点在 2 个气候变化情景下马铃薯生育期内的辐射在 2030s 均呈下降趋势，而在 2060s 和 2090s 阶段呈上升趋势（图 2-6g，h）。

表 2-3 张北站和武川站马铃薯产量调参验证结果

站点	调参验证	处理	实测产量/(kg·hm^{-2})	模拟产量/(kg·hm^{-2})
张北	调参	2011	24 500	21 800
		2012	18 300	17 800
	验证	2014	16 500	15 600
		2017	19 000	18 600
武川	调参	W_0	14 500	17 600
		W_1	18 600	22 800
		W_2	25 900	29 680
		W_3	31 300	30 800
	验证	W_0	19 300	23 290
		W_1	23 100	26 840
		W_2	26 300	30 600
		W_3	27 200	31 100

(3)未来气候变化对不同灌溉水平马铃薯产量的影响

张北站基准期(1981—2010 年)4 个不同灌溉水平(P1、P2、P3 和 P4)下马铃薯产量分别为 29.8 t·hm^{-2}、32.4 t·hm^{-2}、35.6 t·hm^{-2} 和 36.3 t·hm^{-2}(图 2-7a)。RCP4.5 情景下,P1、P2、P3 和 P4 处理的马铃薯产量在未来(2030s—2090s)分别增加 6.1%～36.2%、4.9%～32.0%、4.6%～27.9%和 4.1%～25.8%(图 2-7b);RCP8.5 情景下,分别增加 5.3%～36.8%、3.8%～31.6%、3.5%～27.8%和 3.1%～25.7%(图 2-7c)。武川站基准期(1981—2010 年)马铃薯产量在 P1、P2、P3 和 P4 处理分别为 25.6 t·hm^{-2}、29.5 t·hm^{-2}、32.0 t·hm^{-2} 和 35.8 t·hm^{-2}(图 2-7d)。RCP4.5 情景下,P1、P2、P3 和 P4 处理的马铃薯产量在 2030s—2090s 分别增加 4.1%～13.6%、2.7%～11.2%、2.5%～10.1%和 3.7%～10.3%(图 2-7e)。RCP8.5 情景下,分别增加 4.3%～38.5%、3.8%～34.2%、3.1%～31.1%和 4.0%～26.4%(图 2-7f)。

(4)未来气候变化对不同灌溉水平马铃薯蒸散量的影响

基准期(1981—2010 年)P1、P2、P3 和 P4 处理下张北站马铃薯生育期内总蒸散量(ET)分别为 317 mm、356 mm、384 mm 和 412 mm(图 2-8a)。RCP4.5 情景 P1、P2 和 P3 条件下,ET 在 2030s—2090s 分别增加 4.1%～7.9%、4.1%～6.8%和 3.9%～5.9%。P4 条件下,ET 在 2030s 和 2060s 分别增加 3.2%和 4.6%,而在 2090s 减少 0.12%。另外,不同灌溉水平的 ET 均在 2060s 增加最多(图 2-8b)。RCP8.5 情景下,ET 分别增加 4.0%～9.9%、3.8%～7.3%、3.6%～6.6%和 3.1%～6.0%。P1 和 P2 处理的 ET 在 2090s 增加最多,而 P3 和 P4 处理在 2060s 增加最多(图 2-8c)。武川站马铃薯生育期 ET 在基准期(1981—2010 年)P1、P2、P3 和 P4 处理下分别为 282 mm、329 mm、374 mm 和 407 mm(图 2-8d)。相比于基准期,2030s—2090s 在 RCP4.5 情景下,ET 分别增加 1.3%～6.9%、1.4%～5.9%、1.5%～5.2%和 2.0%～4.9%(图 2-8e)。RCP8.5 情景下 P1、P2 和 P3 处理分别增加 2.2%～8.9%、2.1%～6.0%和 1.9%～4.7%,并且 P2 和 P3 处理在 2060s 增加最多。P4 处理在 2030s 和 2060s 分别增加 2.2%和 3.8%,而在 2090s 减少 0.8%(图 2-8f)。

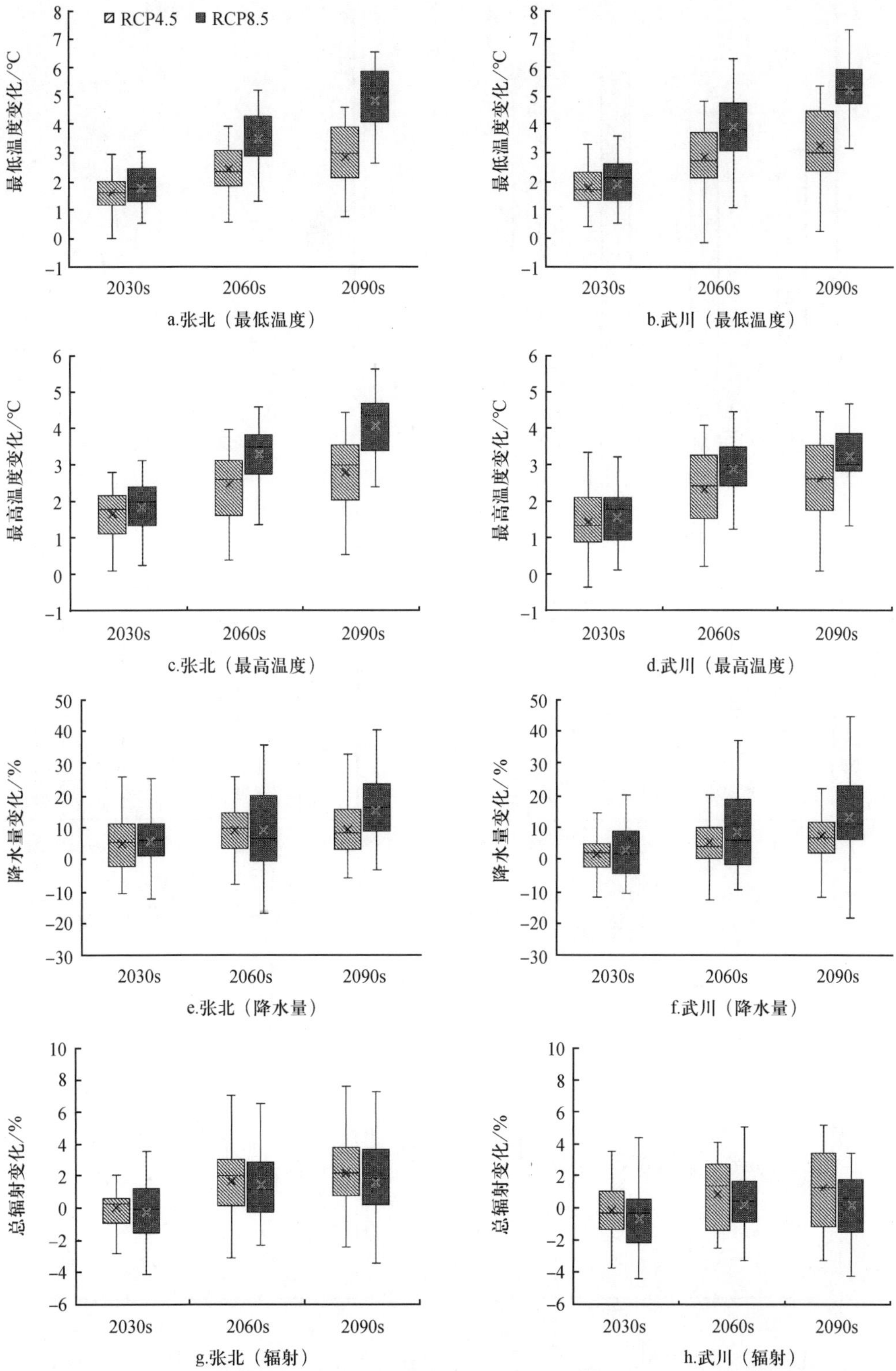

图 2-6　未来不同时期相对于基准期马铃薯生育期内最低温度、最高温度、降水量和辐射变化

注：箱型图中每个矩形包含 33 个数值，矩形的上边缘和下边缘分别代表 75% 和 25% 值，线的顶端和底端分别代表最大值和最小值，“×”代表平均值。

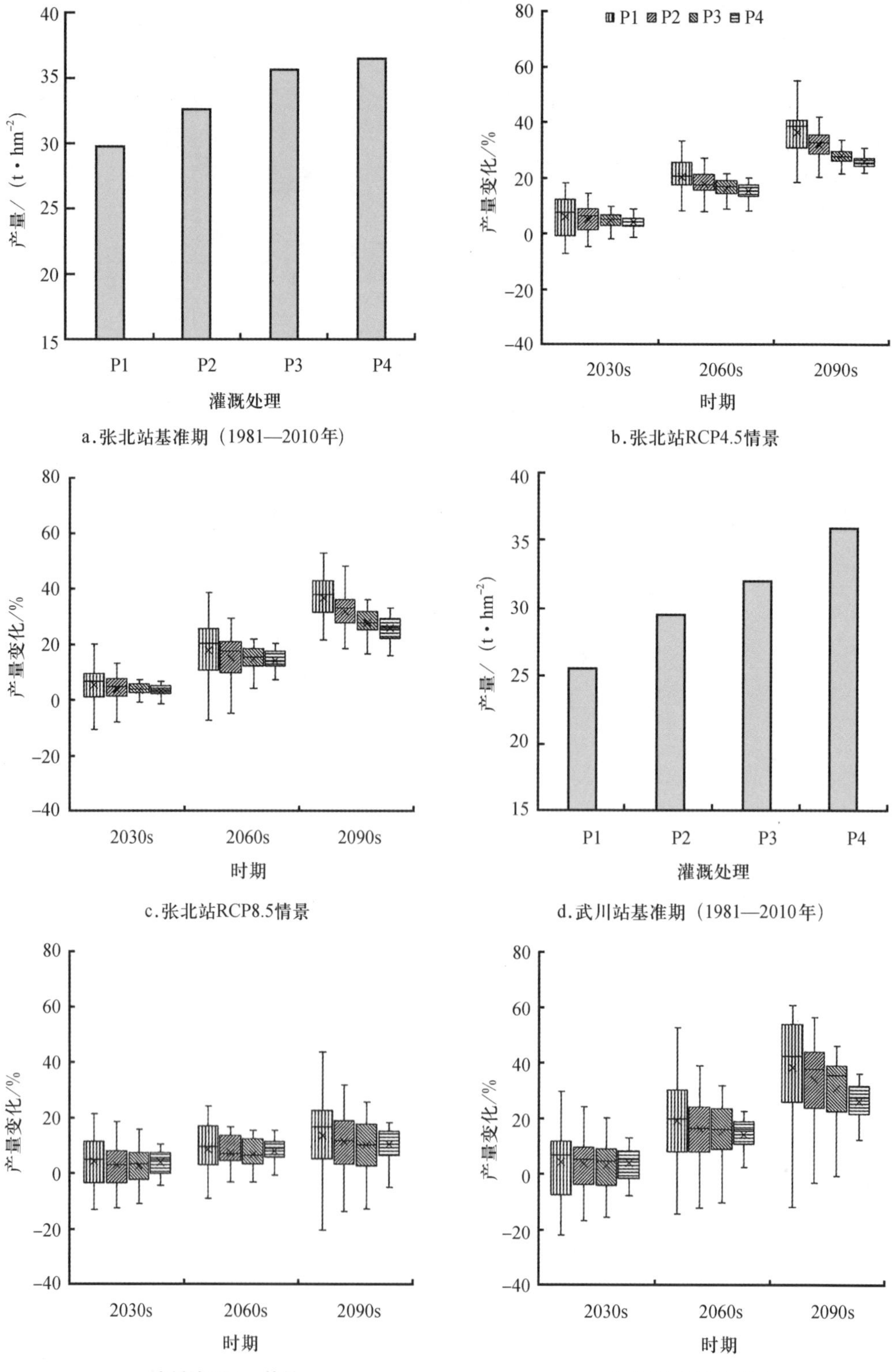

a.张北站基准期（1981—2010年）　b.张北站RCP4.5情景

c.张北站RCP8.5情景　d.武川站基准期（1981—2010年）

e.武川站RCP4.5情景　f.武川站RCP8.5情景

图 2-7　基准期(1981—2010 年)不同灌溉水平下马铃薯产量和在未来气候情景下的变化率

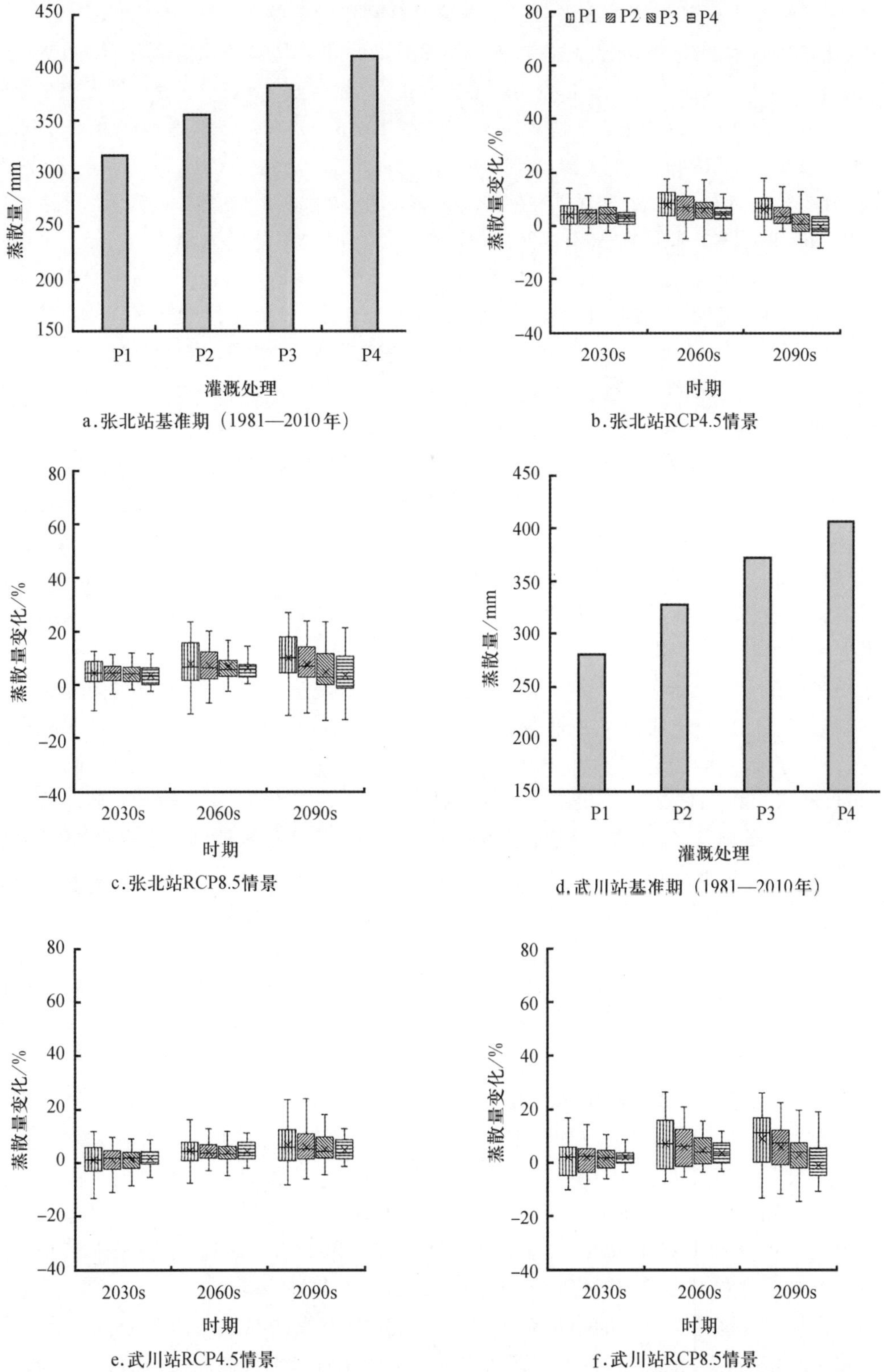

图 2-8　基准期(1981—2010 年)不同灌溉水平下马铃薯蒸散量和在未来气候情景下的变化率

(5)未来气候变化对不同灌溉水平下马铃薯水分利用的影响

基准期(1981—2010 年)张北站 P1、P2、P3 和 P4 处理下马铃薯水分利用效率(WUE)分别为 94 kg·hm^{-2}·mm^{-1}、91.2 kg·hm^{-2}·mm^{-1}、92.8 kg·hm^{-2}·mm^{-1} 和 88.2 kg·hm^{-2}·mm^{-1}(图 2-9a)。RCP4.5 情景下 WUE 在 2030s—2090s 分别增加 1.9%～28.3%、0.8%～26.9%、0.8%～26.1%和 0.9%～26.0%(图 2-9b)。RCP8.5 情景下分别增加 1.2%～24.9%、0.1%～23.2%、0.1%～22.3%和 0.1%～21.6%(图 2-9c)。武川站马铃薯 P1、P2、P3 和 P4 处理在基准期(1981—2010 年)的水分利用效率分别为 90 kg·hm^{-2}·mm^{-1}、89.5 kg·hm^{-2}·mm^{-1}、85.6 kg·hm^{-2}·mm^{-1} 和 87.9 kg·hm^{-2}·mm^{-1}(图 2-9d)。2030s—2090s 在 RCP4.5 情景下，WUE 分别增加 2.5%～6.0%、1.2%～4.9%、0.9%～4.6%和 1.7%～5.2%(图 2-9e)。RCP8.5 情景下，WUE 分别增加 1.6%～27.6%、1.4%～26.9%、0.9%～27.8%和 1.7%～28.2%(图 2-9f)。

3. 讨论

本节首先分析了农牧交错带地区 2 个典型站点(张北和武川)未来不同阶段(2030s、2060s、2090s)相对基准期(1981—2010 年)马铃薯生育期内 4 个主要气候因子(最高温度、最低温度、降雨量和辐射)的变化趋势，结果表明，张北和武川站马铃薯生育期内最高温度(最低温度)分别增加 1.7～4.1 ℃(1.6～4.9 ℃)和 1.4～3.3 ℃(1.8～5.5 ℃)；生育期内降水和辐射均呈增加的趋势。前人研究指出 2021—2100 年农牧交错带地区温度升高 1.4～5.6 ℃，并且降水也呈增加趋势(马建勇等，2011)。

气候变化是影响马铃薯生产的主要因素之一，大量研究表明过去几十年气候变化对不同地区马铃薯产量和水分利用均产生了重要影响(Raymundo et al.，2017；Fleisher et al.，2016)。经过验证的作物模型是评估未来气候变化对不同作物产量和水分利用影响的有效工具(Wang et al.，2017；Ruan et al.，2018)。为揭示北方农牧交错带不同灌溉水平马铃薯生产对未来气候变化的响应，本节首先评价了 APSIM-Potato 模型对该地区雨养和灌溉马铃薯的模拟效果，结果表明，APSIM-Potato 模型可以很好地反映不同处理马铃薯生育期和产量的变化趋势。前人的大量研究也表明，APSIM-Potato 模型可以较好地模拟不同气候区在不同管理措施下的马铃薯生长(Brown et al.，2011；Lisson and Cotching，2011)。

灌溉是提高马铃薯产量的重要措施之一(Tang et al.，2019)，并且未来气候变化对不同灌溉水平下的马铃薯产量和耗水影响不同。本研究表明，在不同的灌溉水平下，相比于基准期 2030s—2090s 张北站和武川站马铃薯产量分别提升 3.1%～36.2%和 2.7%～38.5%。未来气候变化情景下，相比于基准期相同灌溉水平下，灌一水马铃薯产量提升最高，而灌四水马铃薯产量提升最低，其主要原因是随着灌溉量的增加，马铃薯生长季内降水量增加对马铃薯产量提升的作用减弱。相关研究也表明，降水量增加对马铃薯产量提升的贡献率随着灌溉量的增加而降低(Vashisht et al.，2015)。另外，CO_2 浓度升高对马铃薯产量产生重要作用，能够提高马铃薯固碳能力和干物质积累量，进而提升马铃薯产量。前人研究表明，未来气候情景下 CO_2 浓度升高显著提升马铃薯灌溉产量(Camargo et al.，2015)。

揭示作物生育期内蒸散量的变化对优化灌溉方案具有重要意义(Allen et al.，2005；Fischer et al.，2007)。不同地区马铃薯生育期内蒸散量变化对未来气候变化的响应差异较大，研究表明未来气候变化使宁夏地区马铃薯生育期内蒸散量降低(李剑萍等，2009)，然而本研究表明未来气候变化情景下不同灌溉水平下马铃薯蒸散量均呈增加趋势。马铃薯生育期蒸散量包

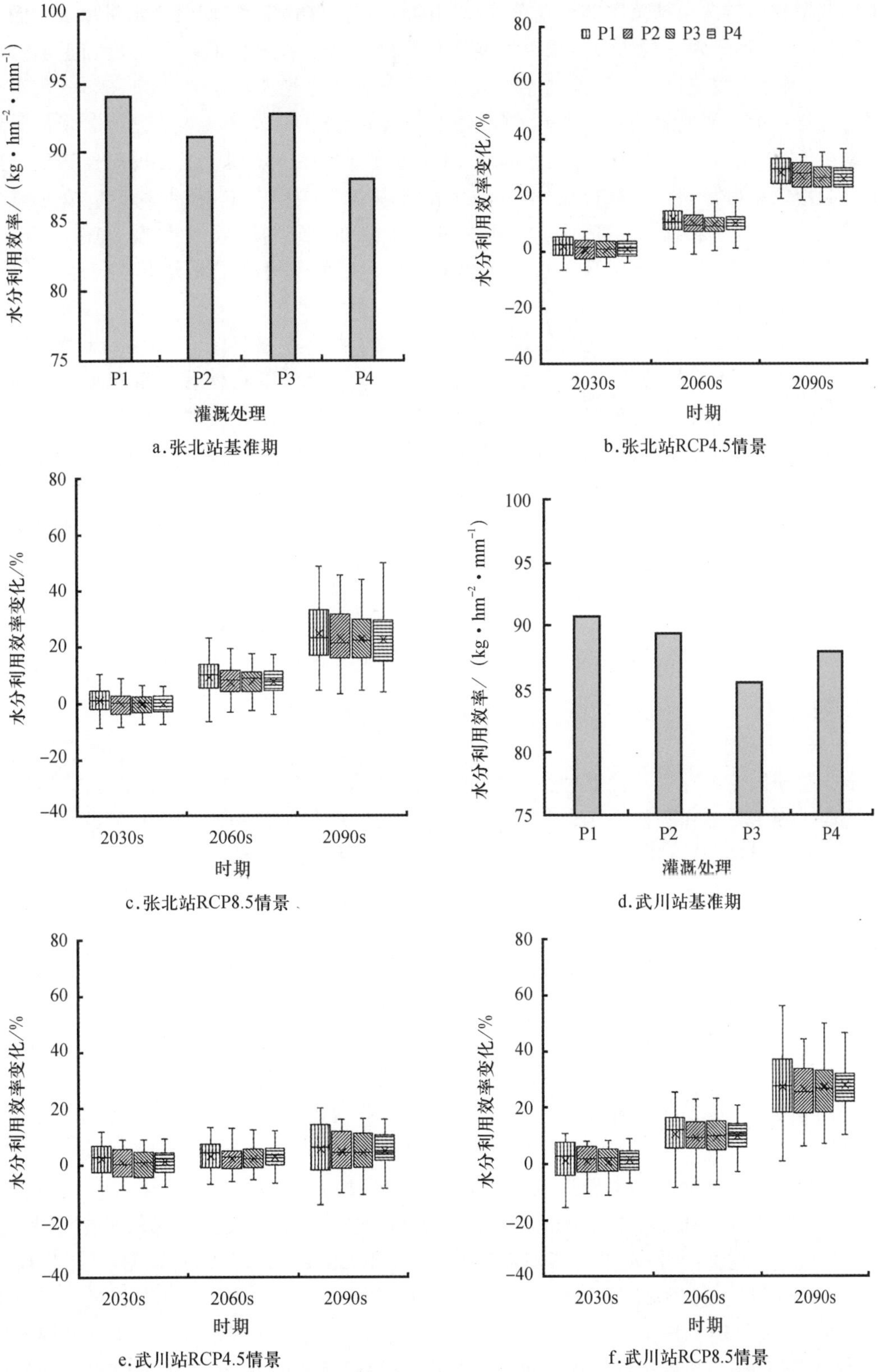

图 2-9　基准期(1981—2010 年)不同灌溉水平下马铃薯水分利用效率和在未来不同时期下的变化率

括土壤蒸发和马铃薯植株蒸腾 2 个部分，温度升高增加土壤蒸发量，同时降水量增加导致马铃薯蒸腾量上升(孙昭萱等，2009)。未来气候变化情景下马铃薯生育期内蒸腾量和土壤蒸发量同时增加，因此农牧交错带地区不同灌溉水平下马铃薯生育期蒸散量在未来气候变化下呈现增加的趋势。前人研究表明在不考虑 CO_2 浓度升高的情况下，未来气候变化显著降低马铃薯水分利用效率(姚玉璧等，2016)。但是未来 CO_2 浓度升高在一定程度上会提高作物光合效率和水分利用效率(孟凡超等，2017)。本节研究表明，未来气候变化包括温度升高、降水增加和 CO_2 浓度升高等，使农牧交错带不同灌溉水平下马铃薯水分利用效率提高 0.1%～28.3%。因此未来气候变化情景下不同灌溉水平马铃薯水分利用效率提升主要是由于该地区 CO_2 浓度的升高和降水量的增加导致。

本研究基于 33 个气候模式通过统计降尺度的方法获取逐日未来气候情景数据，驱动 APSIM-Potato 模型模拟分析了未来气候变化对不同灌溉水平下马铃薯产量和水分利用效率的影响，研究结果为农牧交错带地区马铃薯生产适应未来气候变化提供重要依据。但仍存在一些不足：①未考虑氮肥对马铃薯生产的影响，未来气候变化对马铃薯生产的影响可能随着氮肥施用量的变化而变化；②本研究中只应用了单一作物模型，模拟结果存在一定的不确定性，下一步研究应结合更多的作物模型如 DSSAT 模型和 LINTUL-Potato 模型；③本研究中在不同时期设置的马铃薯播种期均一致，而气候变化是影响马铃薯最适播种期的主要因子，因此下一步应揭示马铃薯最适播期对未来气候变化的响应。

2.2.2 未来升温 1.5 ℃和 2.0 ℃情景下中国马铃薯产量和水分利用变化

1. 研究方法

(1)研究区概况

本节基于国家统计局马铃薯种植数据和未来气候变化情景数据，在中国四大马铃薯主产区共选取 123 个站点作为研究区(图 2-10)，具体包括北方一作区 70 个(其中，西藏 4 个站点马铃薯均为春季播种，且一年种植一季，因此将西藏 4 个站点划分到北方一作区)，中原二作区 25 个，南方冬作区 10 个，西南混作区 18 个。

(2)气候数据

历史(1981—2017 年)气候观测资料来自中国地面气候资料数据集，包括日尺度的最高和最低温度、降水量和日照时数。其中，日照时数用于计算辐射，计算方法为 Angström 方程。

未来气候情景数据包括日尺度辐射、温度和降水数据，来自 CMIP6 中的 BCC-CSM2-MR (BCC)全球气候模式，前人研究表明，BCC 气候模式可以较好地模拟中国的气候变化(王天等，2022；马强等，2022；王美蓉等，2022)。全球气候模式数据为月尺度的格点数据，通过空间降尺度和时间降尺度 2 个步骤将月尺度的格点数据转化为站点尺度的逐日数据，气象数据空间降尺度和时间降尺度的具体步骤和方法详见上一节(Liu 和 Zuo，2012)。

全球升温 1.5 ℃和 2.0 ℃出现的时间基于 CMIP6 驱动全球气候模式的模拟结果确定。本研究选取气温的 20 年滑动平均值确定升温幅度(Huang et al.，2020)：首先，基于气候模式模拟的未来全球气温与基准期(1986—2005 年)的差值，加上 0.61 ℃(基准期相对于工业革命前平均增温 0.61 ℃)(IPCC，2014)，得到逐年全球升温。然后，对计算出的逐年升温幅度进行 20 年滑动平均，找到升温达到 1.5 ℃和 2.0 ℃的年份，前后各推 10 年。基于 BCC 全球气候模式，相对于基准期升温 1.5 ℃和 2.0 ℃的时间段分别为 2016—2035 年和 2028—2047 年。

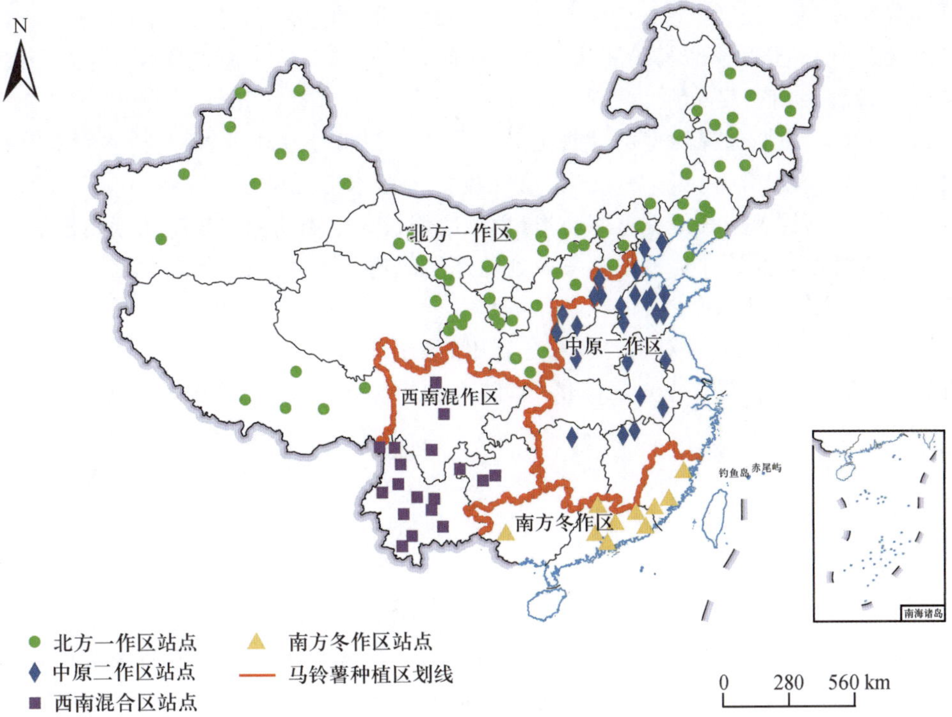

图 2-10　中国马铃薯种植区划

(3)试验数据

基于已发表的文献数据(Li et al.,2022),本研究在不同种植区共选择 7 个典型品种,北方一作区包括康尼贝克、克新一号和费乌瑞它;中原二作区包括兴佳-2 号、大西洋和费乌瑞它;南方冬作区包括兴佳-2 号、大西洋和费乌瑞它;西南混作区包括丽薯-6 号、青薯-9 号和费乌瑞它(表 2-4)。

表 2-4　不同区域调参验证的马铃薯品种信息

区域	品种	站点
北方一作区	康尼贝克、克新一号、费乌瑞它	武川
中原二作区	兴佳-2 号、大西洋、费乌瑞它	钦州金华
南方冬作区	兴佳-2 号、大西洋、费乌瑞它	九江
西南混作区	丽薯-6 号、青薯-9 号、费乌瑞它	江川新平

(4)模型模拟设置

APSIM-Potato 模型中的土壤参数来自中国土壤数据库(http://www.soil.csdb.cn/),主要包括土壤容重、凋萎含水量、田间持水量、饱和含水量和土壤养分含量等理化数据。

模型调参和验证所用的方法为“试错法”。北方一作区模型调参和验证均基于武川站试验数据。中原二作区模型调参基于钦州站试验数据,验证基于金华站试验数据。南方冬作区模型调参和验证基于九江站试验数据。西南混作区模型调参基于江川站试验数据,验证基于新平站试验数据。

模型设置中，雨养和灌溉马铃薯播种密度相同，北方一作区、中原二作区、南方冬作区和西南混作区马铃薯种植密度分别为 50 000 株 · hm^{-2}、65 000 株 · hm^{-2}、70 000 株 · hm^{-2} 和 50 000 株 · hm^{-2}，播期选择当地的常规播期。基于土壤水分亏缺量(田间持水量和当前土壤水分的差值)制定灌溉方案，当 100 cm 土层深度的土壤水分亏缺量＞30 mm 时，模型启用自动灌溉。为保证马铃薯生长不受氮肥胁迫，模型启用自动施肥功能。长时间序列模拟中，北方一作区为连续模拟。其他 3 个种植区考虑到轮作的影响，每年模拟起始期重置土壤水分，并且本研究也考虑了 CO_2 的施肥效应。

(5)升温 1.5 ℃和 2.0 ℃对马铃薯水分利用的影响评估

升温 1.5 ℃和 2.0 ℃对马铃薯产量、蒸散量和水分利用效率的影响采用以下公式进行计算：

$$\Delta Y_{1.5/2.0}=(Y_{1.5/2.0}-Y_b)/Y_b\times 100\% \tag{2-9}$$

$$\Delta ET_{1.5/2.0}=(ET_{1.5/2.0}-ET_b)/ET_b\times 100\% \tag{2-10}$$

$$\Delta WUE_{1.5/2.0}=(WUE_{1.5/2.0}-WUE_b)/WUE_b\times 100\% \tag{2-11}$$

式中，$Y_{1.5/2.0}$、$ET_{1.5/2.0}$ 和 $WUE_{1.5/2.0}$ 分别代表升温 1.5 ℃或 2.0 ℃情景下马铃薯产量、蒸散量和水分利用效率。Y_b、ET_b 和 WUE_b 分别为基准期马铃薯产量、蒸散量和水分利用效率。ET 及 WUE 计算见上节内容。

2. 研究结果

(1)升温 1.5 ℃和 2.0 ℃情景下雨养马铃薯产量、ET 和 WUE 的变化

基准期(1986—2005 年)，雨养马铃薯产量、ET 和 WUE 分别为 0.05～52.4 t · hm^{-2}(图 2-11a)、7～454 mm(图 2-11b)和 3～193 kg · hm^{-2} · mm^{-1}(图 2-11c)。中原二作区产量最高(31 t · hm^{-2})，南方冬作区最低(22 t · hm^{-2})(图 2-12a)。ET 和 WUE 均是中原二作区最高，南方冬作区最低(图 2-12b,c)。升温 1.5 ℃情景下，不同种植区产量、ET 和 WUE 的变化范围分别为－78.8%～165.2%(图 2-11d)、－33.5%～51.3%(图 2-11e)和－50.2%～137.8%(图 2-11f)。北方一作区和中原二作区产量分别增加 1.5%和 1.9%，南方冬作区和西南混作区分别下降 4.5%和 12.7%(图 2-12d)。北方一作区和中原二作区 ET 分别增加 3.1%和 2.9%，南方冬作区和西南混作区分别下降 2.2%和 8.4%(图 2-12e)。不同种植区 WUE 均呈下降趋势，其中西南混作区下降幅度最大(6.6%)，中原二作区下降幅度最小(0.1%)(图 2-12f)。升温 2.0 ℃情景下，不同种植区产量、ET 和 WUE 的变化范围分别为－81.1%～187.9%(图 2-11g)、－34.9%～88.2%(图 2-11h)和－52.1%～155.8%(图 2-11i)。北方一作区、中原二作区和南方冬作区产量分别增加 15.5%、1.5%和 3.3%，西南混作区降低 8.8%(图 2-12g)。北方一作区、中原二作区和南方冬作区 ET 分别增加 12.1%、4.6%和 4.2%，西南混作区降低 8.3%(图 2-12h)。北方一作区 WUE 增加 9.8%，中原二作区、南方冬作区和西南混作区分别下降 2.8%、0.6%和 3.3%(图 2-12i)。

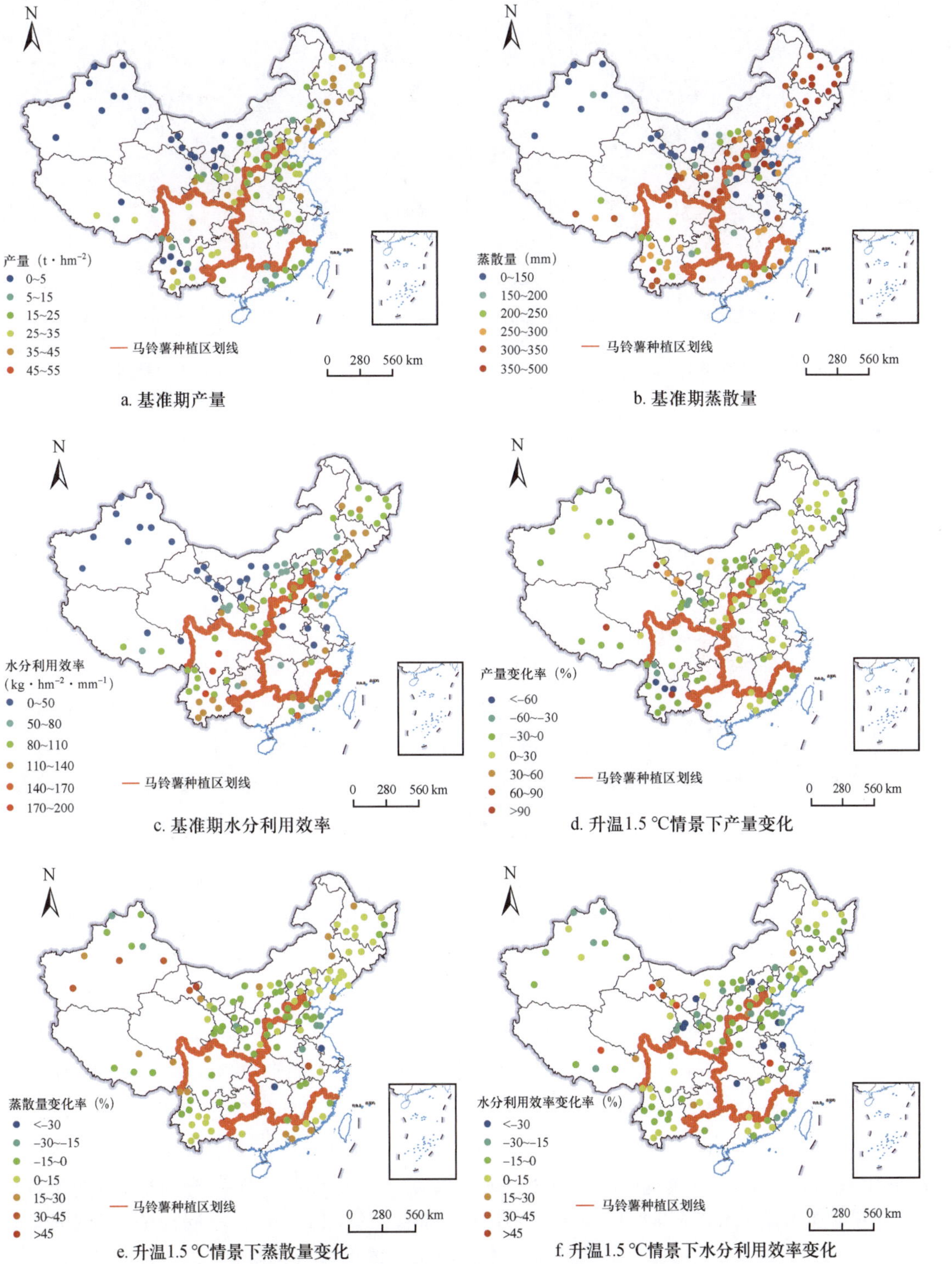

图 2-11　中国雨养马铃薯基准期产量、生育期蒸散量和水分利用效率及其在升温 1.5 ℃和 2.0 ℃情景下的变化量

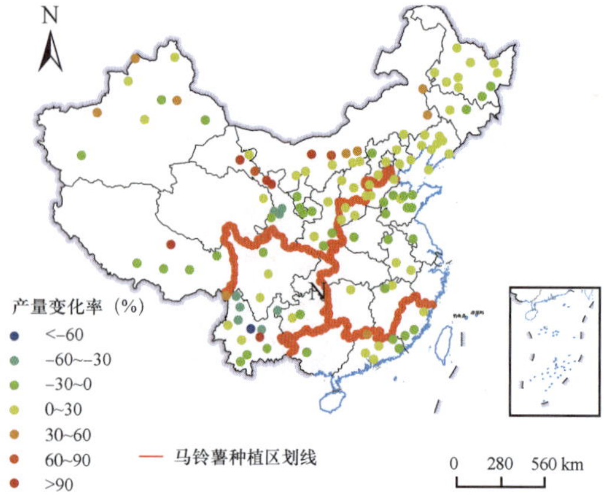

g. 升温2.0 ℃情景下产量变化

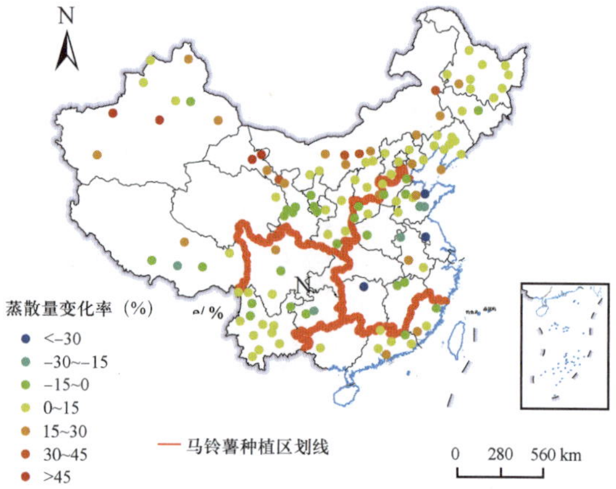

h. 升温2.0 ℃情景下蒸散量变化

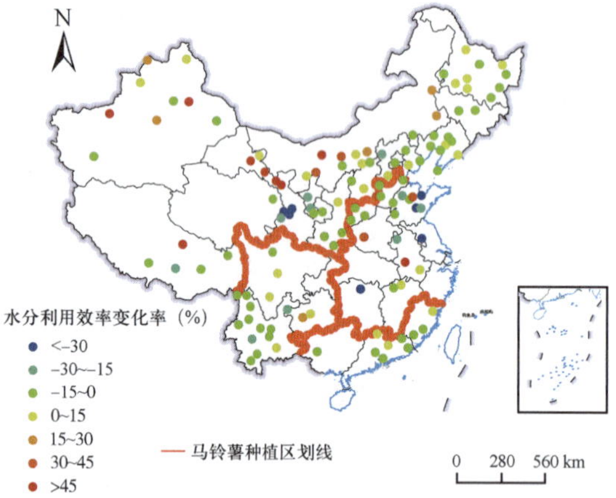

i. 升温2.0 ℃情景下水分利用效率变化

图 2-11(续)

(2)未来升温 1.5 ℃和 2.0 ℃情景下灌溉马铃薯产量、ET 和 WUE 的变化

基准期(1986—2005 年),灌溉马铃薯产量、ET 和 WUE 分别为 6.8～59.6 t·hm^{-2}(图 2-13a)、151～631 mm(图 2-13b)和 7.9～163.6 kg·hm^{-2}·mm^{-1}(图 2-13c)。北方一作区产量最高(42 t·hm^{-2}),南方冬作区最低(23 t·hm^{-2})(图 2-14a)。北方一作区 ET 最高,南方冬作区最低(图 2-14b)。南方冬作区 WUE 最高,为 122.5 kg·hm^{-2}·mm^{-1},西南混作区最低,为 79.1 kg·hm^{-2}·mm^{-1}(图 2-14c)。升温 1.5 ℃情景下,不同种植区产量、ET 和 WUE 的变化范围分别为−77.9%～164.1%(图 2-13d)、−25.1%～35.5%(图 2-13e)和−72.3%～109.2%(图 2-13f)。北方一作区和中原二作区产量分别增加 3.6%和 3.0%,南方冬作区和西南混作区分别下降 1.1%和 11.8%(图 2-14d)。北方一作区、中原二作区和南方冬作区生育期 ET 分别增加 4.6%、4.0%和 2.1%,西南混作区下降 4.9%(图 2-14e)。不同种植区 WUE 均呈下降趋势,北方一作区、中原二作区、南方冬作区和西南混作区分别降低 1.2%、0.7%、3.3%和 11.4%(图 2-14f)。升温 2.0 ℃情景下,不同种植区产量、ET 和 WUE 的变化范围分别为−80.4%～198.3%(图 2-13g)、−24.1%～104.3%(图 2-13h)和−78.6%～147.4%(图 2-13i)。北方一作区、中原二作区和南方冬作区产量分别增加 5.6%、6.8%和 6.5%,西南混作区下降

8.56%(图 2-14g)。北方一作区、中原二作区和南方冬作区生育期 ET 分别增加 11.9%、8.6%和 7.1%,西南混作区下降 5.3%(图 2-14h)。不同种植区 WUE 均呈下降趋势,北方一作区、中原二作区、南方冬作区和西南混作区分别下降 2.3%、1.3%、1.1%和 6.7%(图 2-14i)。

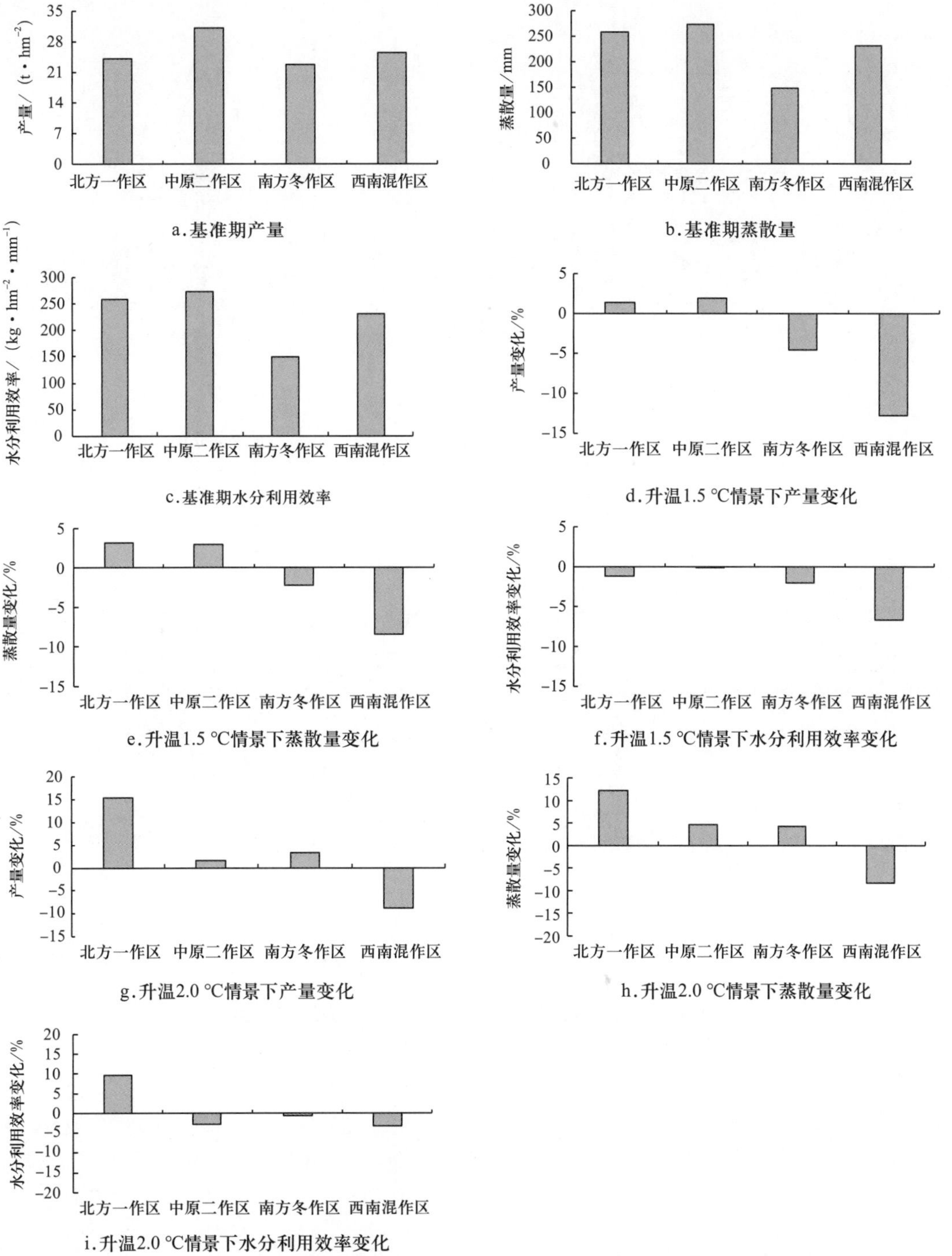

图 2-12　中国雨养马铃薯基准期不同区域的平均产量、生育期蒸散量和水分利用效率及其在升温 1.5 ℃和 2.0 ℃情景下的变化量

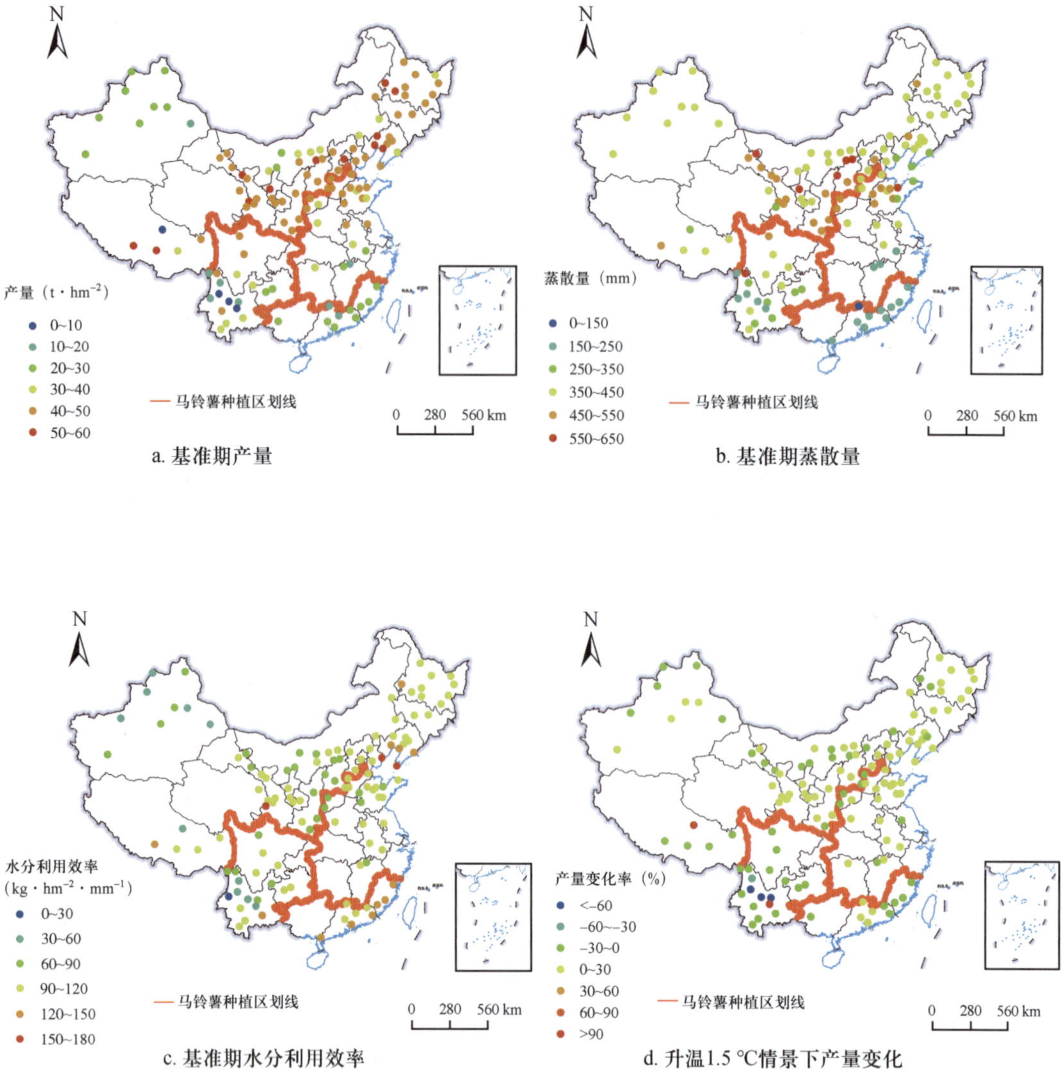

图 2-13　中国灌溉马铃薯基准期产量、生育期蒸散量和水分利用效率及其在升温 1.5 ℃和 2.0 ℃情景下的变化量

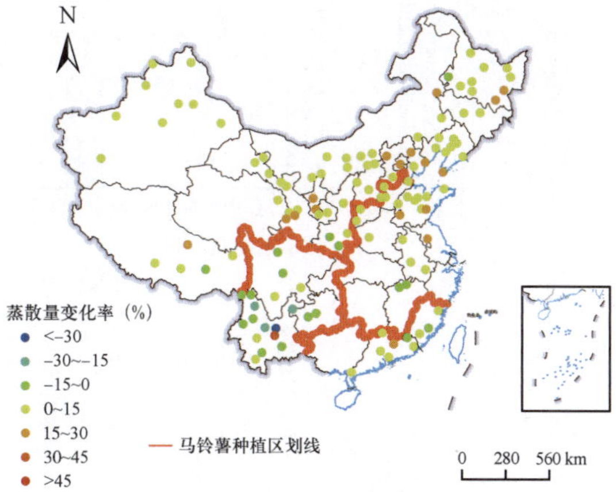

e. 升温1.5 ℃情景下蒸散量变化

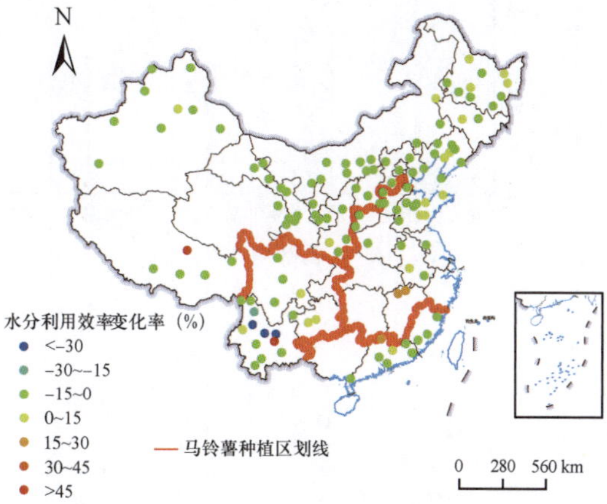

f. 升温1.5 ℃情景下水分利用效率变化

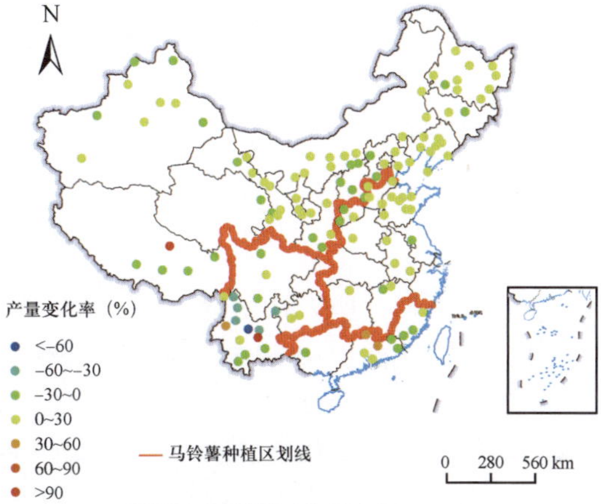

g. 升温2.0 ℃情景下产量变化

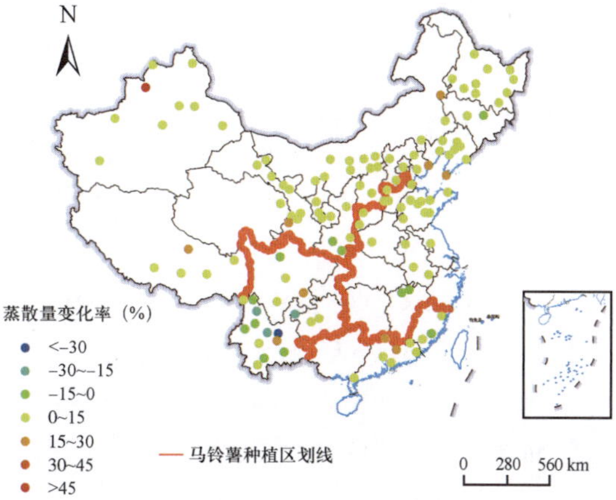

h. 升温2.0 ℃情景下蒸散量变化

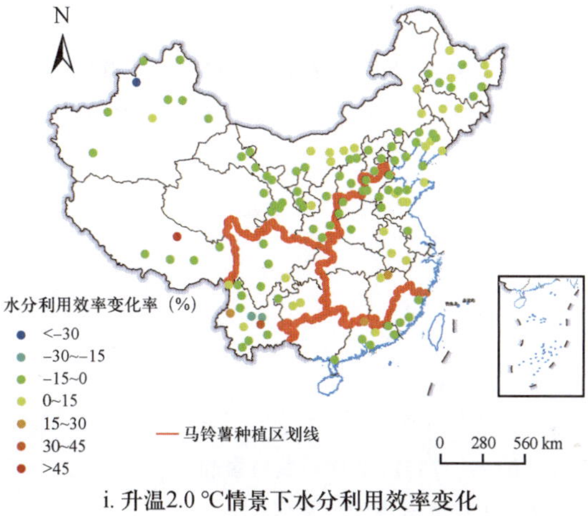

i. 升温2.0 ℃情景下水分利用效率变化

图 2-13（续）

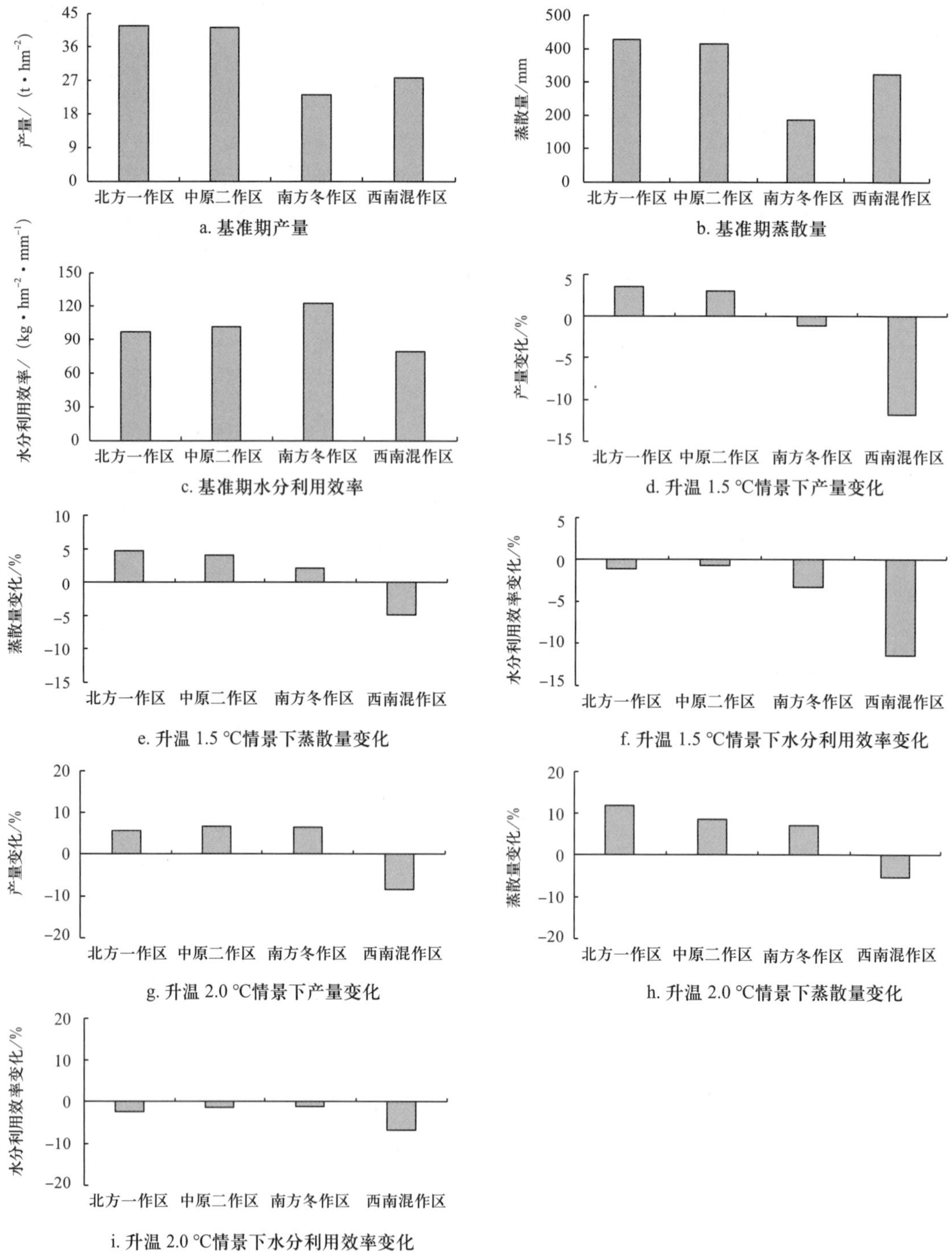

图 2-14　中国灌溉马铃薯基准期不同区域的平均产量、生育期蒸散量和水分利用效率及其在升温 1.5 ℃和 2.0 ℃情景下的变化量

3. 讨论

全球变暖显著影响作物产量和水分利用(Daccache et al.，2011；仇宽彪等，2015)。本节内容表明全球升温 1.5 ℃情景下，北方一作区和中原二作区马铃薯产量上升，南方冬作区和西南混作区下降。一方面，气候变暖加速马铃薯生长速率，缩短生育期长度(Raymundo et al.，2018；唐建昭等，2020)。另一方面，当基准期温度低于马铃薯最适温度时，在一定范围内升温对马铃薯产生正面影响，然而，当高于最适温度时，升温将产生负面影响(Harverkort et al.，2015)。相关研究表明，马铃薯生长的最适温度为 18 ℃(Harverkort et al.，1989)。北方一作区和中原二作区基准期生长季平均温度低于马铃薯最适温度，升温使生育期内温度更接近最适温度，并且伴随 CO_2 浓度上升和降水量增加(图 2-15)，因此北方一作区和中原二作区马铃薯产量在全球升温 1.5 ℃情景下呈上升趋势。南方冬作区和西南混作区基准期生长季平均温度高于最适温度，未来升温导致这两个地区产量下降。全球升温 2.0 ℃情景下，北方一作区、中原二作区和南方冬作区产量呈上升趋势，这主要是因为 CO_2 施肥作用(相比基准期增加 27.1%)和降水增加对增产的正效应高于温度升高产生的负效应(图 2-15)。

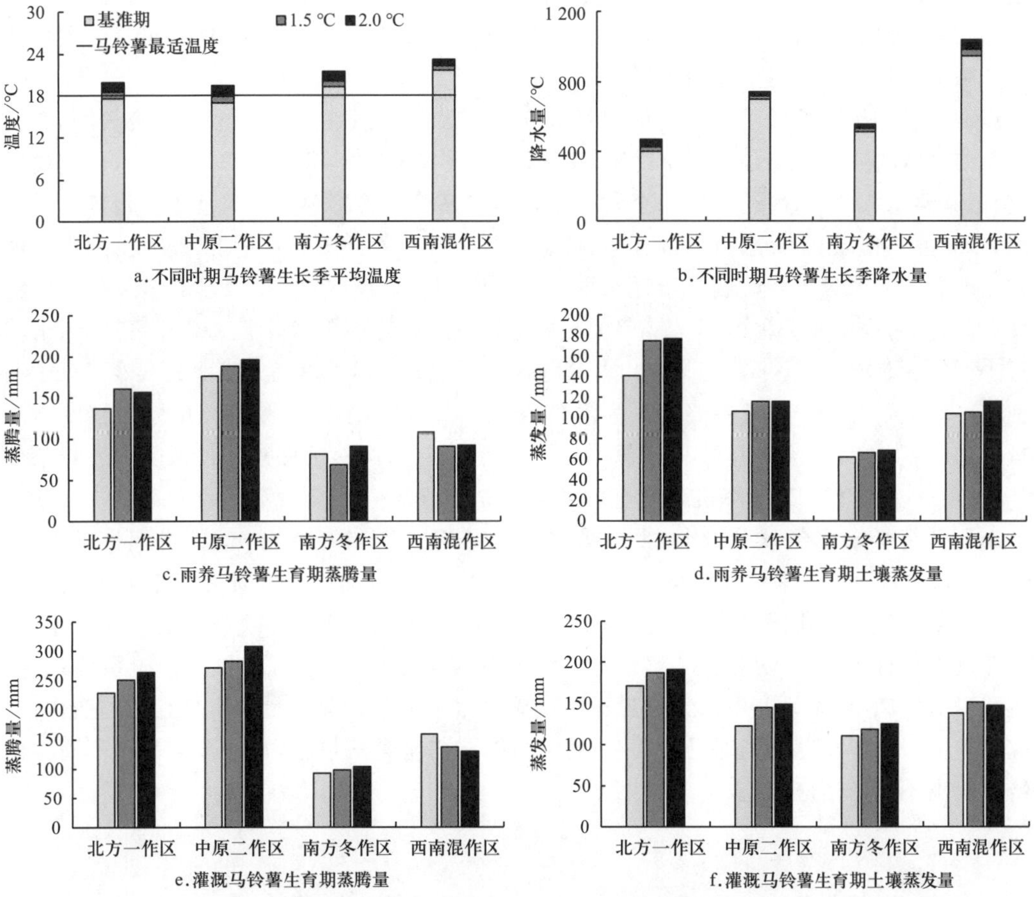

图 2-15　基准期(1986—2005 年)、升温 1.5 ℃和 2.0 ℃情景下马铃薯生长季平均温度、生长季降水量、雨养马铃薯生育期内蒸腾量、雨养马铃薯生育期内土壤蒸发量、灌溉马铃薯生育期内蒸腾量和灌溉马铃薯生育期内土壤蒸发量

定量揭示全球升温背景下马铃薯水分利用的变化，对制定适宜的灌溉方案具有重要意义(Allen et al.，2005；Fischer et al.，2007)。本研究内容表明，全球升温 1.5 ℃导致北方一作区和中原二作区雨养马铃薯 ET 上升，南方冬作区和西南混作区 ET 下降，而灌溉马铃薯 ET 仅在西南混作区下降。ET 由土壤蒸发和植株蒸腾 2 部分组成，其中任何一部分变化都会使 ET 发生变化(刘聪等，2022)。全球增温 1.5 ℃导致土壤蒸发量增加，并且雨养条件下升温促进北方一作区和中原二作区马铃薯生长，增加植株蒸腾量，因此北方一作区和中原二作区雨养马铃薯 ET 增加。升温进一步抑制了南方冬作区和西南混作区马铃薯的生长，减少干物质积累量，导致蒸腾量下降，并且降低的蒸腾量高于增加的土壤蒸发量，因此南方冬作区和西南混作区雨养马铃薯 ET 降低。灌溉马铃薯 ET 在北方一作区、中原二作区和南方冬作区呈上升趋势，在西南混作区呈下降趋势，这主要是因为灌溉进一步增加蒸腾量和土壤无效蒸发量，因此，全球升温 1.5 ℃情景下北方一作区、中原二作区和南方冬作区 ET 增加。西南混作区植株蒸腾的降低量高于土壤蒸发的增加量，因此 ET 下降。全球升温 2.0 ℃情景下，雨养和灌溉马铃薯 ET 在北方一作区、中原二作区和南方冬作区均呈上升趋势，在西南混作区呈下降趋势，这主要是因为全球升温 2.0 ℃情景下，土壤蒸发量继续升高，并且由于 CO_2 浓度的升高和降水量的增加，蒸腾量也增加，因此北方一作区、中原二作区和南方冬作区 ET 增加，而西南混作区马铃薯蒸腾下降量高于土壤蒸发增加量，因此该地区 ET 下降。

作物产量和生育期耗水量共同决定其水分利用效率(仇宽彪等，2015)。研究表明，在不考虑 CO_2 施肥效应的条件下，气候变化显著降低马铃薯 WUE(姚玉璧等，2016)。本研究内容表明，全球升温 1.5 ℃情景下，中国 4 个种植区雨养和灌溉马铃薯 WUE 均呈下降趋势。这主要是因为，北方一作区和中原二作区雨养马铃薯产量上升幅度低于耗水量上升幅度，而南方冬作区和西南混作区产量下降幅度高于耗水量下降幅度，尤其灌溉条件下南方冬作区马铃薯耗水量呈上升趋势，因此 4 个种植区马铃薯 WUE 均呈下降趋势。全球升温 2.0 ℃情景下，雨养马铃薯 WUE 在北方一作区呈上升趋势，在其他 3 个种植区呈下降趋势，灌溉马铃薯 WUE 在 4 个种植区均呈下降趋势。这主要是因为雨养条件下，北方一作区马铃薯产量增加幅度高于耗水量增加幅度，因此北方一作区马铃薯 WUE 呈上升趋势，雨养条件其他种植区和灌溉条件下 4 个种植区马铃薯 WUE 下降机理与全球升温 1.5 ℃情景相同。

本研究基于未来气候变化情景数据，驱动 APSIM-Potato 模型，模拟分析了全球升温 1.5 ℃和 2.0 ℃情景下雨养和灌溉马铃薯产量、ET 和 WUE 的变化，研究结果为中国马铃薯生产适应未来气候变化提供了重要的理论依据。但当前研究仍存在以下不足：①本研究只选择马铃薯单一种植模式，对轮作和套作等系统考虑较少，进一步应考虑更多种植系统；②马铃薯生长对氮肥敏感，本研究中未充分考虑不同施氮水平下马铃薯产量和水分利用的变化；③本研究只模拟分析了全球升温对马铃薯生产的影响，未考虑适应措施，进一步应基于不同种植区的特点提出不同的适应措施。

参考文献

白丽，陈曦，孙浩，等. 产业融合视角下中国马铃薯加工业发展问题研究[J]. 农业工程学报，2019，35(8)：316-323.

仇宽彪,成军锋,贾宝全. 中国东部农田作物水分利用效率时空分布及影响因子分析[J]. 农业工程学报,2015,31(11):103-109.

俄有浩,施茜,马玉平,等. 未来 10 年黄土高原气候变化对农业和生态环境的影响[J]. 生态学报,2011,31(19):5542-5542.

高涛,陈彦才,于晓. 气候变暖对内蒙古三种主要粮食作物单产影响的初步分析[J]. 中国农业气象,2011,32(3):407-416.

金林雪,李云鹏,李丹,等. 气候变化背景下内蒙古马铃薯关键生长期气候适应性分析[J]. 中国生态农业学报,2018,26(1):38-48.

李剑萍,杨侃,曹宁,等. 气候变化情景下宁夏马铃薯单产变化模拟[J]. 中国农业气象,2009,30(3):407-412.

廖雪萍,刘一江,李耀先,等. 未来气候情景下广西冬季农业气候生产潜力的变化特征[J]. 西南农业学报,2017,30(2):438-443.

刘聪,宫彬彬,高洪波,等. 基于蒸发皿蒸发量的椰糠盆栽番茄适宜灌溉量估算与试验[J]. 农业工程学报,2022,38(11):117-124.

马建勇,许吟隆,潘婕,等. SRES A1B 情景下内蒙古地区未来气温、降水变化初步分析[J]. 中国农业气象,2011,31(4):488-494.

马强,颜京辉,魏敏,等. 北京气候中心 CMIP6 数据共享平台及应用[J]. 应用气象学报,2022,33(5):617-627.

孟凡超,郭军,周莉,等. 气温、CO_2 浓度和降水交互作用对作物生长和产量的影响[J]. 应用生态学报,2017,28(12):4117-4126.

孙昭萱,张强,王胜. 土壤水热耦合模型研究进展[J]. 干旱气象,2009,27(4):373-380.

唐建昭,肖登攀,柏会子. 未来气候情景下农牧交错带不同灌溉水平马铃薯产量和水分利用效率[J]. 农业工程学报,2020,36(2):103-112.

滕宗藩,张畅,王永智. 我国马铃薯适宜种植地区的分析[J]. 中国农业科学,1989,22(2):35-44.

王美蓉,周顺武,孙阳,等. CMIP6 全球气候模式对青藏高原中东部地表感热通量模拟能力评估[J]. 大气科学,2022,46(5):1225-1238.

王庆锁,梅旭荣. 中国农业水资源可持续利用方略[J]. 农学学报,2017,7(10):80-83.

王天,涂新军,周宗林,等. 基于 CMIP6 的珠江流域未来干旱时空变化[J]. 农业工程学报,2022,38(11):81-90.

许迪,李益农,龚时宏,等. 气候变化对农业水管理的影响及应对策略研究[J]. 农业工程学报,2019,35(14):79-89.

姚玉璧,王润元,刘鹏枭,等. 气候暖干化对半干旱区马铃薯水分利用效率的影响[J]. 土壤通报,2016,47(3):594-598.

张更喜,粟晓玲,刘文斐. 考虑 CO_2 浓度影响的中国未来干旱趋势变化[J]. 农业工程学报,2021,37(1):84-91.

张利平,夏军,胡志芳. 中国水资源状况与水资源安全问题分析[J]. 长江流域资源与环境,2009,18(2):116-120.

Allen R G, Asce M, Clemmens A J, et al. Prediction accuracy for project wide evapotranspiration using crop coefficients and reference evapotranspiration[J]. Journal of Irrigation and Drainage Engineering, 2005, 131(1):24-36.

Brown H E, Huth N, Holzworth D. A potato model built using the APSIM Plant. NET framework[C]. 19th International Congress on Modeling and Simulation, 2011:961-967.

Camargo D C, Montoya F, Corcoles J I, et al. Modeling the impacts of irrigation treatments on potato growth and development[J]. Agricultural Water Management, 2015, 150:119-128.

Daccache A, Weatherhead E K, Stalham M A, et al. Impacts of climate change on irrigated potato production in a humid climate[J]. Agricultural and Forest Meteorology, 2011, 151:1641-1653.

Fischer G, Francesco N, Tubiello N, et al. Climate change impacts on irrigation water requirements: effects of mitigation, 1990-2080[J]. Technological Forecasting & Social Change, 2007, 74(7):1083-1107.

Fleisher D H, Condori B, Quiroz R, et al. A potato model inter-comparison across varying climates and productivity levels[J]. Global Change Biology, 2016, 3:1258-1281.

Harrison M T, Tardieu F, Dong Z, et al. Characterizing drought stress and trait influence on maize yield under current and future condition[J]. Global Change Biology, 2014, 72:276-286.

Haverkort A J, Struik P C. Yield levels of potato crops: recent achievement and future prospects[J]. Field Crops Research, 2015, 182:76-85.

Haverkort A J. Ecology of potato cropping systems in relation to altitude and latitude[J]. Agricultural Systems, 1989, 32:251-272.

Hijmans R J. The effects of climate change on global potato production[J]. American Journal of Potato Research, 2003, 80(4):271-279.

Huang M X, Wang J, Wang B, et al. Optimizing sowing window and cultivar choice can boost China's maize yield under 1.5 ℃ and 2.0 ℃ global warming[J]. Environmental Research Letter, 2020, 15, 024015.

IPCC. Climate change 2014: impacts, adaptation, and vulnerability. Part B: regional aspects. Contribution of Working Group Ⅱ to the Fifth Assessment Report of the Intergovernmental Panel on Climate Change[M]. Cambridge University Press, Cambridge, United Kingdom and New York, 2014:688.

Jansky S H, Jin L P, Xie K Y, et al. Potato production and breeding in China[J]. Potato Research, 2009, 52:57-65.

Jones C, Robertson E, Arora V, et al. Twenty-first century compatible CO_2 emissions and airborne fraction simulated by CMIP5 earth system models under four representative concentration pathway[J]. Journal of Climate, 2013, 26(13):4398-4413.

Li Y, Tang J Z, Wang J, et al. Diverging water-saving potential across China's potato planting regions[J]. European Journal of Agronomy, 2022, 134:126450.

Lisson S N, Cotching W E. Modeling the fate of water and nitrogen in the mixed vegetable farming systems of northern Tamanis, Australia[J]. Agricultural Systems, 2011, 104:600-608.

Liu D L, Zuo H. Statistical downscaling of daily climate variables for climate change impact assessment over New South Wales, Australia[J]. Climatic Change, 2012, 115(3/4):629-666.

Raymundo R, Asseng S, Robertson R, et al. Climate change impact on global potato production[J]. European Journal of Agronomy, 2018, 100:87-98.

Ruan H Y, Feng P Y, Wang B, et al. Future climate change projects positive impacts on sugarcane productivity in southern China[J]. European Journal of Agronomy, 2018, 96:108-119.

Stockle C O, Nelson R L, Higgins S, et al. Assessment of climate change impact on eastern Washington agriculture[J]. Climatic Change, 2010, 102(1-2):77-102.

Supit I, van Diepen C, de Wit A, et al. Assessing climate change effects on European crop yields using the crop growth monitoring system and a weather generator[J]. Agricultural and Forest Meteorology, 2012, 164:96-111.

Tang J Z, Wang J, Fang Q X, et al. Identifying agronomic options for better potato production and conserving water resources in the agro-pastoral ecotone in North China[J]. Agricultural and Forest Meteorology, 2019, 272/273:91-101.

Tang J Z, Wang J, He D, et al. Comparison of the impacts of climate change on potential productivity of different staple crops in the agro-pastoral ecotone of North China[J]. Journal of Meteorological Research, 2016, 30(6):983-997.

Tang J Z, Xiao D P, Bai H Z, et al. Potential benefits of potato yield at two sites of agro-pastoral ecotone in North China under future climate change[J]. International Journal of Plant Production, 2020, 14:401-414.

Vashisht B B, Nigon T, Mulla D J, et al. Adaptation of water and nitrogen management to future climates for sustaining potato yield in Minnesota: field and simulation study[J]. Agricultural Water Management, 2015, 152:198-206.

Wang B, Liu D L, Asseng S, et al. Spatiotemporal changes in wheat phenology, yield and water use efficiency under CMIP5 multimodel ensemble projections in eastern Australia[J]. Climate Research, 2017, 72(2):83-99.

第 3 章 马铃薯气候智慧型种植的内涵与评估方法

3.1 马铃薯气候智慧型种植内涵

农业占全球温室气体排放的 10%～12%(Li et al.,2016)。中国作为最大的农业生产国和温室气体排放国,其 90%的 N_2O 排放和 60%的 CH_4 排放来自农业生产(Wang et al.,2010;Zhang et al.,2013;Li et al.,2016)。为了达到粮食高产和稳产的目标,农民在农业生产中使用了大量的灌溉和氮肥(Wang et al.,2021;Li et al.,2022a)。中国农业用水占到总用水量的约 63%,而中国农业的氮肥投入几乎占到全球氮肥施用量的 1/3(王玉宝等,2010;FAO,2018)。然而,大量的水氮投入已经导致了严重的环境问题,如活性氮损失(N_2O 排放、氨挥发、氮淋洗)增加、温室气体排放量增加、土壤酸化、地下水耗竭、生物多样性下降等(Rockstrom et al.,2009;Cui et al.,2013;Xia et al.,2016)。因此,在保证粮食产量和经济效益的同时,如何降低环境效应就成为世界农业普遍面对的一个艰巨挑战(Huang et al.,2021;Ma et al.,2021)。

在全球变化背景下,气候变化引起的灾害性天气频繁发生,对全球特别是发展中国家粮食安全带来了极大威胁,在气候变化导致粮食生产能力下降的同时,世界人口却不断增加。根据联合国预测,到 2050 年,全球人口可能会突破 90 亿。为了应对气候变化给粮食安全带来的严峻挑战,联合国粮农组织(FAO)提出了"气候智慧型"农业(Climate-smart agriculture)概念,指出发展中国家迫切需要发展"气候智慧型"农业,以应对日益变暖的世界并养活日益增加的人口(FAO,2013)。"气候智慧型"农业是指能够可持续地提高生产能力、对气候变化具有适应能力、同时减少温室气体排放,以更高目标实现国家粮食生产和安全的农业生产和发展模式。简言之,"气候智慧型"农业就是利用成熟的技术和措施来取得粮食安全、气候适应和排放减少的"三赢"农业(Lipper et al.,2014;Peng and Guan,2021)。

尽管中国是世界上最大的马铃薯生产国(FAO,2016;Li et al.,2022a)。然而,相对于世界马铃薯生产大国,中国的马铃薯产量仍然存在较大差距。同时,由于过量的水氮投入和不合理的农业管理,中国马铃薯的水氮利用效率仍然较低、温室气体排放量较高(Cui et al.,2013;Xiao et al.,2013;Wang et al.,2021)。尽管中国马铃薯生产的温室气体排放量较三大主粮更低(Chen et al.,2013;Kong and Zhu,2016;Gao et al.,2019),但通过优化农学管理来减少中国马铃薯生产的温室气体排放仍然存在很大潜力(高琳等,2017;万伟帆等,2018;李思思等,2019;Liu et al.,2021;Yang et al.,2019)。发展气候智慧型种植模式提高马铃薯产量和水氮利用效率、减少温室气体排放和增加气候变化适应能力,是实现中国马铃薯生产可持续发展的关键任务(图 3-1,Huang et al.,2021;Liu et al.,2021)。

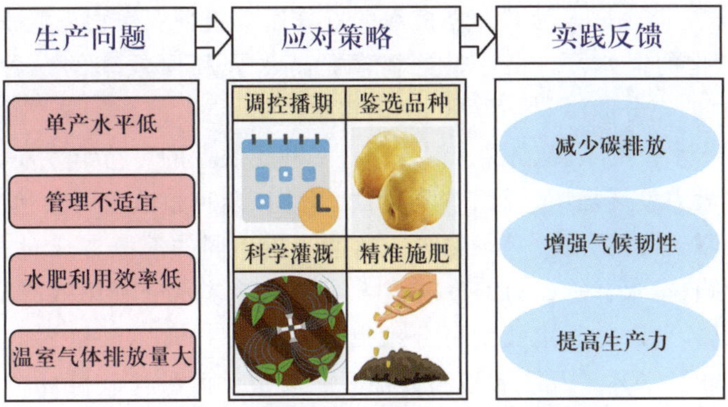

图 3-1　马铃薯气候智慧型种植模式示意图

3.2　马铃薯气候智慧型种植管理评估方法

3.2.1　田间试验评估方法

1. 增产措施

田间试验主要通过品种筛选、加强水肥投入和农业管理来提高马铃薯的产量。

品种筛选试验主要在马铃薯各生育时期调查其田间生长发育情况、产量构成因素、病虫草害发生等情况，在成熟期调查马铃薯的单株结薯个数、商品薯率以及产量表现，后续通过品质与产量的综合比较分析，筛选出适合当地种植的抗病、高产、适应性强、块茎性状好，商品薯率高，增产明显的马铃薯品种，以提高经济效益，增加农民收入（王成刚，2014；陈晓莉，2021；颉炜清，2021）。在北方一作区前人已经进行了大量的品种筛选研究，如王燕等（2016）在河北张家口旱棚内进行田间人工控水种植，筛选出抗旱品种晋早 1 号、晋薯 8 号、冀张薯 8 号和延薯 6 号；姜波等（2017）在内蒙古呼伦贝尔采用防雨棚盆栽选出蒙薯 13 号、蒙薯 12 号和蒙薯 19 号；顾有贵等（2017）在宁夏中部干旱带试验选出大西洋、中薯 9 号、晋薯 13 号、宁薯 12 号、晋薯 7 号和庄薯 3 号；王平等（2017）在甘肃兰州筛选出了陇薯 10 号等品种；杜培兵等（2018）在山西大同选出中薯 19 号、晋薯 24 号、晋薯 16 号和同薯 29 号；韩黎明等（2020）在甘肃定西试验选出青薯 9 号、冀张薯 8 号和陇薯 10 号。在西南马铃薯种植区，王友富等（2017）在四川攀西地区筛选出了丽薯 6 号、云薯 102 和青薯 9 号。近年来，随着市场多元化的需求，迫切需要选育出抗病、抗逆、高产、优质和专用的马铃薯新品种。在育种后代的选择方面，分子标记辅助选择技术已经在青枯病抗性、晚疫病抗性、加工品种选育、品种多样性研究等方面得到了广泛应用。随着分子生物学和生物技术的迅速发展，遗传多样性的研究方法和检测技术也得到了迅猛的发展（王舰，2017）。

水分影响作物生理生态特性和生长发育进程，并最终影响作物的产量和品质。作物通过与周围环境的水分交换来维持体内外的水分循环以满足自身的生长发育需求（孟凡超，2015）。因此，通过集雨补灌或者地表或地下水补灌是提高产量的重要方式。根据作物实际耗水量与作物全生育阶段需水量差值的大小，可以将灌溉方式分为充分灌溉与非充分灌溉。充分灌溉是指在作物全生育阶段进行充分灌水，使作物全生育期内不会出现由于作物缺水而导致减产的现象；非充分灌溉是指通过人为有计划控水的方式适量减少农作物灌溉水量，使得灌溉水量不能充分满足农作物的需水要求，但却能显著提高水分利用效率的一种灌溉方式（王斌，2020）。进行大规模的充分灌溉，尽管可以使马铃薯产量增加，但会带来严重的环境问题，如土壤的盐渍化和地下水水位的下降（张君等，2016），不利于农业的可持续发展。节水灌溉技术近年来在旱作农业区大力发展推广，采用喷灌、滴灌等使以前种植燕麦等杂粮的旱坡地中的一部分改变为马铃薯灌溉农田（杨海波等，2018）。通过分析不同的灌溉方式对农牧交错带马铃薯水分利用效率的影响，秦永林等（2013）发现膜下滴灌马铃薯水分利用效率最高，相比于漫灌、喷灌和露地滴灌，马铃薯水分利用效率可分别提高 200.2%、91.8%和 23.7%，产量分别增加了 35.7%、26.0%和 12.9%。亏缺灌溉和分根区灌溉也是两种比较好的节水灌溉方式，在探究马铃薯的灌溉时间和灌水量的研究中发现，在马铃薯后期进行亏缺灌溉，会导致马铃薯产量下降，然而在马铃薯的结薯早期进行亏缺灌溉，马铃薯产量和充分灌溉的产量相近（Wang et al.，2009）。

在马铃薯生长发育过程中矿质元素通过参与同化物的合成、转运和分配过程，对马铃薯的生长发育及产量形成有重要作用。氮磷钾肥是马铃薯生长所需的主要营养物质，因此增施肥料对马铃薯增产效果显著。但氮磷钾肥对马铃薯增产效果受各地区土壤养分含量的影响。磷参与作物体内淀粉的合成，同时还能促进光合产物向块茎转移，增加块茎的干物质含量，促进块茎提早成熟，提高块茎品质（王惠群等，2007；程瑶，2021）。施钾能明显提高马铃薯叶片气孔导度、蒸腾速率及光合速率（陈光荣等，2009）。马铃薯的叶片数、叶面积以及叶片中的叶绿素含量，均随施氮量的增加而增加，在生育后期，马铃薯块茎对氮的需求与叶片的衰老速率密切相关，适量供应氮素能延缓叶片的衰老，促进块茎的生长（聂向荣，2009）。作物的产量与 3 种肥料的施用量均呈抛物线形增长，都存在一个适宜的施肥量。在实际生产过程中，为提高马铃薯的产量，投入了大量的肥料，使得土壤中的肥料偏高，导致土壤中出现肥料污染，也造成了环境的污染（贾帅等，2021）。合理配比的氮磷钾肥才能充分发挥各肥料的增产潜力，氮和磷、氮和钾、磷和钾配合施用对块茎产量的影响均为正互作（段玉等，2007；文玉能等，2008；田丰等，2010）。在马铃薯需施肥的时期适时进行追肥，既能增加马铃薯产量和商品薯，又能节约肥料，增加农民经济效益。在相同施氮量的条件下，分期施氮能增加块茎膨大后全株干物质积累量，尽管降低了块茎膨大期前的茎叶干物质积累量，但增加了块茎膨大期后块茎中的干物质积累量，提高了收获时干物质在块茎中分配的比例（谷浏涟，2012）。水肥耦合是提高产量的关键，当降水量达到一定值时，作物产量与施肥量呈显著正相关，肥效显著，但当降水量低于一定值时，施肥则为负效应。张君等（2018）的研究指出，在阴山北麓地区，雨养与灌溉条件下，当施氮量分别超过 90 $kg \cdot hm^{-2}$ 和 180 $kg \cdot hm^{-2}$ 时，土壤氮的残留量和损失量均显著增加。陈扬等（2019）的研究表明，在内蒙古地区氮肥用量超过 300 $kg \cdot hm^{-2}$、产量低于 45 $t \cdot hm^{-2}$、氮肥偏生产力小于 150 $kg \cdot kg^{-1}$ 时应该减少施氮量，可通过总量控制、分期施用及有机肥替代等措施实行氮肥减施。

光合作用是作物产量形成的生理基础，增加叶绿素含量会加强光合作用。植物生长营养液是一种新型叶面积肥，不仅含有植物生长所需要的营养元素，还含腐殖酸类物质。腐殖酸类物质处理过的植株均能在不同时期显著提高叶片叶绿素含量，显著提高作物叶片净光合速率，延缓净光合速率的下降，显著降低作物气孔导度和蒸腾速率，促进干物质积累量增加，起到促进植株生长的作用（王奇书等，1995）。而在干旱条件下，腐殖酸可以通过增加保护酶活性延缓植株衰老，提高作物抗旱能力(张磊等，2013)。研究表明，针对不同的灌溉量喷施营养生长液，马铃薯增产幅度为旱作>滴灌>喷灌，产量增加幅度为10.64%～33.62%(张磊，2013)。同时，喷施腐殖酸叶面肥可以使马铃薯小薯比例由22.6%降至1.5%，极大地改善了马铃薯的品质(何建平，2004)。喷施植物生长营养液是促进作物生长、提高作物抗旱性和产量的有效手段之一。

2. 增效措施

集雨系统的建设主要指利用集雨设施工程将在马铃薯非生长关键期发生的降水以液态水的形式积蓄起来，主要是采用屋顶、路面和自然坡面上覆盖塑料、水泥和自然土等集雨面进行雨水的收集，集流到不同形式的水窖、旱井中蓄存，在马铃薯需水关键期再进行补灌。由于建设专门的集雨场所需要较大的投资，针对农业生产的集雨还可根据降水规律利用自然地面进行田间集雨，利用土壤库容保存降水供作物生产之用(潘学标等，2007)。

地膜覆盖可以增加土壤温度并降低土壤水分蒸发，改善土壤生态系统和微生物群落，防除杂草，已在全球农作物生产中得到了广泛应用(Qiu et al.，2019)。通过覆盖地膜可以改善马铃薯生长所需要的农田小气候，调控各生育期内马铃薯的生长代谢，有效降低叶片蒸腾速率，功能叶片的细胞膜透性、MDA含量，使植株延缓衰老并增强马铃薯的抗逆性，生长指标、叶片净光合速率、植株根系活力均显著提高，显著增加了马铃薯的各器官干物质积累量，提高大薯和中薯率，达到优质高产的宗旨，有效提升马铃薯产量，促进马铃薯商品薯产出率上升(吴雁斌，2022；Zhao et al.，2014)。窄垄全覆膜可以提高马铃薯的产量和水分利用效率，相比于不覆膜处理，全覆膜可以使马铃薯水分利用效率提高57.4%～78.2%。而针对地膜颜色，研究表明，黑色地膜覆盖的马铃薯产量较白色地膜覆盖与无覆盖膜的马铃薯产量分别显著增加17.85%和60.52%(禄兴丽，2020)。这是因为黑色地膜透光率低，辐射热透过少，土壤增温幅度较透明膜小，能防止高温对作物的不良影响，抑制杂草生长并防止马铃薯变绿(王红丽等，2016；刘京东等，2021)。当前农用地膜大多以塑料薄膜为主，近年来，随着绿色农业发展战略的提出，由聚乙烯塑料制成的白色地膜残留造成的“白色污染”被更多的学者专家所重视，随着农用塑料地膜残留过多，土壤板结现象加重，不仅破坏土壤微环境而降低土壤肥力，还会严重影响土壤水分渗透和作物根系发育(周永瑾等，2021)。目前，应用在生产中的主要环保型覆盖材料有麻纤维地膜、液态地膜和生物降解膜等(李仙岳等，2015)。

垄沟集雨种植模式比较适宜马铃薯的种植，因为马铃薯的需水规律基本与半干旱区降雨过程基本吻合(田媛，2007)。垄沟集雨技术能够有效地收集地表径流，当降水资源不足且缺乏灌溉条件时，最大限度地利用降水，减少无效蒸发，从而达到提高降水利用效率和作物增产的目的。其中，在我国北方农牧交错带土壤水分依靠垄沟集雨技术增幅可达16.1%～26.0%，沟垄集雨处理的商品薯率较平作高5.0%～30.5%，垄宽1.0 m和沟宽1.0 m集雨处理的商品薯产量较平作增产52.0%～81.0%(胡琦，2017)。在甘肃兰州大学干旱农业生态实验站的垄沟微型集雨种植马铃薯试验中，膜垄种植马铃薯产量比对照提高32.7%～33.1%，土垄种植马铃薯产量比对照提高10.4%～11.6%(赵鸿，2012)。覆膜与垄沟集雨技术的结合能够进一步集雨、保墒、增温。随着覆膜集雨垄面宽度的增加，0～100 cm土层土壤含水量逐渐增加，马铃薯的产量与水分利用效率先增加后减少，当集雨垄面宽度为50 cm，垄沟宽度为20 cm时产量和商品薯率达到最大(余帮强，2014)。而在年降雨量小于250 mm的半干旱地区，膜垄的最佳沟垄比为60 cm∶40 cm，马铃薯经济产量可以达到最大期望值(王琦，2005)。双垄全膜覆盖侧播处理保水保墒效果最好，半膜垄作覆盖处理最差(李继明，2011)。

3. 减排措施

为保障粮食增长，越来越多的氮肥投入到农田土壤中促进了农田 N_2O 的排放，进而加剧全球变暖。施用氮肥是提高马铃薯产量的重要手段，氮肥肥效的发挥与农田水分状况高度相关(肖石江等，2021)，如何在雨养条件下做到"以水定肥，以肥定产"的同时最大限度地减少 N_2O 气体排放，对充分发挥旱地马铃薯生产潜力及农田可持续发展具有积极的指导意义(张开等，2021)。大量研究表明，在水分满足的情况下，马铃薯的产量随着施肥量的增加先增加后减少(张富仓等，2017；万伟帆，2017)。同时由于灌溉、降水等因素引起土壤含水量增加，提高了硝化反硝化速率，导致 N_2O 排放量增加(王立为等，2019)。降水后土壤充水孔隙度增加，导致土壤内氧气含量减少，此时有利于反硝化作用的进行，进而加强了 N_2O 的产生和排放。土壤温度也通过影响土壤微生物以及相关酶的活性来控制土壤 N_2O 排放。在一定的土壤温度内，土壤 N_2O 的排放通量随温度的增加而增加，通常高于 5 ℃时相关微生物开始发挥生物活性产生 N_2O，在 25～35 ℃范围内土壤 N_2O 的排放通量达到最大值(Shinsuke et al.，2005)。韩建刚等(2004)通过室内模拟探究了不同水热条件下土壤 N_2O 的排放，结果发现随着温度从 10 ℃升高到 30 ℃，N_2O 排放的快速期、慢速期以及稳定期的开始时间明显提前。研究表明撒施后翻耕、条施后覆土、撒施后灌水 3 种施肥方式对土壤 N_2O 排放通量有显著的差异，而且排放峰出现时间也不尽相同。撒施后灌水处理的排放峰出现在施肥后第 2 天，而条施后覆土处理的排放峰出现在施肥后第 5 天，而撒施后灌水处理的土壤 N_2O 净排放量显著高于其他两种施肥处理(李鑫等，2008)。由于翻耕、免耕、旋耕等不同的耕作方式可以改变耕层土壤的孔隙度、水分状况，并且对土壤进行扰动，从而影响了土壤 N_2O 的排放。研究表明翻耕和免耕都会增加土壤 N_2O 的排放(郭康军，2019)。

4. 提高气候韧性

"韧性"(Resilience)概念原本属于机械学，指系统的抗冲击能力和从冲击中恢复的能力(李昕蕾，2022)。主动适应气候变化的能力被称为"气候韧性"，从而消减气候变化可能造成的灾害损失，建立起更加符合自然规律的发展方式(于志宏，2022)。气候变化对开放性的农业生态系统及农业生产造成很大影响，而对生态环境脆弱地区的农业生产影响尤其巨大。气候变化对农业生产的影响，首先表现为对农业气候资源的影响，农业气候资源在数量和配置上的改变，会影响农业生产过程，并最终影响作物种植制度、品种布局、生长发育和产量形成(李强，2018)。适应气候变化，科学调整作物布局，因地制宜地分区提出适合不同气候区域适宜发展的优势作物和特色作物，是农业布局规划应对未来气候变化的重要适应对策之一。王润元(2010)的研究指出，气候变暖使干旱区作物种植格局由春小麦为主转变为玉米、棉花、冬小麦为主，半干旱区由小麦为主转变为玉米、马铃薯、冬小麦为主。王鹤龄(2017)等的研究表明，河西灌区在保证粮食安全的前提下，应适当减少春小麦面积，增加玉米面积，稳定马铃薯面积，扩大经济作物面积。陇中和陇东黄土高原地区稳定冬小麦面积，扩大地膜玉米种植面积，发展豆类、马铃薯等抗旱性强的作物，大力发展地方特色作物。刘霞霞(2021)等以减产率为标准，推荐了内蒙古自治区不同生态区各年型适宜雨养种植的作物，其中，马铃薯适宜在阴山北麓与燕山丘陵的平水年型与丰水年型以及大兴安岭的所有年型下雨养种植。

近年来，全球变暖的趋势愈加明显，但马铃薯为喜温凉作物，气候变化会对马铃薯生长发育及产量形成造成影响(李强，2018)。研究表明，随温度升高，马铃薯全生长期有所延长，特别是花期至成熟期延长明显，这将有利于防止茎叶早衰和促进淀粉的积累；增温显著减少了单株结薯数，提高了每块薯重，马铃薯产量总体呈现增加趋势，但差异不显著（肖国举等，2015）。气候变暖导致马铃薯生殖生长期变长，加大了产量对于气温变化的敏感性，研究表明，马铃薯块茎形成期气温每上升 1 ℃，则产量降低 3%（Sainio et al.，2010）。作物的播种时间直接关系到其生长对气候资源的利用程度，而分期播种试验可以在较短的年限内实现不同的气象条件，因此是确定最适播期和作物产量控制因子的有效方法（张凯等，2012）。通过调整播期，使马铃薯生长的关键期和当地的降水匹配度更高，可以提高马铃薯的产量和水分生产力（唐建昭，2018）。李扬等（2020）在内蒙古呼和浩特武川试验站探究了不同水热年型下马铃薯播期和品种的优化组合，暖干年推荐了早播和中播的早熟品种费乌瑞它，暖湿年推荐了中播的晚熟品种克新一号。浙中春马铃薯早熟品种适宜播种期为 1 月下旬中后期至 2 月上旬，中熟品种适宜播种时期为 1 月下旬至 2 月上旬，适时的播期避免春播马铃薯的冻害风险，也兼顾了农时，保障了种植效益（舒素芳，2021）。

气候变暖的综合效应也会使作物品种的熟性由早熟向中晚熟发展和复种指数提高（张强等，2008）。罗磊等（2020）根据黄土高原丘陵区不同生态条件和不同马铃薯品种晚疫病的抗病水平，筛选出了适应当地气候环境的适栽马铃薯品种。适宜在温带半干旱区种植的淀粉加工型品种有定薯 3 号和陇薯 6 号极晚熟品种，鲜薯食用型品种有冀张薯 8 号、冀张薯 12 号和冀张薯 14 号中熟品种及定薯 4 号、陇薯 7 号、陇薯 10 号、天薯 12 号和天薯 11 号晚熟或极晚熟品种；适宜在温带半湿润区种植的淀粉加工型品种有定薯 3 号，鲜薯食用型品种有冀张薯 8 号、冀张薯 12 号、冀张薯 14 号、定薯 4 号、陇薯 7 号、陇薯 10 号和天薯 12 号。在甘肃省定西市，马铃薯-小麦复种油菜-马铃薯增加了降雨入渗深度、土壤贮水量和耗水深度，降低了阶段性耗水量，提高了马铃薯产量和水分利用效率，是当地较佳的轮作模式（谭雪莲等，2021）。王亚静（2022）等对 23 个冬油菜茬复种马铃薯新品种的生育期、产量等指标进行分析，结果表明，中早熟品种红美、14w-5 较对照品种夏波蒂分别增产 21.3% 和 18.2%，抗病性好，可作为陇东旱塬区油菜茬复种马铃薯中早熟的优良品种；晚熟品种青薯 9 号、青薯 10 号和陇薯 7 号分别较对照品种庄薯 3 号增产 39.2%、38.4% 和 32.6%，可作为复种马铃薯晚熟品种。

3.2.2　作物模型和生命周期评估模型

1. 马铃薯模型发展历程

作物生长模型的研究始于 20 世纪 60 年代（李亚杰等，2014），而马铃薯生长模型的研究起步较晚，从 20 世纪 80 年代才逐渐兴起（Sands et al.，1979），其发展历程如图 3-2 所示。20 世纪 80 年代，以评价马铃薯生产力为目标的 POTATO、Sands-model 和 Johnson-model 模型的开发与应用掀起了马铃薯生长模型研究的热潮，其中 Ng 和 Loomis（1984）开发的 POTATO 模型是国际上第 1 个详细考虑马铃薯形态学和生理学的机理模型。该阶段的马铃薯生长模型主要包括发育期和干物质积累模块。到 20 世纪 90 年代，马铃薯生长模型进入逐步发展和完善阶段，土壤水分动态和土壤氮素运移模块开始加入马铃薯生长模型中，以 LINTUL-POTATO、SUBSTOR-Potato 和 CROPWATN 为代表的第 2 代马铃薯生长模型开始应用到农业生产系统分析中，主要评价不同水氮管理措施对马铃薯生产的影响（Mackerron，2008）。进入 21 世纪后，以 APSIM-Potato、AquaCrop 和 NPOTATO 为代表的第 3 代马铃薯生长模型在第

2 代模型的基础上，从农业生产系统的角度出发，考虑了气候变化的影响，将马铃薯生长对 CO_2 的响应模块加入生长模型中，应用模型进行气候变化影响评估，从而使马铃薯生长模型得到更为广泛的应用。

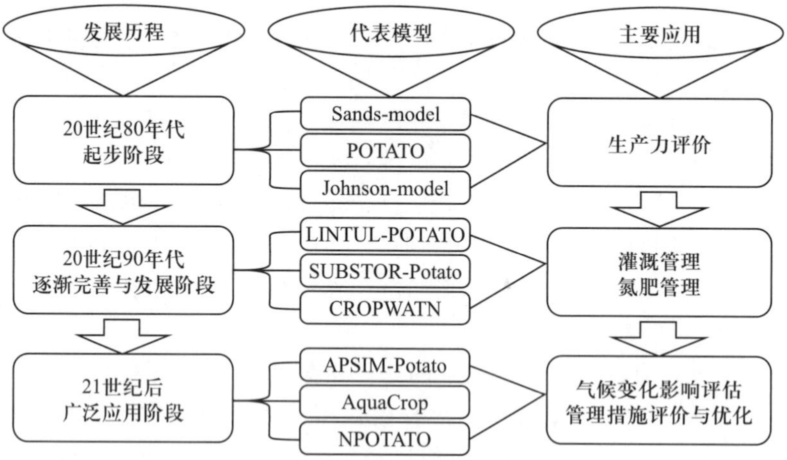

图 3-2　马铃薯生长模型发展历程图

2. 马铃薯模型构建方法

马铃薯生长模型的构建主要有 3 种方法（图 3-3）：一是基于大田试验数据直接构建模型，如 HPOTATC、POTATO 和 Sands-model 等模型。黄冲平（2003）通过设置不同的马铃薯覆膜试验，记录马铃薯的生育期、干物质积累量和产量等，基于大田试验数据建立了 HPOTATC 模型，较早地在中国完成了马铃薯生长模型的构建；二是在其他作物生长模型的基础上，基于通用的作物模块，根据马铃薯特性确定生理参数而建立马铃薯生长模型，如 LINTUL-POTATO 模型是 Haverkort 和 Kooman（1997）在 LINTUAL 模型的基础上建立的，Potato Calculator 模型是 Jamieson 等（2006）在 SIRIUS 模型基础上建立的；三是在已有的马铃薯生长模型中添加新的模块或将不同的马铃薯生长模型进行整合建立新的模型，如 Van Delden 等（2009）将 LINTUL-POTATO 模型和 NPOTATO 模型结合建立了 LINTUL-NPOTATO 模型。

马铃薯生长模型的核心模块包括生育期模块、冠层生长模块、产量形成模块和水氮运移模块等（Vanittersum et al.，2003）。模型主要以日为时间步长模拟马铃薯的生长发育，如 APSIM-Potato 模型基于太阳辐射、温度、光周期、土壤水和氮模拟马铃薯的生长发育、干物质积累和产量形成等（Tang et al.，2018）。SPUDSIM 和 DANUBIA 是仅有的两个以小时为尺度模拟水分、碳、氮和能量平衡的马铃薯生长模型（Lenz and Klar，2010；Fleisher et al.，2010）。

马铃薯的生育期一般分为播种、出苗、块茎形成、块茎开始成长、块茎膨大、块茎停止膨大和块茎成熟或简化为更少的几个阶段（宋娜等，2013）。与禾本科作物（玉米、小麦和水稻等）相似，马铃薯的生育期模拟也是由积温控制的（Brown et al.，2011）。但马铃薯播种深度较深，且播种的母薯含有供马铃薯发芽和出苗所需的营养物质和水分，因此在马铃薯出苗期的模拟中对养分和水分的胁迫考虑较少（Haverkort and Struik，2015）。马铃薯收获部分是地下块茎，地上部现蕾和开花与块茎发育为相对独立的过程，因此在对马铃薯发育的模拟中对地上部的

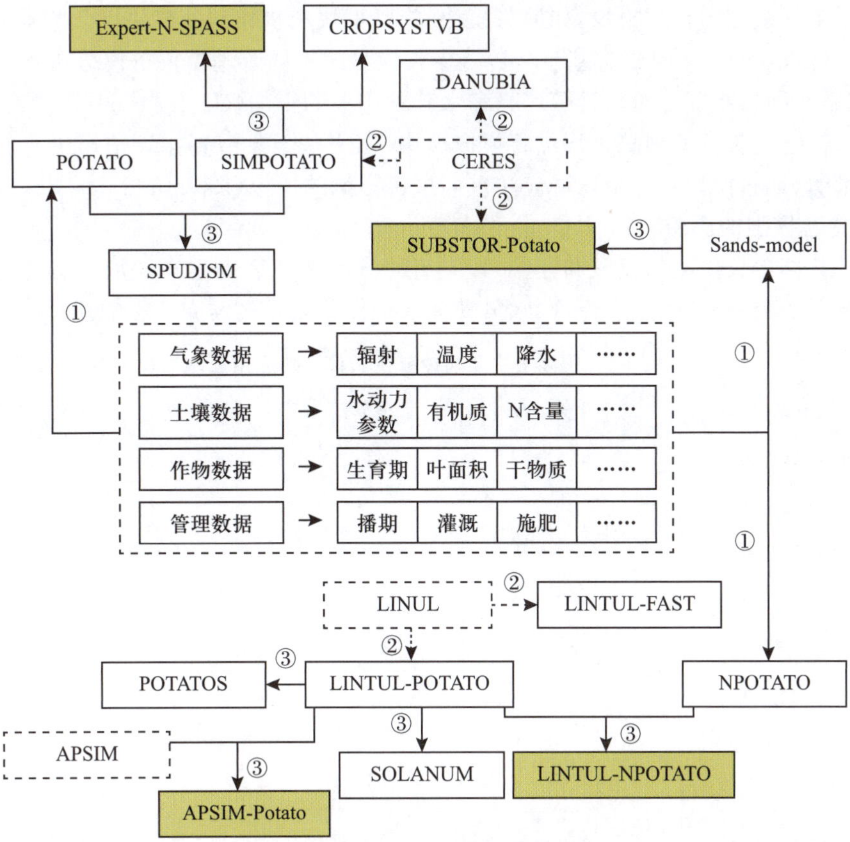

图 3-3　马铃薯生长模型的构建方法

注：①、②和③分别代表基于田间试验数据直接开发、基于其他作物生长模型改进和基于已有的马铃薯生长模型分别构建的马铃薯生长模型。棕色框表示当前广泛应用的马铃薯生长模型。

现蕾和开花考虑较少，更关注地下部的发育(Fishman et al.，1985)。20 世纪 90 年代之前，模型主要采用积温驱动模拟马铃薯的块茎形成期(Jackson，1985)，然而后续大量研究表明光周期对块茎形成有重要影响，并且光周期对马铃薯块茎形成的影响随着温度的升高而增加(Haverkort et al.，2015)。因此，20 世纪 90 年代之后，马铃薯发育期模块中开始加入光周期的影响，基于积温和光周期共同驱动模拟块茎形成期(Mcmaster and Wilhelm，1997)。马铃薯其他生育阶段包括块茎开始成长、块茎膨大期和成熟期等均仅受积温驱动(Griffin et al.，1993；Raymundo et al.，2014)。

马铃薯收获部分为地下块茎，当温度和光周期条件适宜即形成块茎，但块茎形成不是马铃薯营养生长和生殖生长的分界点(Ewing and Struik，1992)。当前应用的马铃薯生长模型基于干物质积累总量和干物质向块茎的分配比例模拟马铃薯块茎产量(Griffin et al.，1993)。在块茎形成期之前，新积累的干物质基本全部分配给地上部茎叶。在块茎形成到最大冠层形成阶段，75%的干物质分配给块茎，25%的干物质分配给冠层；当冠层达到最大值后，所有新积累的干物质均分配给块茎，且由于再分配，茎叶中的干物质也会部分向块茎运移(Raymundo et al.，2014)。

马铃薯生长模型的管理模块，如灌溉模块、施肥模块和耕作制度模块等借鉴其他作物模型构建（Raymundo et al.，2014）。基于马铃薯生长模型的不同管理模块可以分析不同管理措施如灌溉、施肥和种植制度等对马铃薯产量和水分利用等的影响（Gayler et al.，2002）。然而，当前应用的马铃薯生长模型中缺乏病虫害模拟模块，无法基于模型直接评估病虫害发生情况对马铃薯产量的影响，模型下一步发展应注重病虫害影响的模拟（Raymundo et al.，2014）。

3. 马铃薯模型的应用

随着马铃薯生长模型的发展和完善，其应用的深度和广度也逐渐增加。马铃薯生长模型的应用主要在 3 个领域：生产力评价、水氮管理措施优化以及气候变化影响评估（表 3-1）。

表 3-1 国际上主要马铃薯生长模型的应用领域

模型	生产力评价	水分管理	氮肥管理	气候变化影响评估
APSIM-Potato	*	* *	* *	* *
AquaCrop	*	* *	/	/
CROPSYST	/	*	*	* *
CROPSYSTVB-CSPOTATO	/	/	*	/
DAISY	/	* *	*	/
DANUBIA	/	/	*	/
Expert-N-SPASS	/	*	* *	/
INFOCROP-POTATO	*	/	*	/
Johnson-model	*	/	/	/
LINTUL-NPOTATO	*	/	* *	/
LINTUL-POTATO	*	*	*	* *
Potato Calculator	*	/	*	/
PotatoSoilWat	*	/	/	/
Sands-model	*	/	/	/
SIMPOTATO	/	*	* *	/
POMOD	*	/	/	/
HPOTATC	*	*	/	*
SUBSTOR-Potato	*	* *	* *	* *

注：该表基于已发表的马铃薯生长模型研究的论文整理。“*”代表基于某生长模型进行过此方面研究；“* *”代表某生长模型在该过程的模拟能力更突出；“/”代表无该方面研究。

马铃薯生产力评价模型主要是基于数学模型建立的生长机理模型，Sibma（1977）首次基于数学模型计算马铃薯冠层日 CO_2 同化量和日呼吸量，评价了荷兰马铃薯的潜在产量，该研究为通过数学模型计算马铃薯潜在产量提供了范例。1984 年，Ng 和 Loomis 基于大田试验数据，在数学模型的基础上开发了国际上第一个详细考虑马铃薯形态学和生理学的机理模型——POTATO 模型，首次基于马铃薯生长模型评价了潜在、雨养和实际生产水平下的荷兰马铃薯产量。国外基于马铃薯生长模型的生产管理优化措施主要包括播期、品种、灌溉和施肥等的优化。Griffin 等(1993)在第一代马铃薯生长模型基础上，通过添加水氮运移模块开发了SUBSTOR-Potato 模型，该模型进一步填补了基于马铃薯生长模型优化马铃薯生产管理措施的空白。Vashisht 等(2015)基于 SUBSTOR-Potato 模型提出美国明尼苏达州不同气候年型下马铃薯最佳灌溉量和施氮量。

该时期国内主要是基于统计模型进行马铃薯生产管理措施优化。张永成等(1989)利用系统工程学的原理和方法，结合马铃薯生产实践，以马铃薯产量最高为目标函数，建立了马铃薯密度、施氮量、施磷量和施钾量与马铃薯产量关系的统计模型，确定了马铃薯高产优化栽培措施。陈俊珊等(1998)建立了高寒阴湿区马铃薯高产、优质、高效的统计模型，揭示了施肥种类、施肥量和播种密度与马铃薯产量的关系。2000 年后，国内关于马铃薯生长模型的开发和应用的工作逐渐增多。2003 年，浙江大学黄冲平首次在我国建立了马铃薯生长机理模型——HPOTATC 模型，然而该模型并未在国内得到广泛应用。国内对马铃薯生长模型的研究工作主要是对国外模型的应用与改进，如 Tang 等(2018，2019)基于 APSIM-Potato 模型分析播期和补充灌溉耦合对农牧交错带马铃薯生产的影响，结果表明，播期和补充灌溉存在显著的耦合效应，马铃薯最适播期随着灌溉量的增加而推迟，并基于 APSIM-Potato 模型指出农牧交错带马铃薯采用一年休闲一年种植，是该地区兼顾马铃薯产量、土壤水和地下水的最优种植模式。Li 等(2021，2022a)基于田间试验证明了 APSIM-Potato 模型可以较好地反映不同播期和品种对马铃薯产量的耦合效应，并使用验证后的模型和不同熟性的马铃薯品种参数确定了中国不同马铃薯主产区适宜的播期和品种耦合方式及节水潜力。

进入 21 世纪后，在第 2 代马铃薯生长模型的基础上，基于控制试验(如 FACE 试验)将马铃薯生长对 CO_2 的响应模块加入生长模型，使其在气候变化的影响评估方面得到广泛应用。Hijmans(2003)基于格点气象数据驱动 LINTUL-POTATO 模型，首次评估了全球气候变化对马铃薯生产的影响。研究结果表明，气候变化导致全球马铃薯产量下降 18%～32%，而采用适应措施较未采用适应措施产量可提高 9%～14%。2017 年，AgMIP 项目首次评估了气候变化下马铃薯生长模型模拟结果的不确定性，结果表明采用多模型集成是降低气候变化影响评估不确定性的有效方法(Fleisher et al.，2017)。国内主要是基于国外马铃薯生长模型进行气候变化影响评估，李剑萍等(2009)将 DSSAT 模型与 PRECIS 区域气候模式相嵌套，较早地在国内完成未来气候变化对马铃薯产量影响的模拟，结果表明，当品种、种植方式和田间管理不变的情况下，从 2020 年到 2080 年宁夏马铃薯单产将降低 8.7%～41.3%。孙芳等(2008)基于同样的模型指出未来气候变化情景下通过调整播期和品种，宁夏地区马铃薯产量可增加11.3%～13.3%。Li 等(2022b)使用 APSIM-Potato 模型和生命周期评估模型结合，在格点尺度上定量了中国马铃薯生产中的温室气体排放量和排放强度，并确定了中国马铃薯不同主产区高产高效和低碳绿色的气候智慧型种植模式，为中国马铃薯可持续发展提供参考。

4. 生命周期评估模型

生命周期评估(life cycle assessment，LCA)是环境评估和环境管理工具之一(ISO，1996)。生命周期评估模型(LCA model)是评价生产、加工或活动过程中对环境影响的科学通用方法，评估某一产品(或服务)从准备原材料，到生产、使用直至废弃的整个过程对环境所产生的影响。生命周期评估模型主要考虑 4 个阶段：目标和范围定义、清单分析、影响评估和解释。在清单分析过程中，各项投入的施用量及其对应的排放因子是准确估算作物温室气体排放的关键因素(Knudsen et al.，2014；Zhang et al.，2021)。针对农业生产，生命周期评估模型主要被用来评价作物种植前的物料、人工、器械准备，种植过程和收获过程的全部投入对环境的直接和间接影响(Huang et al.,2021)。

在使用生命周期评估模型估算农业生产中的温室气体排放量时，通常先根据生产中各个环节的投入构建完整的系统边界，再根据单项投入的量及对应的排放因子，累计并换算成统一单位的温室气体排放总量(He et al.,2016)。农业生产中总的温室气体排放量包括：各项农业投入(如肥料、农药、地膜、劳动力和燃料等)在生产、运输、种植和收获过程中的间接 CO_2 排放(E_p)和作物生长过程中直接的 CH_4(E_c)和 N_2O(E_n)排放(Mosier et al.,2006；Gao et al.,2019)。由于 CH_4 和 N_2O 的全球增温潜势(GWP)分别是 CO_2 的 25 倍和 298 倍，因此通常将各项排放换算为 $kg\ CO_2 \cdot kg^{-1}$ 进行计算(Chen et al.,2020)(图 3-4)：

$$GHG = E_p + E_c + E_n \tag{3-1}$$

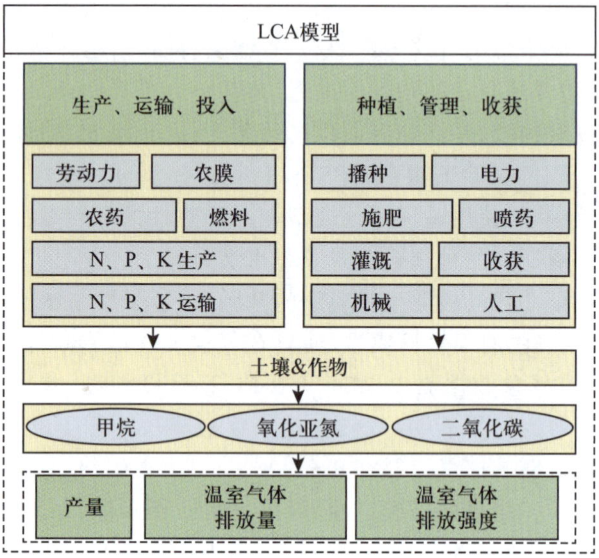

图 3-4　生命周期评估模型(LCA model)系统边界图

各项农业投入在生产、运输、种植和收获过程中温室气体排放量($kg\ CO_2 \cdot kg^{-1}$)的计算公式为：

$$E_p = \sum (I_i \times f_i) \tag{3-2}$$

式中，I_i 和 f_i 分别代表各项输入的量和对应的排放系数。

作物种植过程中的 CH_4 排放量计算公式为：

$$CH_4 = F_c \times A \times D \tag{3-3}$$

式中，F_c 为作物种植过程中的 CH_4 排放量($kg\ CH_4 \cdot hm^{-2} \cdot 季^{-1}$)，$A$ 为作物种植面积(hm^2)，D 为作物的生育期长度(d)。总 CH_4 排放量使用与 CO_2 全球增温潜势的倍数换算成 $kg\ CO_2 \cdot kg^{-1}$：

$$E_c = 25 \times CH_4 \tag{3-4}$$

式中，25 为 CH_4 的全球增温潜势当量系数(Chen et al. ,2020)。

作物种植过程中总的 N_2O 排放(E_n)以 kg CO_2 · kg^{-1} 进行表示：

$$E_n = N_2O_t \times \frac{44}{28} \times 298 \tag{3-5}$$

式中，44/28 为 N_2O 与 N 的分子质量比(Huang et al. ,2021)，298 为 N_2O 的全球增温潜势当量系数(Zhang et al. ,2013)。作物种植过程中总 N_2O 的排放包括直接排放和间接排放两部分，直接排放通常通过田间试验进行测定或通过文献检索的数据进行拟合排放因子，间接排放主要包括作物种植过程中氮肥施用后 NH_3 挥发和氮淋溶导致的氮肥损失量等。

前人研究已对生命周期评价模型进行直接和间接排放的估算能力进行了充分的验证(Djomo and Blumberga,2011;Liu et al. ,2021)，因此已被广泛应用于评价作物生产过程对环境产生的影响，如蔬菜、玉米、水稻和小麦等。He 等(2016)的研究比较了北京市西红柿种植在传统施肥方式和施用有机肥料对城市温室气体排放的影响，结果表明，相比于施用化学肥料，有机肥的施用可以显著减少对环境产生的负面影响；Huang 等(2021)的研究表明通过养分专家管理系统不仅可以有效维持玉米产量稳定，同时减少中国玉米种植过程中营养的损失和温室气体排放，保证中国玉米生产的可持续发展。Zhang 等(2021)的研究使用生命周期评估模型表明优化施肥方式后，中国蔬菜生产中的温室气体排放可显著减少，尤其是北方地区。

生命周期评估模型也被用于评价中国马铃薯生产对环境产生的影响。Gao 等(2019)的研究表明，实施马铃薯主粮化政策有助于中国以更少的投入和更低的环境成本生产更多的粮食，以满足日益增长的粮食需求和营养需求；Liu 等(2021)使用生命周期影响评估模型进一步比较了中国小麦、玉米和马铃薯生产中的温室气体排放量，结果表明，相比于其他作物，中国马铃薯生产中排放的温室气体更少，更有利于减轻中国农业生产中对碳-陆地-水的影响。Li 等(2022)的研究使用生命周期评价模型定量了不同种植管理方式下中国马铃薯生产的产量、温室气体排放量、温室气体排放强度和经济收益，综合比较并确定了不同马铃薯主产区马铃薯的气候智慧型种植模式。

参考文献

陈光荣，高世铭，张晓艳．施钾和补水对旱作马铃薯光合特性及产量的影响[J]．甘肃农业大学学报，2009，44(01)：74-78.

陈晓莉．陕北旱区马铃薯化肥减施增效和水肥高效利用品种筛选研究[D]．杨凌：西北农林科技大学，2021.

陈杨，秦永林，于静，等．内蒙古灌溉马铃薯氮肥减施依据及措施[J]．作物杂志，2019(6)：90-93.

程瑶．不同磷用量对马铃薯产量和品质的影响[D]．哈尔滨：东北农业大学，2021.

杜培兵，杨文静．马铃薯抗旱品种筛选及鉴定试验[J]．中国蔬菜，2018(9)：29-34.

段玉，妥德宝，赵沛义，等．马铃薯施肥肥效及养分利用率的研究[J]．中国马铃薯，2008(4)：197-200.

谷浏涟．施氮时期对马铃薯氮磷钾积累分配特征及产量影响的研究[D]．哈尔滨：东北农业大学，2012.

顾有贵，李海洋．宁夏中部干旱带马铃薯品种引选及抗旱性评价[J]．宁夏农林科技，2017，58(11)：4-7.

郭康军．基于 DNDC 模型覆膜马铃薯 N_2O 减排增产的优化施氮量研究[D]．沈阳：沈阳农业大学，2019.

韩建刚,李占斌,朱咏莉,等. 农田土壤中 N_2O 释放的水温特征研究[J]. 土壤通报,2004,5(3):284-289.
韩黎明,童丹,刘大江. 定西市旱作马铃薯主粮化新品种比较试验[J]. 中国马铃薯,2020,34(1):1-8.
何建平,陶启珍,易平. 腐殖酸液体叶面肥对马铃薯产量和品质的影响[J]. 腐殖酸,2004(1):24-26,37.
胡琦,谭英,杨鹏宇,等. 阴山北麓农牧交错带不同沟垄宽度集雨技术对马铃薯的影响[J]. 干旱区资源与环境,2017,31(11):116-121.
贾帅,郭媛姣,高洪香,等. 水氮磷钾耦合效应对旱区马铃薯增产增效的研究[J]. 节水灌溉,2021(4):23-27.
姜波,张晓莉,任珂,等. 马铃薯不同品种抗旱评价及生化指标[J]. 中国马铃薯,2017,31(2):71-76.
李继明. 安定区地膜马铃薯不同覆盖方式集雨保墒增产试验[J]. 中国马铃薯,2011,25(5):275-278.
李京东,张刘东,陈晨,等. 不同颜色覆膜对土壤温度、马铃薯生长及产量的影响[J]. 农业工程,2021,11(7):127-132.
李强. 西北地区马铃薯产量-气候变化关系分析及高产高效栽培技术研究[D]. 北京:中国科学院大学(中国科学院教育部水土保持与生态环境研究中心),2018.
李仙岳,彭遵原,史海滨,等. 不同类型地膜覆盖对土壤水热与葵花生长的影响[J]. 农业机械学报,2015,46(2):97-103.
李昕蕾. 全球气候危机中的能源安全韧性治理[J]. 国家治理,2022(17):20-25.
李鑫,巨晓棠,张丽娟,等. 不同施肥方式对土壤氨挥发和氧化亚氮排放的影响[J]. 应用生态学报,2008(1):99-104.
李扬,王靖,唐建昭,等. 农牧交错带马铃薯高产和水分高效利用的播期和品种选择[J]. 农业工程学报,2020,36(4):118-126.
刘霞霞,李扬,王靖,等. 基于 APSIM 模型的内蒙古四大生态区不同降水年型下主要作物适应性评价[J]. 中国农业科学,2022,55(10):1917-1937.
禄兴丽,段雅欣,李闪闪,等. 覆膜对半干旱地区马铃薯生长生理性状及作物产量的影响[J]. 植物生理学报,2021,57(7):1582-1594.
罗磊,李亚杰,李德明,等. 陇中黄土高原丘陵区马铃薯适栽品种选择试验[J]. 中国马铃薯,2020,34(1):9-15.
孟凡超. 气候变化对东北玉米生长和产量影响的观测与模拟[D]. 北京:中国气象科学研究院,2015.
聂向荣. 不同氮肥水平下马铃薯品质变化及氮素营养诊断的研究[D]. 呼和浩特:内蒙古农业大学,2009.
潘学标,龙步菊,魏玉蓉. 内蒙古黄土高原区降水规律与集雨利用潜力分析[J]. 干旱区资源与环境,2007(4):65-71.
秦永林,井涛,康文钦,等. 阴山北麓马铃薯在不同灌溉模式下的水肥效率[J]. 中国生态农业学报,2013,21(4):426-431.
舒素芳,卞晓波,鹿翔,等. 浙中春马铃薯苗期冻害及安全适宜播期试验[J]. 浙江农业科学,2021,62(5):930-932,958.
谭雪莲,郭天文,张平良,等. 不同复种油菜-轮作模式对马铃薯耗水特征及产量的影响[J]. 干旱地区农业研究,2021,39(2):137-142,149.
唐建昭. 北方农牧交错带马铃薯基于缩差和增效的种植管理模式研究[D]. 北京:中国农业大学,2018.
田媛,李凤民,刘效兰. 半干旱区不同垄沟集雨种植马铃薯模式对土壤蒸发的影响[J]. 应用生态学报,2007(4):795-800.
万伟帆. 尿素不同用量及处理措施对马铃薯田温室气体排放和氨挥发影响的研究[D]. 呼和浩特:内蒙古农业大学,2017.
王斌. 基于膜下滴灌调亏的马铃薯灌溉制度优化研究[D]. 太原:山西农业大学,2020.
王成刚,刘小平,姚录. 陇中干旱区马铃薯新品种的引进和筛选[J]. 中国马铃薯,2014,28(1):6-9.
王河川. 不同播期对马铃薯泉云 4 号生长动态及产量的影响[J]. 福建农业科技,2021,52(9):20-26.

王鹤龄,张强,王润元,等. 气候变化对甘肃省农业气候资源和主要作物栽培格局的影响[J]. 生态学报,2017,37(18):6099-6110.
王红丽,张绪成,于显枫,等. 黑色地膜覆盖的土壤水热效应及其对马铃薯产量的影响[J]. 生态学报,2016,36(16):5215-5226.
王惠群,萧浪涛,李合松,等. 矮壮素对马铃薯中薯 3 号光合特征和磷素营养的影响[J]. 植物营养与肥料学报,2007(6):1143-1147.
王舰. 马铃薯种质资源遗传多样性研究及块茎性状的全基因组关联分析[D]. 北京:中国农业大学,2017.
王立为,郭康军,李鸣钰,等. 基于 DNDC 模型多因子对马铃薯田 N_2O 排放和产量的影响研究[J]. 生态环境学报,2019,28(6):1141-1151.
王平,郭小俊,谢成俊,等. 兰州市山旱区马铃薯品种比较与筛选试验[J]. 中国马铃薯,2018,32(4):205-212.
王奇书,王拴柱,王天立. 腐殖酸类物质及对植物的生理作用[J]. 腐殖酸,2001(Z1):33-40.
王琦,张恩和,李凤民,等. 半干旱地区沟垄微型集雨种植马铃薯最优沟垄比的确定[J]. 农业工程学报,2005(2):38-41.
王润元. 中国西北主要农作物对气候变化的响应[D]. 兰州:兰州大学,2010.
王亚静,李可夫,张文伟,等. 陇东旱塬区冬油菜收获后复种马铃薯品种筛选初报[J]. 甘肃农业科技,2022,53(4):47-51.
王燕,杨克俭,龚学臣,等. 全国主栽马铃薯品种的抗旱性评价[J]. 种子,2016,35(9):82-85.
王友富,郑崇兰,铁万祝,等. 四川攀西干旱区冬马铃薯抗旱品种筛选[J]. 农业与技术,2017,37(24):7-9.
文玉能,顾昌萍,王坤. 氮、磷、钾肥不同施用量对马铃薯产量的影响[J]. 贵州农业科学,2008(1):116-117.
吴雁斌,吕和平,梁宏杰,等. 不同覆膜方式与种植密度互作对马铃薯光合特性及产量的影响[J]. 中国瓜菜,2022,35(7):62-68.
肖国举,仇正跻,张峰举,等. 增温对西北半干旱区马铃薯产量和品质的影响[J]. 生态学报,2015,35(3):830-836.
肖石江,普红梅,王鑫,等. 水肥耦合对冬马铃薯产量和水分利用效率的影响[J]. 中国土壤与肥料,2021(2):133-140.
杨海波,杨海明,孙国梁,等. 阴山北麓节水灌溉马铃薯田氮素平衡研究[J]. 北方农业学报,2018,46(5):50 56.
于志宏. 应对气候变化,增进韧性同样重要[J]. 可持续发展经济导刊,2022(4):1.
余帮强,万海霞,张国辉,等. 不同集雨垄面和垄沟宽度对马铃薯产量和土壤含水量的影响[J]. 节水灌溉,2016(7):9-12.
张富仓,高月,焦婉如,等. 水肥供应对榆林沙土马铃薯生长和水肥利用效率的影响[J]. 农业机械学报,2017,48(3):270-278.
张君,赵沛义,潘志华,等. 基于产量及环境友好的玉米氮肥投入阈值确定[J]. 农业工程学报,2016,32(12):136-143.
张君. 阴山北麓马铃薯水氮耦合效应及合理利用机制研究[D]. 北京:中国农业大学,2018.
张开,王立为,高西宁,等. 基于 DNDC 模型不同降水年型下氮肥管理对马铃薯田 N_2O 减排及增产潜力影响研究[J]. 生态环境学报,2021,30(8):1672-1682.
张凯,王润元,李巧珍,等. 播期对陇中黄土高原半干旱区马铃薯生长发育及产量的影响[J]. 生态学杂志,2012,31(9):2261-2268.
张磊,刘景辉,徐胜涛,等. 植物生长营养液对干旱复水马铃薯根系及光合特性的影响[J]. 灌溉排水学报,2013,32(2):104-106+124.
张磊. 植物生长营养液对马铃薯抗旱增产生理调控机制[D]. 呼和浩特:内蒙古农业大学,2013.
张强,邓振镛,赵映东,等. 全球气候变化对我国西北地区农业的影响[J]. 生态学报,2008(3):1210-1218.

赵鸿．黄土高原(定西)旱作农田垄沟覆膜对马铃薯产量和水分利用效率影响[D]. 兰州:兰州大学,2012.

周永瑾,普雪可,吴春花,等．垄沟集雨种植下不同降解地膜沟覆盖对农田马铃薯产量和土壤水热的影响[J]. 核农学报,2021,35(11):2664-2673.

Agehara S, Warncke D D. Soil moisture and temperature effects on nitrogen release from organic nitrogen sources[J]. Soil Science Society of America Journal,2005,69(6):1844-1855.

Peltonen-Sainio P,Jauhiainen L,Trnka M,et al. Coincidence of variation in yield and climate in Europe[J]. Agriculture Ecosystems & Environment,2010,139(4):483-489.

Qiu J,Ma X,Gang L,et al. Plastic-film mulch and fertilization rate affect the fate of urea-15 N in maize production[J]. Nutrient Cycling in Agroecosystems,2018,112:403-416.

Wang Y,Xie Z,Malhi S S,et al. Effects of rainfall harvesting and mulching technologies on water use efficiency and crop yield in the semi-arid Loess Plateau, China [J]. Agricultural Water Management, 2009, 374-382.

Zhao H,Wang R Y,Ma B L. Ridge-furrow with full plastic film mulching improves water use efficiency and tuber yields of potato in a semiarid rainfed ecosystem[J]. Field Crops Research,2014,161:137-148.

第 4 章 马铃薯气候智慧型播期和品种管理

4.1 播期和品种对马铃薯生长发育和产量的影响

北方一作区马铃薯的种植面积和总产量均高于其他马铃薯主产区(Tang et al.,2019;Li et al.,2021)。但受气候条件和地形等的影响,灌溉条件较差,因此雨养种植是该区马铃薯主要的生产方式(Cabello et al.,2012;Zhao et al.,2014)。然而,北方一作区马铃薯生长季内的水热变异较大,导致雨养马铃薯产量较低且不稳,严重限制该区马铃薯产量的稳定和提升(Hu et al.,2017;Huang et al.,2018)。前人研究证明,调控播期和品种熟性可有效提升雨养马铃薯的产量,减少其年际变异(Tang et al.,2019;董旭生等,2018;Heltoft et al.,2017),但受到不同地区和不同年份水热条件差异的影响,马铃薯的最适播期和品种选择方式存在较大的差异(赵沛义等,2005;沈姣姣等,2012;Alva et al.,2022;Zhang et al.,2018)。此外,较少研究探究播期和品种的耦合效应对雨养马铃薯产量和产量稳定性的影响。

大田试验是探究马铃薯适宜播期和品种熟性的最直接手段(Florio et al.,2014;余婷婷和王凤新,2015),但大田试验受到试验站点、年份和处理等的限制,不能充分考虑播期、品种和环境之间的耦合效应(Jones et al.,2003;李扬等,2019)。为此本节基于马铃薯播期和品种耦合试验,评价了 APSIM-Potato 模型在模拟不同播期和品种熟性对马铃薯生长发育和产量影响的能力;使用验证后的模型,探究北方一作区不同站点雨养马铃薯的适宜播期和品种耦合方式;基于马铃薯生长季的水热条件,构建了简单可行的雨养马铃薯播期和品种熟性推荐规则,为保证雨养马铃薯产量稳定提供科学参考。

4.1.1 材料方法

1. 研究区域和站点

为探究雨养马铃薯的适宜播期和品种耦合方式,在北方一作区沿着经度带和纬度带分别选择了 3 个代表性站点进行研究(图 4-1)。由北向南选择的站点为齐齐哈尔(QH,47.4°N,123.9°E)、开鲁(KL,43.6°N,121.3°E)和张家口(ZJ,40.8°N,114.9°E),自西向东选择的站点分别为都兰(DL,36.3°N,98.1°E)、海原(HY,36.6°N,105.7°E)和延安(YA,36.6°N,109.5°E)。

1981—2010 年的逐日气象数据来自中国地面气候资料数据集,包括日尺度的最高和最低温度(℃)、降水量(mm)和日照时数(h)。其中,日照时数用于计算辐射,计算方法为 Angström 方程(Wang et al.,2015)。图 4-2 表明,生长季降水量和平均温度自西向东有逐渐

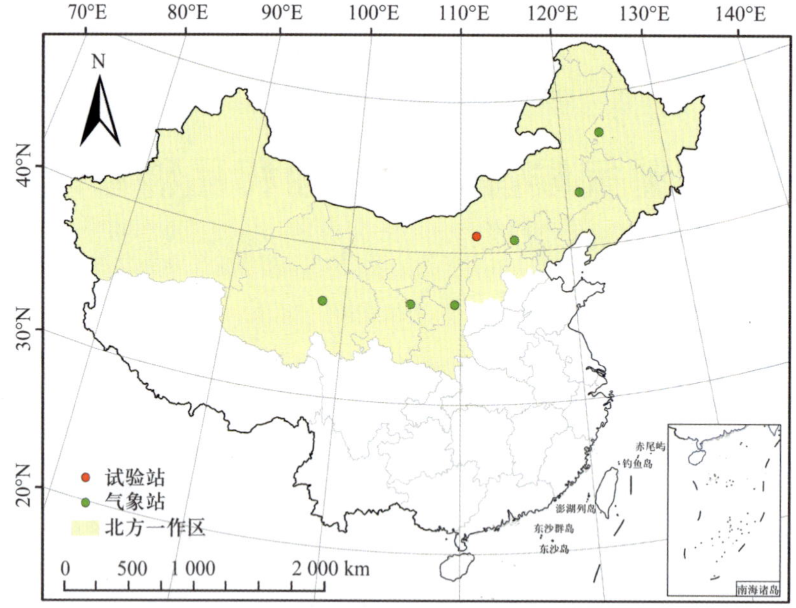

图 4-1　北方一作区马铃薯种植区和研究站点分布

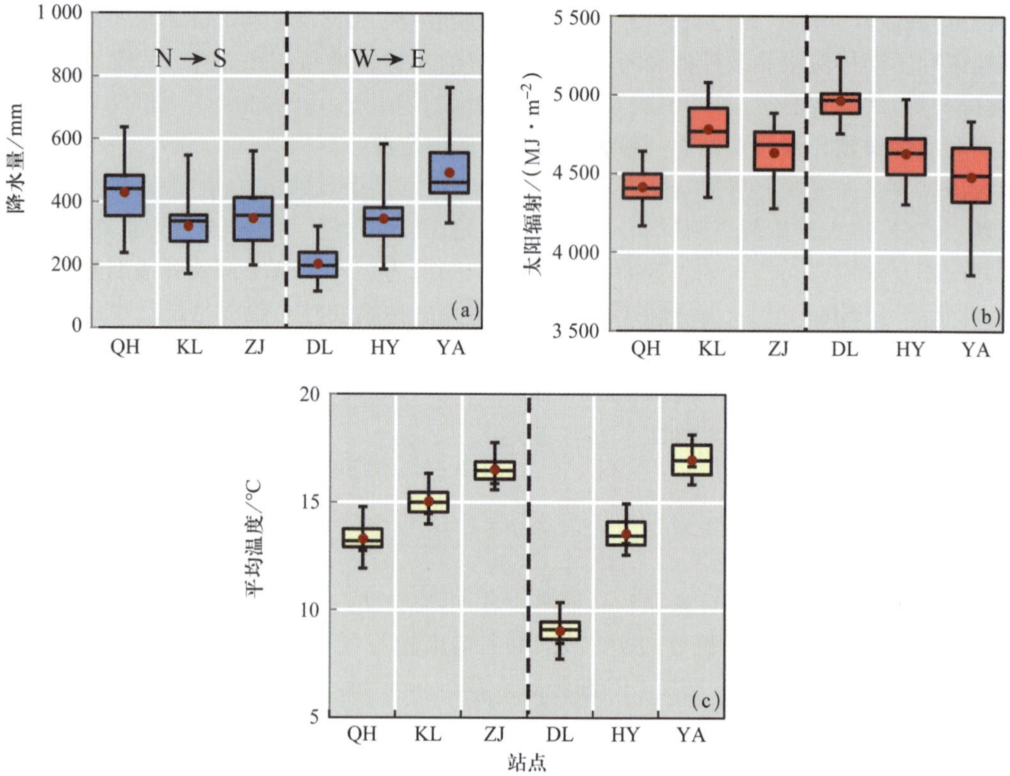

图 4-2　研究站点生长季降水量(a)、辐射累积量(b)和平均温度(c)

注：箱体外的短横线代表最大值和最小值，“●”为平均值，箱体的上、下边界分别代表 75%和 25%点位；QH＝齐齐哈尔，KL＝开鲁，ZJ＝张家口，DL＝都兰，HY＝海原，YA＝延安

增加的趋势，而生长季辐射累积量自西向东减少，生长季平均温度由北向南逐渐升高，最西的都兰站生长季辐射最高而生长季降水量和平均温度最低。各研究站点的土壤参数来自中国土壤数据库(http://www.soil.csdb.cn/)，主要包括土壤容重、凋萎含水量、田间持水量、饱和含水量和土壤养分含量等理化数据。

2. 马铃薯播期和品种耦合试验

用于模型调参和验证的播期和品种耦合试验于 2017—2018 年在位于内蒙古自治区呼和浩特市的武川野外科学试验站(41°06′N，111°28′E)开展。试验包括早熟品种费乌瑞它、中熟品种康尼贝克和晚熟品种克新一号 3 个不同熟性的马铃薯品种，搭配早播(4 月 27 日)、中播(5 月 15 日)和晚播(6 月 2 日)3 个不同的播期，每个处理设置 3 个重复，小区面积为 4 m × 7 m，播种深度为 15 cm，种植密度为 5 株 · m^{-2}，播种时一次施用尿素 37.5 kg · hm^{-2}，磷酸二铵 75 kg · hm^{-2}，氯化钾 37.5 kg · hm^{-2}。为保证马铃薯出苗，各处理在播前进行 30 mm 的补灌。试验期间，自出苗后每隔 15 d 进行一次取样，测定生物量(根、茎、叶和薯块)，叶面积使用便携式叶面积仪(LI3000C，LICOR Inc.)进行测定，土壤含水量(0～100 cm)使用烘干法进行测定，收获时每个小区从中间取 2 行(7 m^2)进行测产。

3. APSIM-Potato 模型

基于过程的作物模型 APSIM 已在不同气候区进行了广泛应用(李扬等，2019；Tang et al.，2018，2019，2021；Li et al.，2021；Li et al.，2022a，b)。APSIM 模型以土壤为核心，主要包括作物模块、土壤模块和管理模块(Probert et al.，1997)。作物模块模拟作物的生长发育和产量形成以及与土壤的相互作用，土壤模块模拟土壤水分和养分的运移等，管理模块包括模块的调用、作物播种和收获、施肥和灌溉的设定、输入输出结果等。作物参数存放于独立的文件中，主要包括两部分：作物特定的参数和品种特定的参数，这样的结构便于创建新的作物和品种参数，而不需要改动模型结构(Keating et al.，2003)。APSIM-Potato 逐日模拟马铃薯的生长发育、干物质积累和块茎生长(Brown et al.，2011)。模型将马铃薯生育期划分为 5 个阶段：播种—发芽、发芽—出苗、出苗—块茎形成(现蕾)、块茎形成—开花、开花—衰老和衰老—成熟，各阶段均由积温(CTT，℃ · d)驱动完成。发芽—出苗阶段的速率由播种深度和土壤温度决定，出苗到块茎形成的积温随着光周期的增加而增加。日干物质积累速率(ΔDM)由辐射截获和辐射利用效率(RUE，g · MJ^{-1})共同决定，且水分和氮素胁迫会降低干物质积累速率：

$$\Delta \mathrm{DM}=R_{\mathrm{adn}} \times I \times \mathrm{RUE} \times f_{\mathrm{w}} \times f_{\mathrm{t}} \times f_{\mathrm{co_2}} \tag{4-1}$$

式中：R_{adn} 为日太阳总辐射(MJ · m^{-2} · d^{-1})；I 为作物辐射截获系数；RUE 为辐射利用效率，取 1.44 g · MJ^{-1}；f_w 为水分胁迫因子；f_t 为温度胁迫因子；f_{co_2} 为大气中的 CO_2 浓度胁迫因子，本节未考虑 CO_2 浓度变化对干物质积累的影响。随着土壤湿度下降，植物潜在蒸腾减少，f_w 从 1 开始降低，当土壤完全变干时下降至 0：

$$f_{\mathrm{w}}=W_{\mathrm{u}}/W_{\mathrm{d}} \tag{4-2}$$

式中：W_u 为作物实际蒸腾，W_d 为作物潜在蒸腾。

日平均气温为 2 ℃时，f_t 从 0 开始增加，当日平均气温为 12～24 ℃时 f_t 为 1，当气温升高到 34 ℃时 f_t 又逐渐降低至 0。

基于播期和品种试验数据，采用“试错法”对 APSIM-Potato 模型进行调参，使用 2017 年的数据进行调参，2018年的数据进行验证，根据试验观测的生育期数据调整模型中各发育阶段所需的有效积温来确定各品种的主要遗传参数。

4. 模拟情景设定

为探究不同播期和品种耦合方式下雨养马铃薯的产量，在6个研究站点1981—2010年进行了连续模拟。在每个站点，根据五日滑动平均气温稳定通过马铃薯下限温度(2℃)确定了马铃薯潜在播种窗口的开始时间，最晚播种窗口的确定时间以早熟品种在霜冻日前能够正常成熟为准(图4-3)。在潜在播种窗口内每隔10 d设定一个播期，使用早、中和晚熟3个不同熟性的品种进行模拟。模拟设置的播种密度为5株·m^{-2}，氮肥设置为充足。为与大田试验设置相同，模型中在播种时进行了30 mm的补灌来确保马铃薯正常出苗。

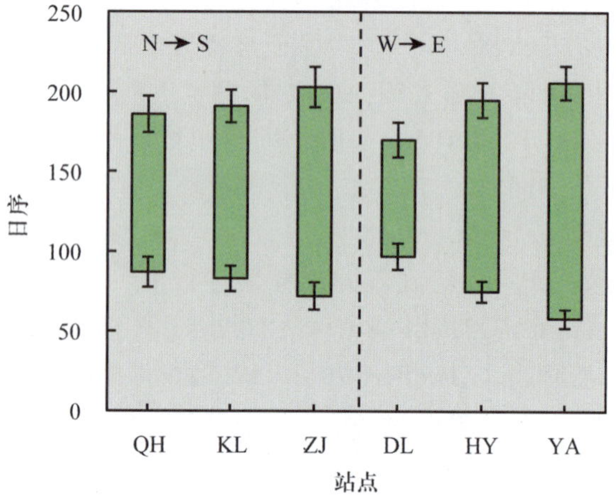

图4-3 研究站点的潜在播种窗口

注：QH=齐齐哈尔，KL=开鲁，ZJ=张家口，DL=都兰，HY=海原，YA=延安

5. 模拟效果评价指标

使用决定系数(R^2)、均方根误差(RMSE)和相对均方根误差(RRMSE)来评价APSIM-Potato模型模拟马铃薯生育期、干物质积累量、叶面积指数、土壤含水量和产量的模拟值和实测值之间的误差：

$$R^2=\frac{\left[\sum_{i=1}^{n}(O_i-O_{avg})(S_i-S_{avg})\right]^2}{\sum_{i=1}^{n}(O_i-O_{avg})^2\sum_{i=1}^{n}(S_i-S_{avg})^2} \tag{4-3}$$

$$RMSE=\sqrt{\frac{1}{n}\sum_{i=1}^{n}(S_i-O_i)^2} \tag{4-4}$$

$$RRMSE=\frac{\sqrt{\frac{1}{n}\sum_{i=1}^{n}(S_i-O_i)^2}}{O_{avg}} \tag{4-5}$$

式中：O_i为实测值；S_i为模拟值；O_{avg}为实测值的平均值；S_{avg}为模拟值的平均值；n为样本的个数。

6. 高稳系数和变异系数

高稳系数(HSI)被用来评价不同播期和品种耦合方式下 1981—2010 年各站点马铃薯产量高且变异小的耦合方式：

$$\mathrm{HSI}=\frac{\bar{x}_i-S_i}{\bar{x}} \tag{4-6}$$

式中，$\bar{x}_i$ 为第 i 种播期和品种耦合方式下马铃薯的平均鲜重产量；S_i 为第 i 种播期和品种耦合方式下马铃薯鲜重产量的标准差；$\bar{x}$ 为所有播期和品种耦合方式的平均马铃薯鲜重产量。

变异系数(CV)被用来确定马铃薯产量或气象因子在年际的变异：

$$\mathrm{CV}=\frac{S}{\bar{x}} \tag{4-7}$$

式中，S 为产量或气象因子在不同年份间的标准差，$\bar{x}$ 为产量或气象因子的平均值。

4.1.2　APSIM-Potato 模型调参和验证

APSIM-Potato 模型的调参和验证结果表明，各品种在不同播期下的生育期模拟值和实测值在各阶段均表现出较好的相关性和一致性，基本落在 1∶1 线附近(图 4-4)。调参年(2017)马铃薯早、中和晚熟品种各播期在播种—出苗、出苗—现蕾、现蕾—开花和开花—成熟阶段的均方根误差(RMSE)均小于 4.8 d；在验证年(2018)各马铃薯品种在不同播期下的播种—出苗、出苗—现蕾、现蕾—开花和开花—成熟阶段的均方根误差(RMSE)均小于 4.9 d，表明模型可以较准确地模拟马铃薯的生长发育。

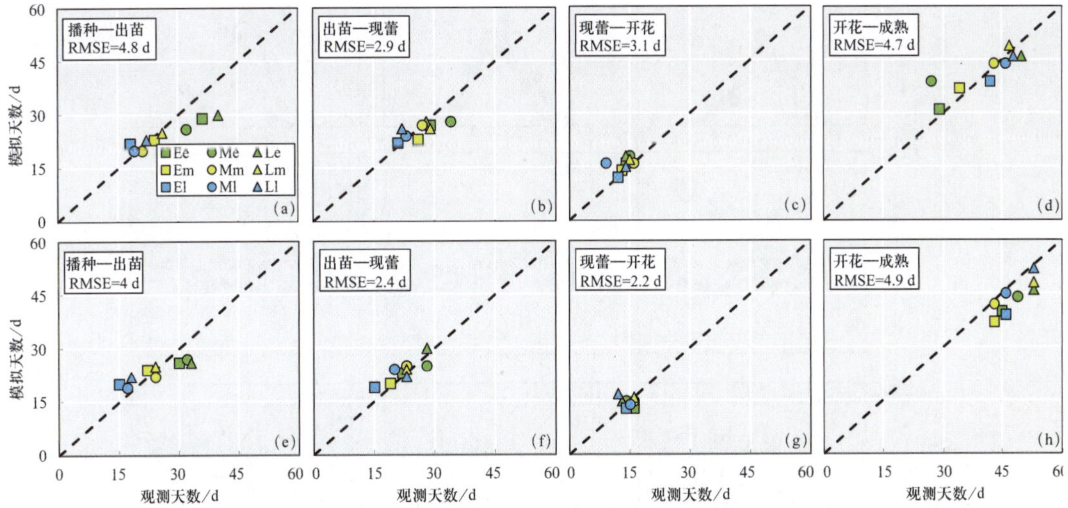

图 4-4　调参年(2017，a-d)和验证年(2018，e-h)武川试验站马铃薯在播种—出苗、出苗—现蕾、现蕾—开花和开花—成熟阶段持续时间的模拟值和实测值比较

注：虚线为 1∶1 线；E、M 和 L 分别代表早熟、中熟和晚熟品种；e、m 和 l 分别代表早播、中播和晚播

图 4-5 表明，APSIM-Potato 模型在模拟不同播期和品种对土壤含水量、干物质量和叶面积指数均有较好的一致性。不同播期和品种处理下马铃薯总干物质积累量实测值和模拟值在调参年和验证年的平均相对均方根误差(RRMSE)为 26%；对于马铃薯叶面积指数(LAI)的模拟，不

同播期和品种处理下实测和模拟的马铃薯 LAI 在调参年和验证年的平均相对均方根误差分别为 33.5%和 28.4%;各处理实测和模拟的 1 m 深土壤含水量之间的 RRMSE 均小于 32.2%。

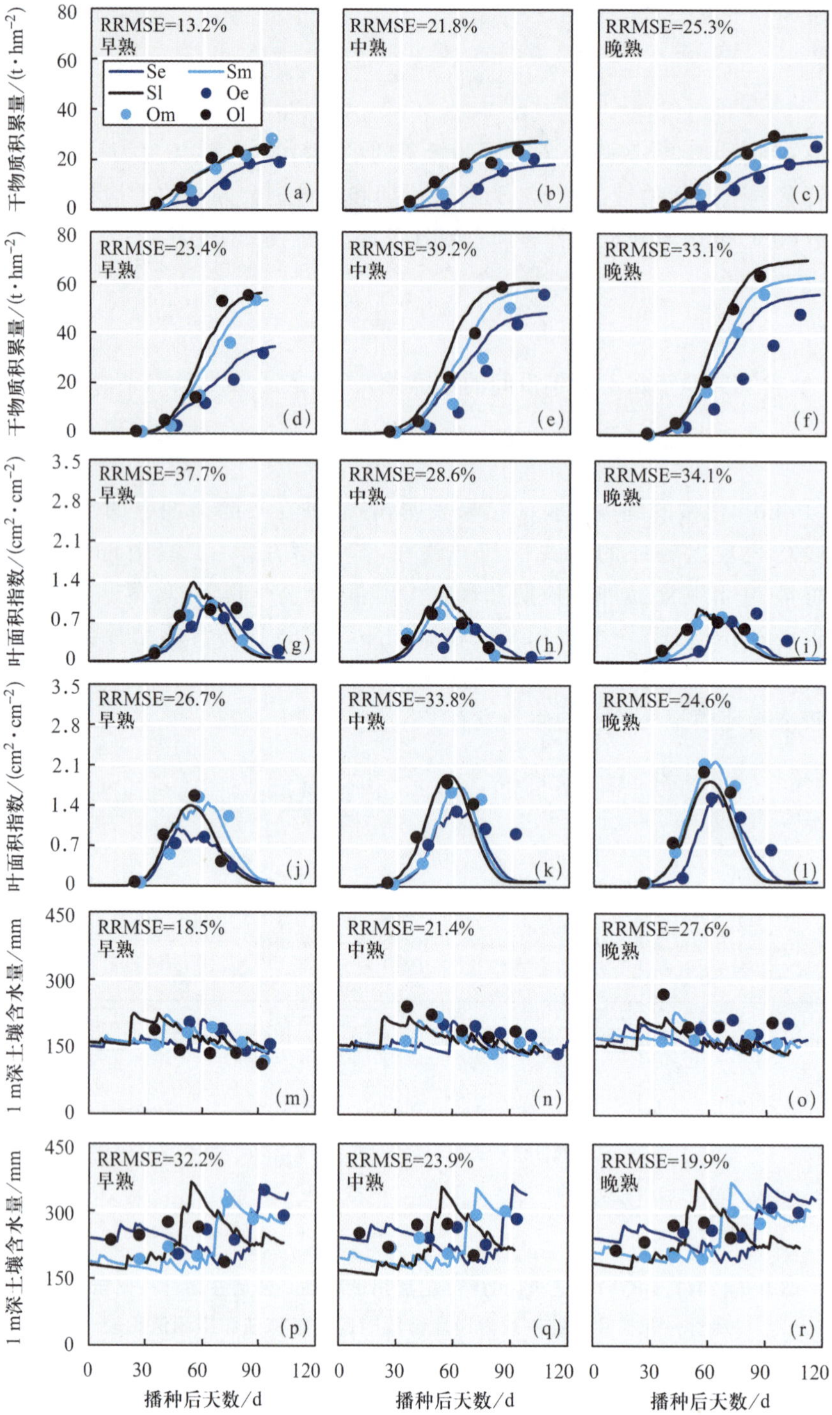

图 4-5　调参年(2017 年)和验证年(2018 年)武川试验站马铃薯干物质积累量(调参 a-c,验证 d-f)、叶面积指数(LAI,调参 g-i,验证 j-l)和 1 m 深土壤含水量(调参 m-o,验证 p-r)的模拟值和实测值比较

注:S 和 O 分别代表模拟值和实测值;e、m 和 l 分别代表早播、中播和晚播

模型可以较好地模拟不同播期和品种处理对马铃薯产量的影响，在调参年(2017)和验证年(2018)不同处理下马铃薯鲜重产量的实测值和模拟值之间的平均相对均方根误差(RRMSE)分别为 24%和 21%(图 4-6)。表 4-1 为不同熟性马铃薯品种的主要遗传参数。

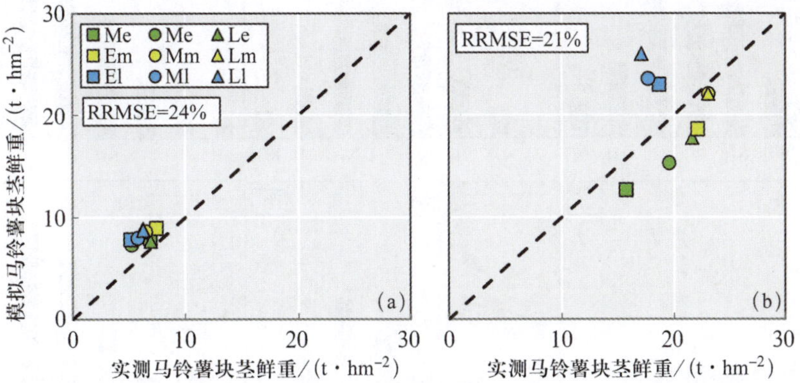

图 4-6 调参年(2017,a)和验证年(2018,b)武川试验站马铃薯鲜重产量的模拟值和实测值比较

注:虚线为 1∶1 线;E、M 和 L 分别代表早熟、中熟和晚熟品种;e、m 和 l 分别代表早播、中播和晚播

表 4-1 APSIM-Potato 模型中不同熟性马铃薯品种的遗传参数

遗传参数	费乌瑞它	康尼贝克	克新 1 号
萌芽时滞/(℃ · d)	65	40	80
出苗到现蕾所需积温/(℃ · d)	265	320	335
现蕾到开花所需积温/(℃ · d)	185	205	210
开花到成熟所需积温/(℃ · d)	510	590	660
出苗时叶片数	2	2	2
潜在比叶面积/(mm^2 · g^{-1})	35 000～40 000	35 000～40 000	35 000～40 000
苗期临界光周期/h	12	12	12
冠层消光系数	0.8	0.8	0.8
辐射利用效率/(g · MJ^{-1})	1.44	1.44	1.44

4.1.3 研究站点月降水量分布

北方雨养马铃薯种植区内 6 个代表性站点 1981—2010 年马铃薯生长季(4—9 月)总降水量变化范围在 6 mm 到 146 mm 之间(图 4-7)。由北向南各站点生长季总降水量分别为齐齐哈尔(QH)429.2 mm、开鲁(KL)318.2 mm 和张家口(ZJ)375 mm，自西向东各站点生长季总降水量分别为都兰(DL)202.2 mm、海原(HY)346.2 mm 和延安(YA)490.9 mm。各站点在生长季前期的降水量年际变异高于后期，其中 6—8 月的降水量占马铃薯生长季总水量的 65%，且 6—8 月的降水量变异小于其他月份。

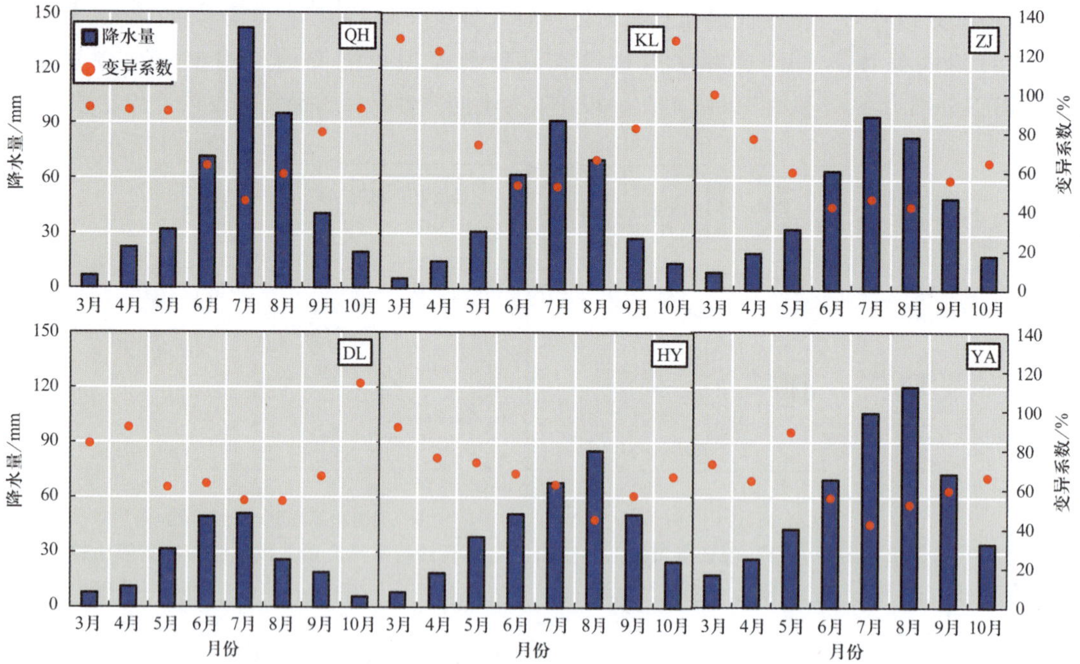

图 4-7　北方雨养马铃薯种植区 6 个代表站点月降水量及变异系数(1981—2010 年)

注:QH=齐齐哈尔,KL=开鲁,ZJ=张家口,DL=都兰,HY=海原,YA=延安

4.1.4　不同播期和品种耦合方式下的马铃薯产量

北方模拟雨养马铃薯鲜重产量的平均值为(16.4±6.4)t・hm^{-2}(图 4-8)。雨养条件下马铃薯鲜重产量自西向东有逐渐增加的趋势,其中都兰(DH)、海原(HY)和延安(YA)在 1981—2010 年平均马铃薯鲜重产量分别为 7.1 t・hm^{-2}、15.3 t・hm^{-2} 和 17.7 t・hm^{-2}。在南北带上,最北部的站点齐齐哈尔(QH)鲜重产量最高,1981—2010 年平均雨养产量为 25.2 t・hm^{-2}。雨养马铃薯产量的变异系数随播期推迟而降低,大多数地区晚播耦合晚熟品种能够实现最高的雨养产量,而最西部的站点都兰选择早熟品种中播可获得最高的雨养产量。

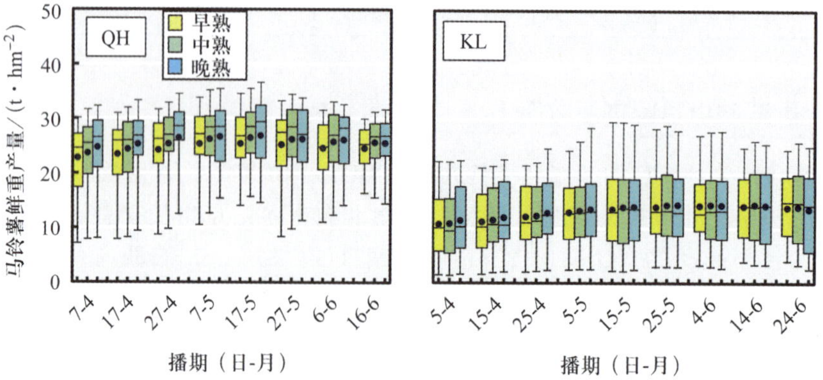

图 4-8　北方 6 个站点不同播期和品种耦合方式下模拟的马铃薯鲜重产量

注:箱体外的短横线代表 75%的最大值和最小值,"•"为平均值,箱体的上、下边界分别代表 75%和 25%点位;QH=齐齐哈尔,KL=开鲁,ZJ=张家口,DL=都兰,HY=海原,YA=延安

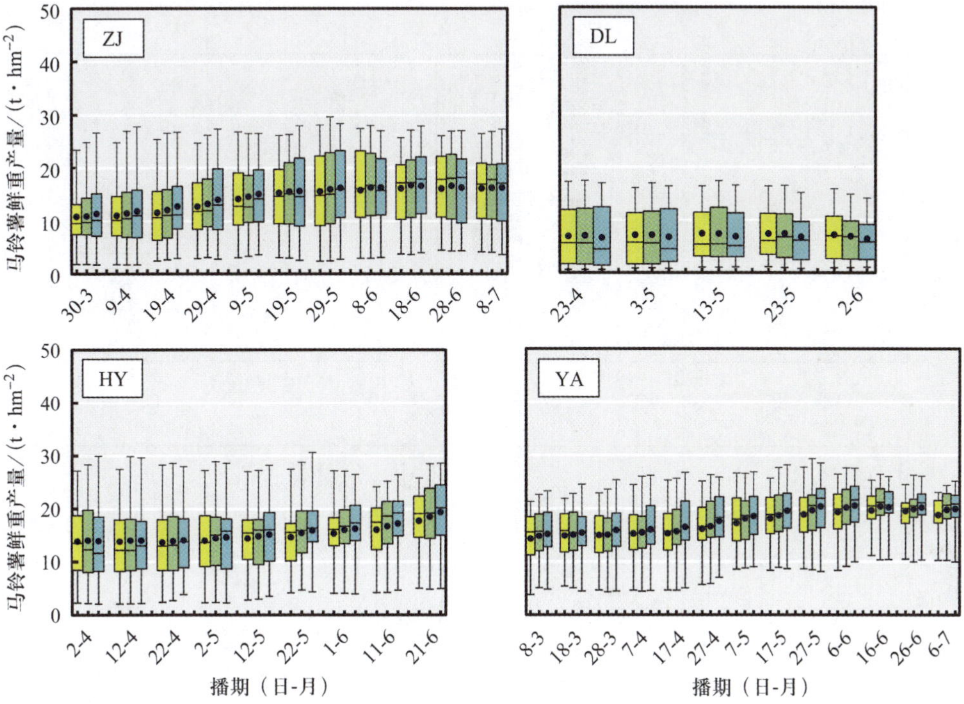

图 4-8(续)

4.1.5　基于高稳系数的适宜播期和品种耦合方式

北方各站点不同播期和品种耦合方式下雨养马铃薯的高稳系数(HSI)变化范围在 0.15～0.91 之间(图 4-9)。高稳系数自西向东逐渐升高，由北向南逐渐降低，在最北部的站点的高稳系数高于其他站点。在南北带上，早熟品种晚播可实现最高的 HSI，而东西带上晚熟品种搭配晚播可实现最高的 HSI。马铃薯的最适播种窗口由北向南、自西向东均有逐渐变宽的趋势，且大多数站点马铃薯最适播种窗口开始的时间在 5 月末至 6 月初。在最适播期和品种耦合方式下，马铃薯高稳系数与生育期和生长季降水量均存在极显著的正相关关系($R^2>0.85, P<0.01$)(图 4-10)。

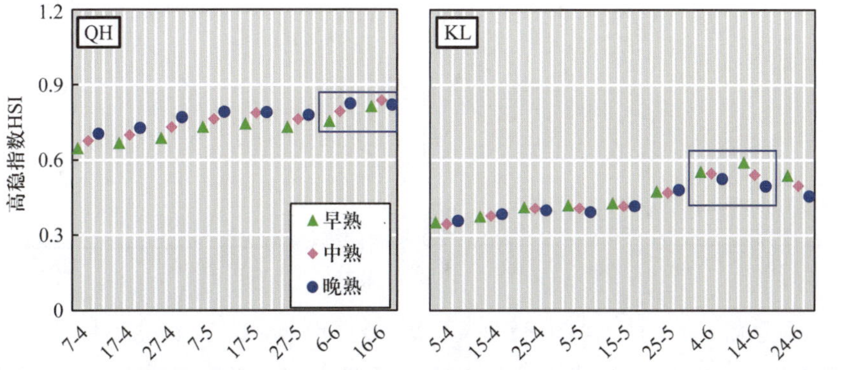

图 4-9　不同播期和品种耦合方式下北方 6 个代表站点的 1981—2010 年平均高稳系数

注：矩形为高于 75%最高高稳系数的最适播种窗口；QH＝齐齐哈尔，KL＝开鲁，ZJ＝张家口，DL＝都兰，HY＝海原，YA＝延安

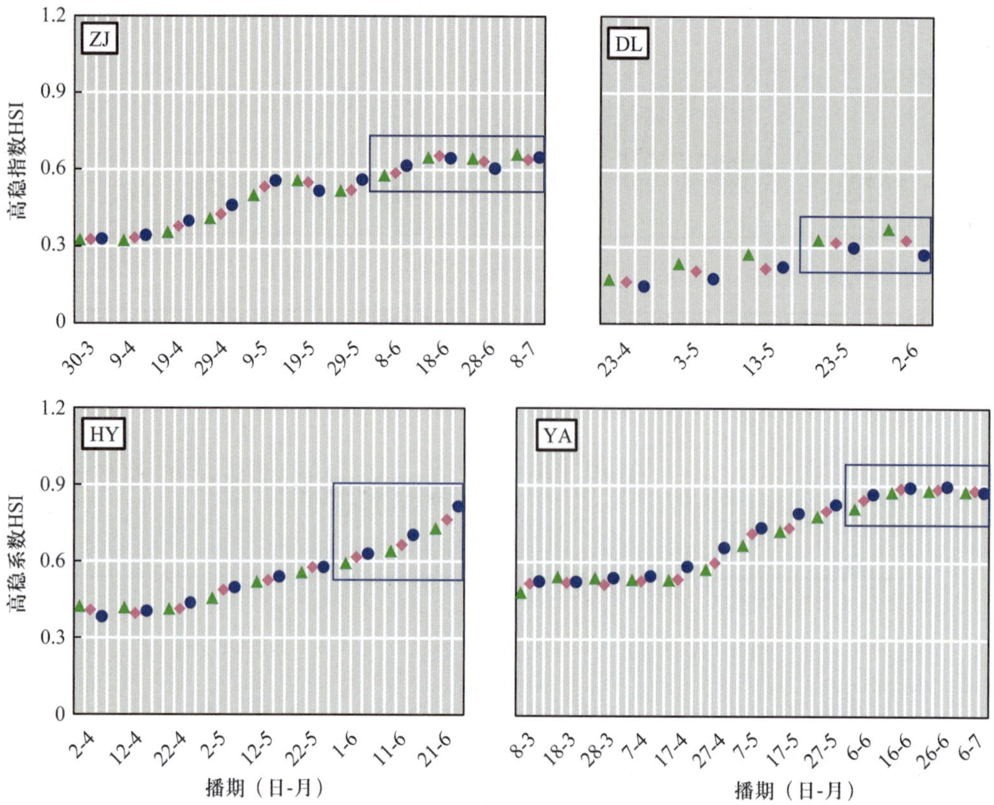

图 4-9(续)

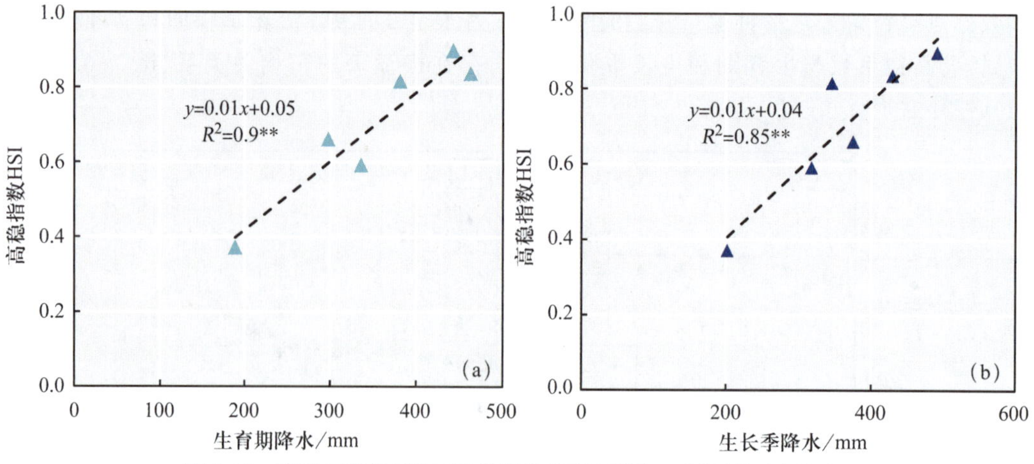

图 4-10　高稳系数(HSI)与马铃薯生育期(播种—成熟)降水量(a)、生长季(3—10 月)降水量(b)的关系

4.1.6　雨养马铃薯适宜播期和品种推荐规则

北方各站点雨养马铃薯最适播种窗口开始的时间可由 3—5 月降水量确定(图 4-11a),二者存在显著的负相关关系($R^2=0.82$,$P<0.05$),即 3—5 月降水量越多,马铃薯最适播种窗口开始的时间越早。马铃薯最适品种熟性可由最适播种窗口的开始时间确定,最适品种熟性的积温相对于生长季大于 2 ℃积温的比值与最适播种窗口开始的时间存在极显著的负相关关系($R^2=0.92$,$P<0.01$)(图 4-11b)。

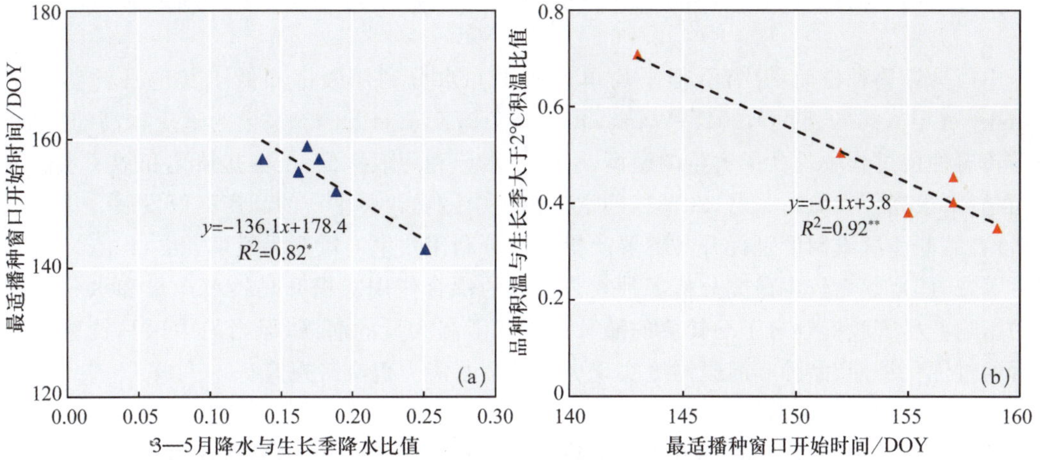

图 4-11　最适播种窗口开始时间与 3—5 月降水相对生长季降水比值的关系(a),最适播种窗口开始时间与品种积温相对生长季大于 2 ℃积温比值的关系(b)

4.1.7　讨论

前人研究中已经对 APSIM-Potato 模型模拟不同播期对马铃薯生长发育和产量的影响进行了评价(Tang et al.,2018,2019),本节基于播期和品种耦合大田试验数据,进一步评价了模型在模拟播期和品种的耦合效应对马铃薯生长发育和产量影响的能力。结果表明,模型可以较好地反映播期和品种变化对马铃薯生育期、土壤含水量、干物质量、叶面积指数和产量的影响。然而模拟的马铃薯产量轻微高于实际产量,这是因为 APSIM-Potato 模型没有考虑生物或非生物因素对产量造成的负面影响,如冰雹、病虫害和杂草等的影响(Kersebaum et al.,2015;Tang et al.,2018)。

降水量低且变异大是北方雨养马铃薯产量提升最大的限制因子(Hu et al.,2015;Wang et al.,2019),适宜的播期和品种通常被认为是最有效和最常用的稳产增产方法(沈姣姣等,2012;李扬等,2019)。一些研究认为,晚播将缩短马铃薯生育期,并且将遭受更严重的干旱胁迫(赵沛义等,2005;Khan et al.,2011),然而对于降水量低且变异大的地区,晚播可充分利用生长季降水(沈姣姣,2011,Hu et al.,2017)。尽管晚熟品种生育期内可较早熟品种利用更多的降水和辐射,但也存在较高的霜冻和水分胁迫风险(Haverkort and Struikb,2015;Dong et al.,2018)。尽管热量资源对马铃薯适宜品种的选择有较大的影响,但本节结果表明降水量及其变异对雨养马铃薯品种的选择有更重要的影响,这与前人的研究结果一致(余婷婷和王凤新,2015;李扬等,2020)。

本节结果表明，在最适品种下，马铃薯的最适播期自西向东逐渐推迟，而 Tang 等(2018)的研究表明农牧交错带雨养马铃薯的适宜播期自西向东逐渐提前，这表明马铃薯播期和品种间存在明显的耦合效应，马铃薯的最适品种熟性自西向东逐渐由早熟变为晚熟。此外，本节结果以高稳系数为指标，而 Tang 等的研究仅以产量为指标，未考虑马铃薯产量在不同年份间的变异。本节的马铃薯长期模拟情景中设置了在播种时进行 30 mm 的补灌以确保马铃薯可以正常出苗，这是当地雨养农业常用的管理方式(沈姣姣等，2012；黄明霞等，2018)。

4.2 播期、品种和灌溉制度对马铃薯生长发育和产量的影响

中国马铃薯种植面积广泛，但平均单产水平和水分利用效率却低于其他马铃薯主产国(Jansky et al.，2009；FAO，2018；Wang et al.，2018；Xiao et al.，2013)，为追求较高的产量，中国马铃薯种植过程中投入了大量的灌溉，引发了水分利用效率低、土壤盐渍化和地下水位下降等问题(朱景亮等，2014；张君，2018)，严重限制了中国马铃薯生产的高产高效发展。优化马铃薯播期、品种和灌溉制度是提升马铃薯产量和水分利用效率的重要手段(Tang et al.，2019；董旭生等，2015)，然而较少研究分析多种农艺管理的耦合作用对提升马铃薯产量和水分利用效率的影响。尽管政府制定了马铃薯的灌溉定额以限制大量的灌溉，但当前中国马铃薯生产中能否通过优化播期、品种和灌溉制度实现更大的节水潜力仍有待探究。

为探究中国马铃薯高产高效的管理方式和节水潜力，本节通过整理全国马铃薯主产区的马铃薯灌溉用水定额、常规管理方式和主栽品种，选取了 158 个中国马铃薯种植区的农业气象站，利用验证后的模型探究了不同马铃薯主产区的潜在产量、雨养产量和产量差，确定了灌溉定额下各主产区的最优管理方式及其对应的马铃薯产量和水分利用效率；在灌溉定额的基础上，通过设定不同的灌溉情景，探究不同马铃薯主产区最优的播期、品种和灌溉耦合方式及增产和节水潜力，促进中国马铃薯高产节水发展。

4.2.1 材料方法

1. 研究区域和站点

基于气候条件和种植制度，中国马铃薯主产区主要划分为北方一作区(NS)、中原二作区(CD)、南方冬作区(SW)和西南混作区(SWM)(图 4-12)。在各马铃薯主产区共选择了 158 个农业气象站来探究马铃薯的潜在产量、雨养产量、产量差、适宜的播期、品种、灌溉制度及节水潜力。

2. APSIM-Potato 模型及参数化

我们团队之前的研究已证明 APSIM-Potato 模型在模拟马铃薯生育期、生物量、土壤含水量、叶面积指数和产量等具有较好的精确度(Li et al.，2021)。本节内容进一步测试了 APSIM-Potato 模型在中国不同马铃薯主产区的模拟能力。为此，通过文献收集，选用 7 个分布在不同马铃薯主产区的代表性品种以避免不同马铃薯主产区产生的异质性(叶建春等，2015；Li et al.，2021；杜爱林和李伏生，2021)。表 4-2 为文献收集的不同熟性马铃薯品种及其对应的种植区、调参和验证时间、试验地点和数据源等信息。文献中的试验数据包含马铃薯播种、出苗、开花和成熟，以及含水量 80% 的块茎鲜重产量，数据被分成独立的两部分分别进行调参和验证。

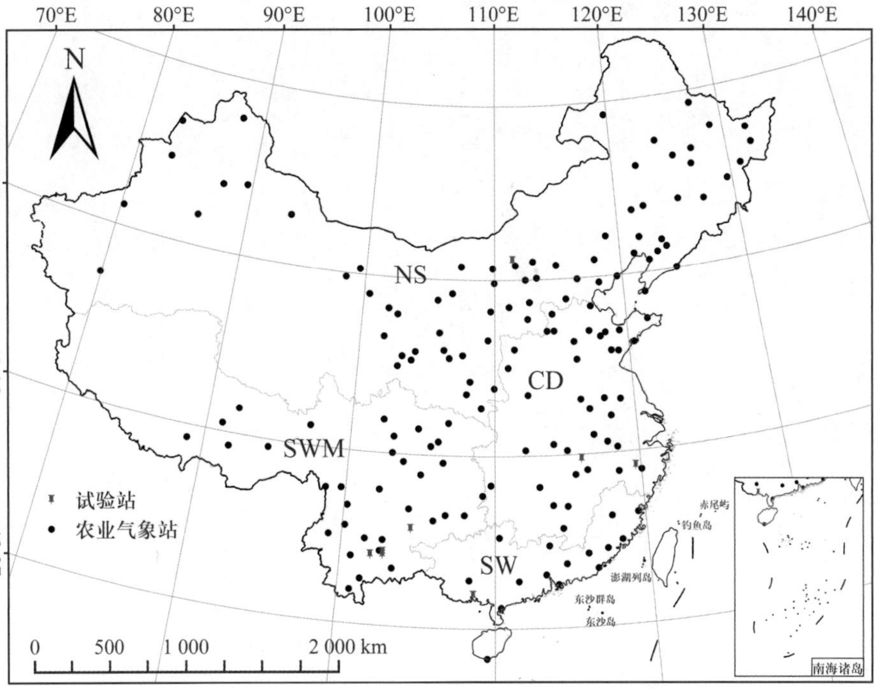

图 4-12　158 个农业气象站在北方一作区(NS)、中原二作区(CD)、南方冬作区(SW)和西南混作区(SWM)的分布

3. 马铃薯灌溉定额

基于水资源承载力和水资源合理配置,不同地区的政府通过制定农业灌溉用水定额来指导农业灌溉(Wang et al.,2017; Shen et al.,2020)。省级农业用水标准(http://www.jsgg.com.cn/)获取的马铃薯灌溉用水定额表明不同马铃薯主产区的灌溉定额存在较大的差异(图 4-13),北方一作区除东北地区外、中原二作区的北部、西南混作区的西部及南方冬作区均表现出较高的灌溉定额。

4. 模拟情景设定

(1)潜在产量、雨养产量和产量差

首先使用 APSIM-Potato 模型模拟了各主产区马铃薯的潜在产量(Y_p)和雨养产量(Y_r),探究不同地区从雨养产量到潜在产量所需的灌溉量及二者之间的产量差。潜在产量定义为当前主栽马铃薯品种在不受水分、养分和病虫害等的影响下,在最适播期和密度时可获得的最大产量,即产量仅由气象因子(辐射和温度)决定(Yu et al.,2001;Wang et al.,2018)。模拟马铃薯潜在产量时设定的播种密度为 15 株 · m^{-2},此时马铃薯产量不再随密度的增加而增加。雨养产量定义为在常规播期、密度和氮肥下,当前主栽马铃薯品种在水分限制条件下可获得的产量。潜在产量和雨养产量之间的差被定义为产量差(Y_g):

$$Y_g = Y_p - Y_r \tag{4-8}$$

(2)灌溉定额下马铃薯的适宜播期和品种耦合方式

为探究灌溉定额下不同马铃薯主产区的适宜播期和品种耦合方式,将马铃薯总的灌溉定额分成 3～5 次在马铃薯的生长关键期进行灌溉:播种、出苗、现蕾、开花和开花后 10 d(史万恩,

表 4-2　用于调参和验证的不同马铃薯品种、品种熟性、种植区、管理数据和数据源

品种	熟性	地区	调参和验证信息						
			站点	土壤类型	播期（年/月/日）	观测生育期和产量	灌溉量和时间	施氮量和时间	数据源
费乌瑞它	E	NS,CD,SW,SWM	武川县	栗钙土	2017/5/15 2018/5/16	出苗、开花、成熟、块茎鲜重	播种时 30 mm	播种时 37.5 $kg \cdot hm^{-2}$	李扬等,2020
康尼贝克	M	NS	武川县	栗钙土	2017/5/15 2018/5/16	出苗、开花、成熟、块茎鲜重	播种时 30 mm	播种时 37.5 $kg \cdot hm^{-2}$	李扬等,2020
新佳 2 号	M	CD,SW	钦州市 金华市	赤红壤 紫色土	2014/11/20 2018/1/21	出苗、开花、成熟、块茎鲜重	播种时灌至 60%最大可用水 雨养	播种时 225 $kg \cdot hm^{-2}$ 播种时 337.5 $kg \cdot hm^{-2}$	叶建春等,2015 程林润等,2018
丽薯 6 号	M	SWM	华宁县 新平县	赤红壤 赤红壤	2016/2/28 2018/1/16	出苗、开花、成熟、块茎鲜重	充足 雨养	无氮胁迫 无氮胁迫	豆俊波,2016 刀正良等,2019
青薯 9 号	L	SWM	六盘水 通海县	黄壤 赤红壤	2016/3/4 2017/12/20	出苗、开花、成熟、块茎鲜重	雨养 充足	播种时 135 $kg \cdot hm^{-2}$ 无氮胁迫	王朝俊,2017 张斌等,2019
克新 1 号	L	NS	武川县	栗钙土	2017/5/15 2018/5/16	出苗、开花、成熟、块茎鲜重	播种时 30 mm	播种时 37.5 $kg \cdot hm^{-2}$	李扬等,2020
大西洋	L	CD,SW	钦州市 九江市	赤红壤 红壤	2014/11/20 2017/1/13	出苗、开花、成熟、块茎鲜重	播种时灌至 60%最大可用水 雨养	播种时 225 $kg \cdot hm^{-2}$ 无氮胁迫	叶建春等,2015 吕太华等,2019

注：E、M 和 L 分别代表早熟、中熟和晚熟品种；NS、CD、SW 和 SWM 分别代表北方一作区、中原二作区、南方冬作区和西南混作区。

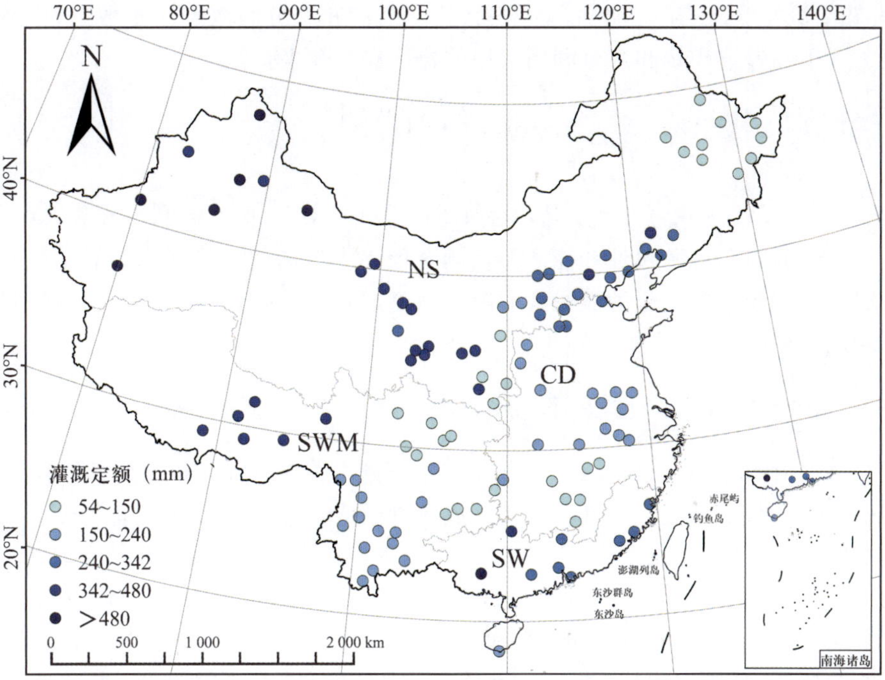

图 4-13　北方一作区(NS)、中原二作区(CD)、南方冬作区(SW)和西南混作区(SWM)的灌溉定额

2017;Tang et al.,2018)。早播和晚播的设置依据常规播种日期提前或推后 10 d(表 4-3)。马铃薯水分利用效率为马铃薯产量(Y)和生育期蒸散量(ET)的比值,计算公式为:

$$\mathrm{WUE}=\frac{Y}{\mathrm{ET}} \tag{4-9}$$

表 4-3　不同省地马铃薯的常规播期

省地	播期(月-日)	省地	播期(月-日)	省地	播期(月-日)	省地	播期(月-日)
西藏自治区	4-10	甘肃省	5-10	湖北省	1-10	海南省	10-20
山西省南部	3-30	陕西省	5-5	浙江省	1-30	吉林省	4-25
河北省南部	3-30	青海省	4-30	湖南省	1-20	四川省	12-25
内蒙古自治区	5-10	黑龙江省	5-10	江苏省	1-20	重庆市	10-20
新疆维吾尔自治区	4-25	辽宁省	4-25	江西省	11-20	贵州省	12-25
山西省北部	5-10	山东省	5-5	福建省	1-15	云南省	10-20
河北省北部	5-1	河南省	5-1	广东省	11-1		
宁夏回族自治区	4-30	安徽省	2-20	广西壮族自治区	11-10		

(3)优化灌溉制度,协同提升马铃薯产量和水分利用效率

为探究不同播期、品种和灌溉制度耦合作用对马铃薯产量和水分利用效率的影响,设置了 4 种灌溉情景:播种灌溉 30 mm(I_1);播种灌溉 30 mm,出苗灌溉 60 mm(I_2);播种灌溉 30 mm,出苗灌溉 60 mm,现蕾灌溉 60 mm(I_3);播种灌溉 30 mm,出苗灌溉 60 mm,现蕾灌溉

60 mm，开花灌溉 60 mm(I_4)。此外，本章构建了"高产和水分高效利用指数"(HYW)来探究不同耦合方式下马铃薯产量和水分利用效率的协同提升效果：

$$HYW = \frac{Y_i}{Y_M} + \frac{WUE_i}{WUE_M} \tag{4-10}$$

式中，Y_i 和 WUE_i 为不同耦合方式下马铃薯鲜重产量(t·hm^{-2})和水分利用效率(kg·m^{-3})，Y_M 和 WUE_M 为不同播期、品种熟性和灌溉制度耦合处理中最高的产量和水分利用效率。HYW 指数最大时的管理耦合方式作为最适宜的灌溉制度，马铃薯的节水潜力定义为最适灌溉制度与灌溉定额的差值。

4.2.2 APSIM-Potato 模型在不同马铃薯主产区的适用性评估

图 4-14 和图 4-15 显示了不同主产区 7 个主栽马铃薯品种生育期和产量实测值和模拟值的比较。其中播种—出苗、出苗—开花和开花—成熟阶段持续时间在调参年和验证年模拟值和实测值的均方根误差(RMSE)均小于 5 d。不同主产区主栽马铃薯品种的鲜重产量在调参年和验证年的实测值和模拟值的相对均方根误差分别为 14%和 19%，表明 APSIM-Potato 模型模拟不同主产区的主栽马铃薯品种有较好的相关性和一致性。表 4-4 表明不同熟性马铃薯品种遗传参数的主要差异在开花—成熟阶段，且早、中和晚熟马铃薯品种生育期所需积温逐渐增加。

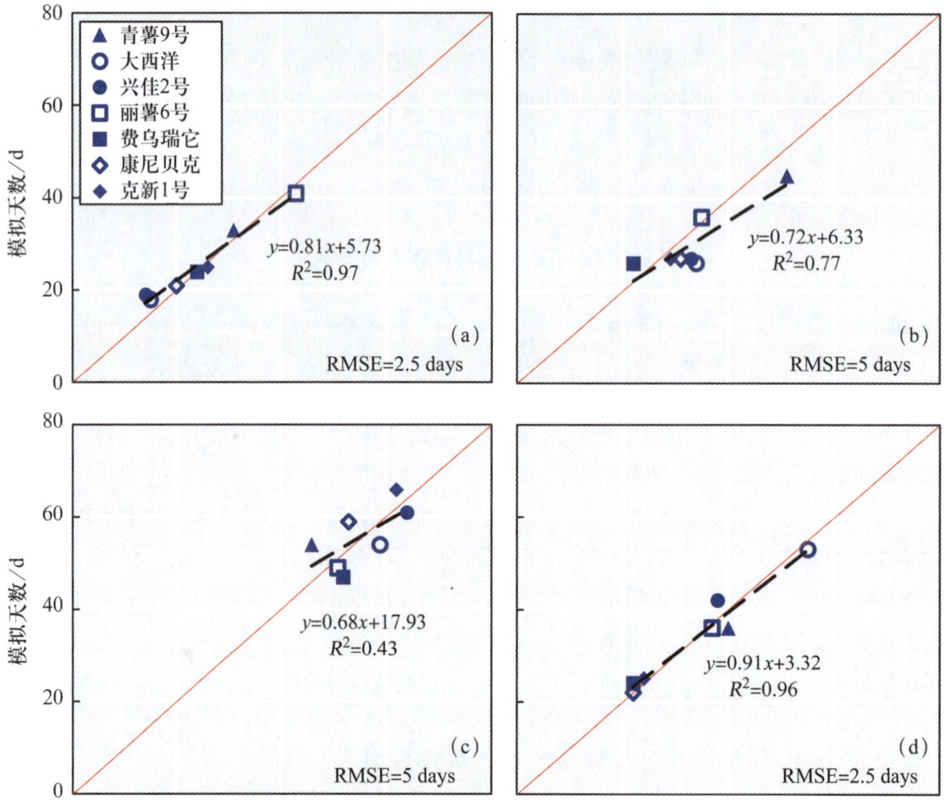

图 4-14　不同马铃薯主产区主栽品种在播种—出苗(a 和 d)、出苗—开花(b 和 e)和开花—成熟(c 和 f)阶段持续天数实测值(a—c)和 APSIM-Potato 模拟值(d—f)的比较

注：实线和虚线分别为 1∶1 线和回归线

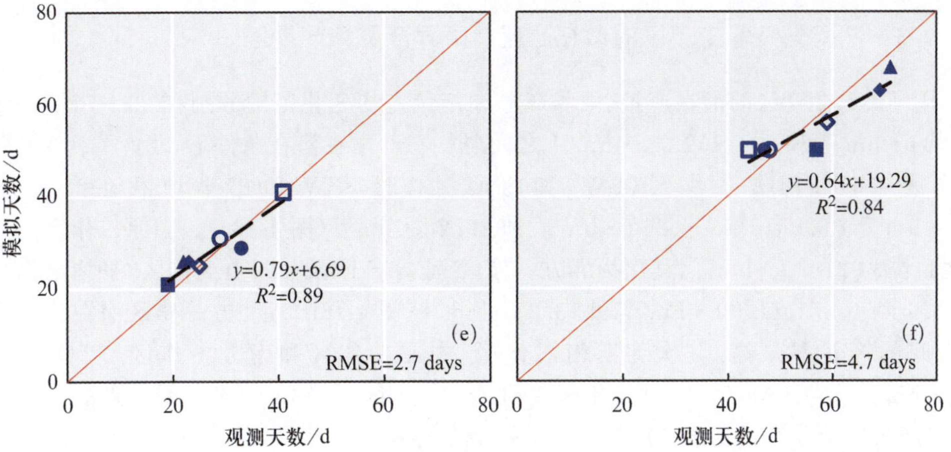

图 4-14(续)

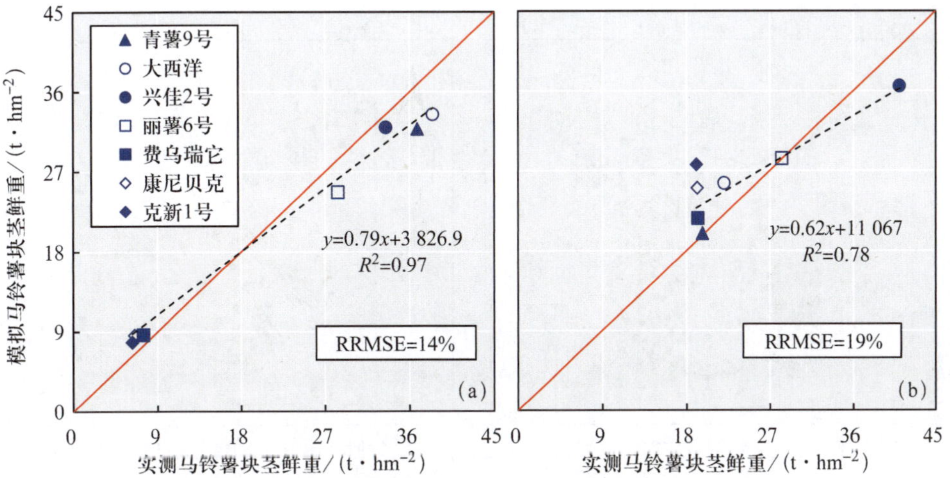

图 4-15　不同马铃薯主产区主栽品种鲜重产量的实测值和
APSIM-Potato 模拟值在调参年(a)和验证年(b)的比较

注：实线和虚线分别为 1∶1 线和回归线

表 4-4　不同马铃薯主产区的 7 个马铃薯品种在 APSIM-Potato 模型中的遗传参数

遗传参数	青薯 9 号	大西洋	兴佳 2 号	丽薯 6 号	费乌瑞它	康尼贝克	克新 1 号
苗期临界光周期/h	12	12	12	12	12	12	12
萌芽时滞/(℃·d)	95	80	35	85	65	40	80
出苗到现蕾所需积温/(℃·d)	350	290	310	405	265	320	335
现蕾到开花所需积温/(℃·d)	190	190	225	155	185	205	210
开花到成熟所需积温/(℃·d)	550	500	430	500	510	590	660
出苗时叶片数	2	2	2	2	2	2	2
潜在比叶面积/($mm^2 \cdot g^{-1}$)	35 000～40 000	35 000～40 000	35 000～40 000	35 000～40 000	35 000～40 000	35 000～40 000	35 000～40 000

4.2.3 不同马铃薯主产区的潜在产量、雨养产量和产量差

不同马铃薯主产区的潜在产量、雨养产量和产量差的变化范围分别在 22～70.2 t·hm^{-2}、0～31.8 t·hm^{-2} 和 5.4～69.7 t·hm^{-2} 之间(图 4-16)。在潜在条件下，北方一作区(NS)、中原二作区(CD)、南方冬作区(SW)和西南混作区(SWM)的平均潜在产量分别为 51.5 t·hm^{-2}、36.6 t·hm^{-2}、26 t·hm^{-2} 和 29.2 t·hm^{-2}(图 4-16a)。中原二作区的平均雨养产量最高为 21.7 t·hm^{-2}，其次为北方一作区、南方冬作区和西南混作区，平均雨养产量分别为 18.4 t·hm^{-2}、14.9 t·hm^{-2} 和 13.2 t·hm^{-2}(图 4-16b)。北方一作区潜在产量和雨养产量之间的产量差最高，其次为西南混作区、中原二作区和南方冬作区，产量差分别为 33.1 t·hm^{-2}、16 t·hm^{-2}、14.9 t·hm^{-2} 和 11.1 t·hm^{-2}(图 4-16c)。受气象条件差异的影响，各主产区从雨养产量到潜在产量所需的灌溉量存在较大差异，北方一作区从雨养产量达到潜在产量所需的灌溉量最高，为 381 mm，其次为中原二作区、西南混作区和南方冬作区，所需灌溉量分别为 196 mm、173 mm 和 126 mm(图 4-16d)。

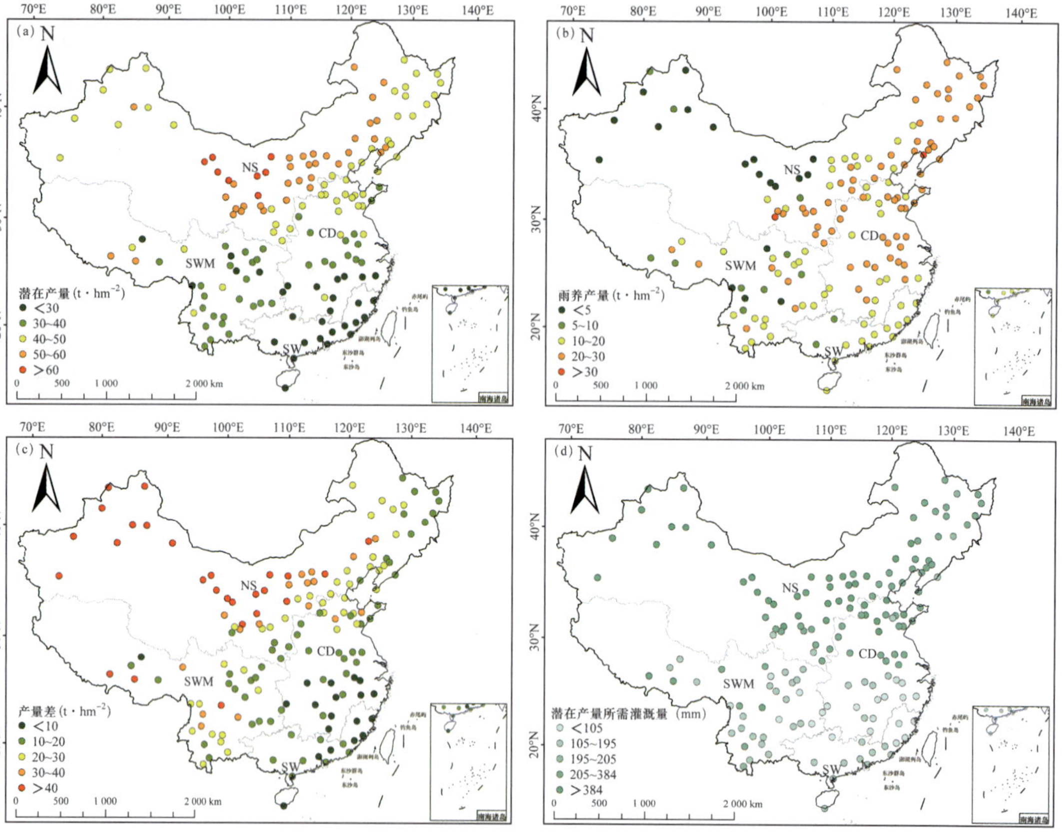

图 4-16 北方一作区(NS)、中原二作区(CD)、南方冬作区(SW)和西南混作区(SWM)马铃薯潜在产量(Yp)(a)、雨养产量(Yr)(b)、产量差(Yg)(c)和达到潜在产量所需的灌溉量(d)

4.2.4　灌溉定额下马铃薯的最适管理方式

在马铃薯灌溉定额下，中国马铃薯主产区的产量变化范围在 0.6～46.7 t · hm^{-2} 之间，其中北方一作区(NS)灌溉定额下的平均马铃薯鲜重产量高于其他产区(图 4-17)。北方一作区选择晚熟品种早播下的产量高于其他耦合方式，平均鲜重产量为 33.9 t · hm^{-2}(图 4-17a)；中熟品种晚播在中原二作区(CD)的平均鲜重产量高于其他耦合方式，为 27.3 t · hm^{-2}(图 4-17b)；南方冬作区(SW)中熟品种搭配早播的鲜重产量为 17.6 t · hm^{-2}，高于其他播期和品种耦合方式(图 4-17c)；而西南混作区(SWM)在灌溉定额下的最适耦合方式为中熟品种晚播，马铃薯鲜重产量为 23.1 t · hm^{-2}(图 4-17d)。

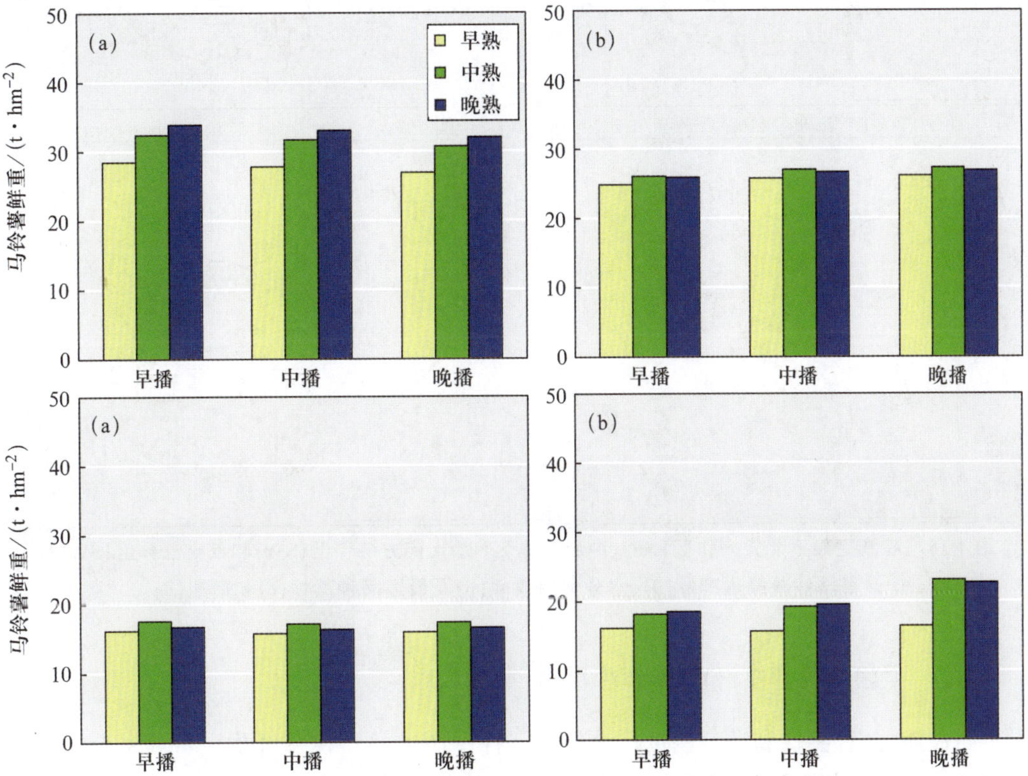

图 4-17　北方一作区(NS,a)、中原二作区(CD,b)、南方冬作区(SW,c)和西南混作区(SWM,d)不同播期和品种耦合方式在灌溉定额下模拟的马铃薯鲜重产量

各站点在最适播期和品种耦合方式搭配灌溉定额下马铃薯的鲜重产量变化范围在 10.6～46.7 t · hm^{-2} 之间。马铃薯产量由北向南逐渐降低，北方一作区(NS)、中原二作区(CD)、南方冬作区(SW)和西南混作区(SWM)各站点在最适播期和品种耦合方式下的平均鲜重产量分别为 34.1 t · hm^{-2}、27.6 t · hm^{-2}、17.9 t · hm^{-2} 和 23.3 t · hm^{-2}(图 4-18a)。相应的马铃薯水分利用效率变化范围在 7.6～11.9 kg · m^{-3} 之间，且由北向南有逐渐增加的趋势，北方一作区、中原二作区、南方冬作区和西南混作区在最适播期和品种耦合方式下的平均水分利用效率分别为 8.2 kg · m^{-3}、9.4 kg · m^{-3}、10.8 kg · m^{-3} 和 8.7 kg · m^{-3}(图 4-18b)。在灌溉定额下，中国马铃薯主产区的最适马铃薯品种熟性为中熟和晚熟品种(图 4-18c)，北方一作区和南方冬作区大多数站点适宜早播，而中原二作区和西南混作区大多数站点适宜晚播（图 4-18d）。

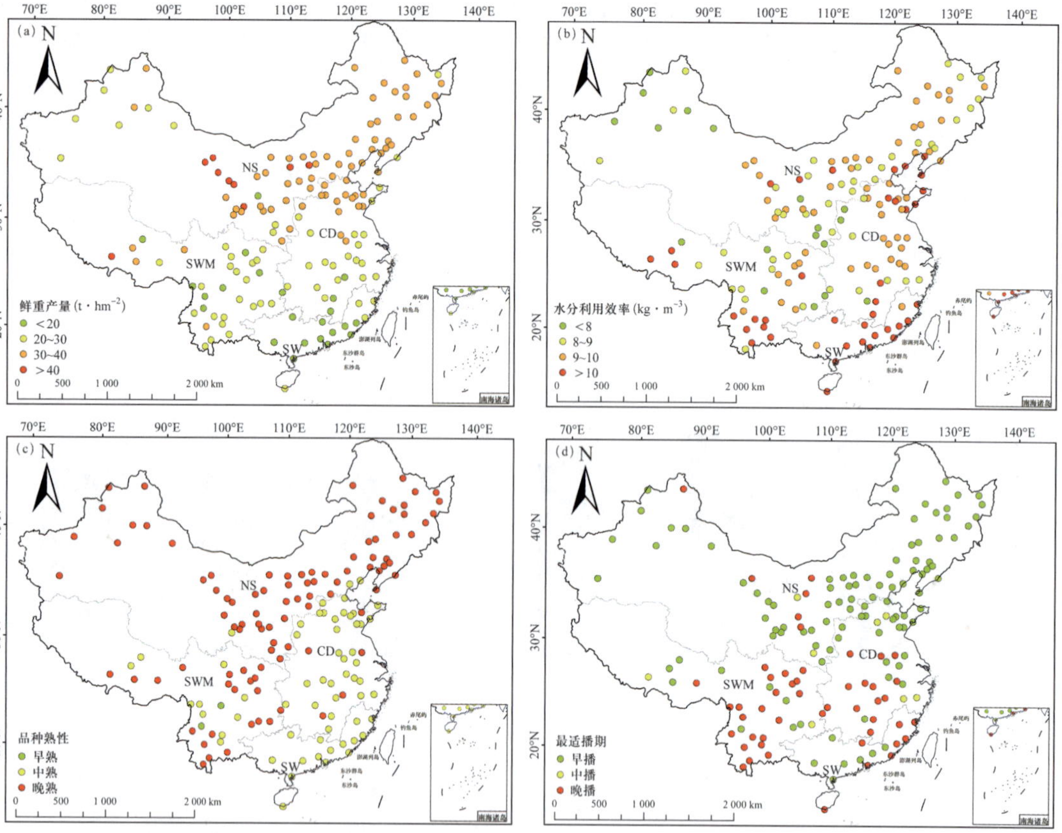

图 4-18　灌溉定额下北方一作区（NS）、中原二作区（CD）、南方冬作区（SW）和西南混作区（SWM）最高马铃薯鲜重产量（a）、水分利用效率（b）及最适品种熟性（c）和播期（d）

4.2.5　中国马铃薯主产区节水潜力

不同播期、品种熟性和灌溉制度耦合作用下各主产区的马铃薯鲜重产量和水分利用效率存在较大的差异（图 4-19）。在北方一作区（NS）和中原二作区（CD）马铃薯的鲜重产量随灌溉量的增加而提升，但南方冬作区（SW）和西南混作区（SWM）马铃薯鲜重产量不随灌溉量的增加而提升，不同耦合方式下马铃薯的平均鲜重产量分别为（24.8±3.4）$t \cdot hm^{-2}$、（23.9±1.7）$t \cdot hm^{-2}$、（16.6±0.6）$t \cdot hm^{-2}$ 和（18.8±2.3）$t \cdot hm^{-2}$。北方一作区和中原二作区的水分利用效率（WUE）也随灌溉量的增加而提升，不同耦合方式下的平均水分利用效率分别为（8.2±0.3）$kg \cdot m^{-3}$ 和（9.4±0.2）$kg \cdot m^{-3}$；然而，南方冬作区马铃薯的水分利用效率随灌溉量的增加而减少，不同耦合方式下的平均水分利用效率为（10.8±0.5）$kg \cdot m^{-3}$；西南混作区不同播期、品种熟性和灌溉制度耦合下的水分利用效率无明显差异，平均值为（8.6±0.3）$kg \cdot m^{-3}$。

图 4-20 表明，各主产区不同耦合方式下的高产高效指数（HYW）存在较大的差异。对于北方一作区（NS），晚熟品种早播搭配 4 次灌溉（播种 30 mm，出苗 60 mm，现蕾 60 mm 和开花

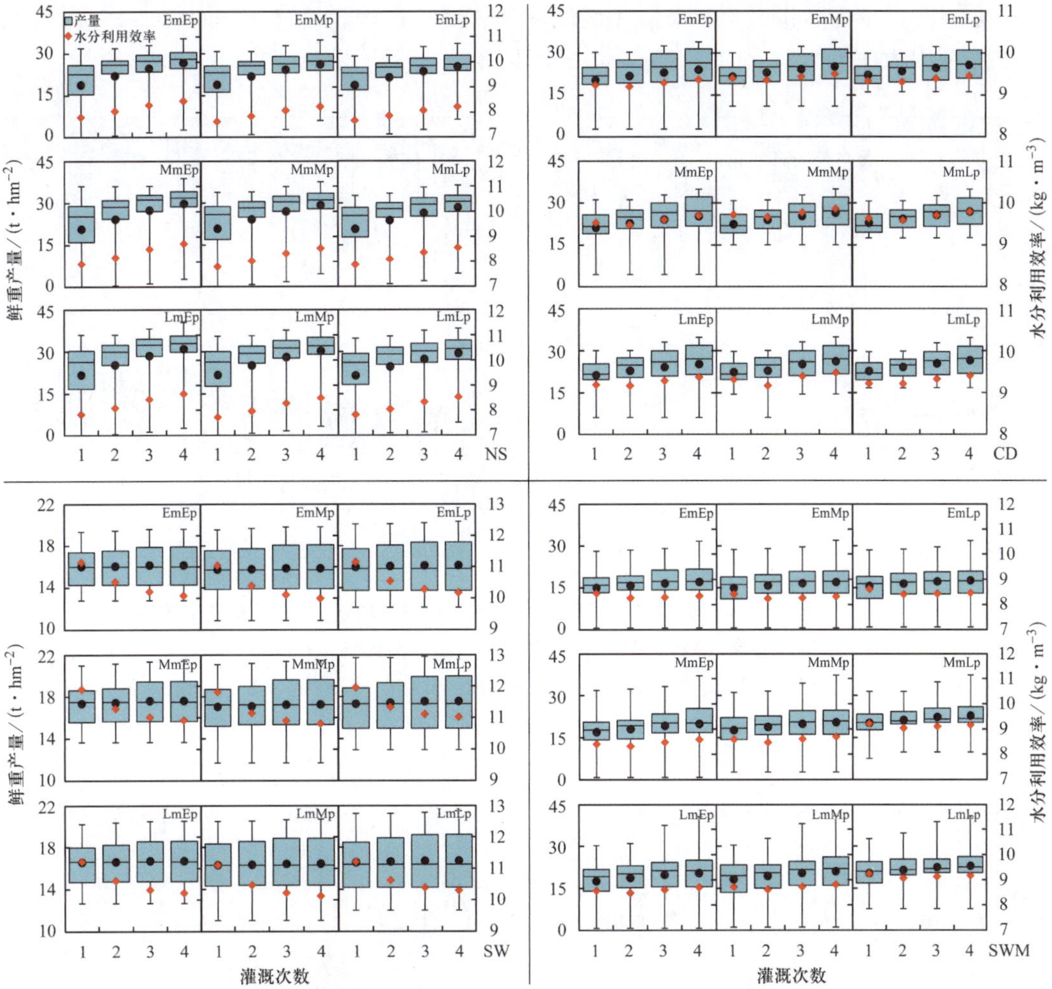

图 4-19　不同播期、品种熟性和灌溉制度耦合方式下北方一作区(NS)、中原二作区(CD)、南方冬作区(SW)和西南混作区(SWM)的马铃薯鲜重产量和水分利用效率

注：Em、Mm 和 Lm 分别代表早熟、中熟和晚熟品种；Ep、Mp 和 Lp 分别代表早播、中播和晚播；箱体外的短横线代表最大值和最小值，箱体的上、下边界分别代表 75%和 25%点位，箱体中的实线为中值

60 mm)时的 HYW 最高且年际间变异最低(图 4-20a)；中原二作区(CD)中熟品种晚播搭配 4 次灌溉(播种 30 mm，出苗 60 mm，现蕾 60 mm 和开花 60 mm)时可实现最高的 HYW 指数(图 4-20b)；在南方冬作区(SW)，中熟品种早播仅在出苗期补充 30 mm 的灌溉即可实现最高的 HYW 指数(图 4-20c)；而在西南混作区(SWM)，晚熟品种晚播搭配 4 次灌溉下的高产高效指数高于其他耦合方式(图 4-20d)。北方一作区、中原二作区、南方冬作区和西南混作区的最高 HYW 指数分别为 1.96±0.11、1.98±0.01、1.97±0.03 和 1.94±0.05。

北方一作区(NS)、中原二作区(CD)、南方冬作区(SW)和西南混作区(SWM)的平均灌溉定额为(305±135)mm、(233±113)mm、(307±82)mm 和(205±137)mm。通过优化各主产区的播期、品种熟性和灌溉制度后，北方一作区、中原二作区、南方冬作区和西南混作区的平均灌溉量相比灌溉定额可分别减少 40%、29%、66% 和 49%，分别减少了 123 mm、69 mm、202 mm 和 102 mm 的灌溉量(图 4-21a)。在优化的播期、品种熟性和灌溉制度下，北方一作区、中原二作区、南方冬作区和西南混作区的马铃薯鲜重产量较统计年鉴(2000—2015 年)的鲜重产量分别增加了 59%、21%、3%和 19%(图 4-21b)。

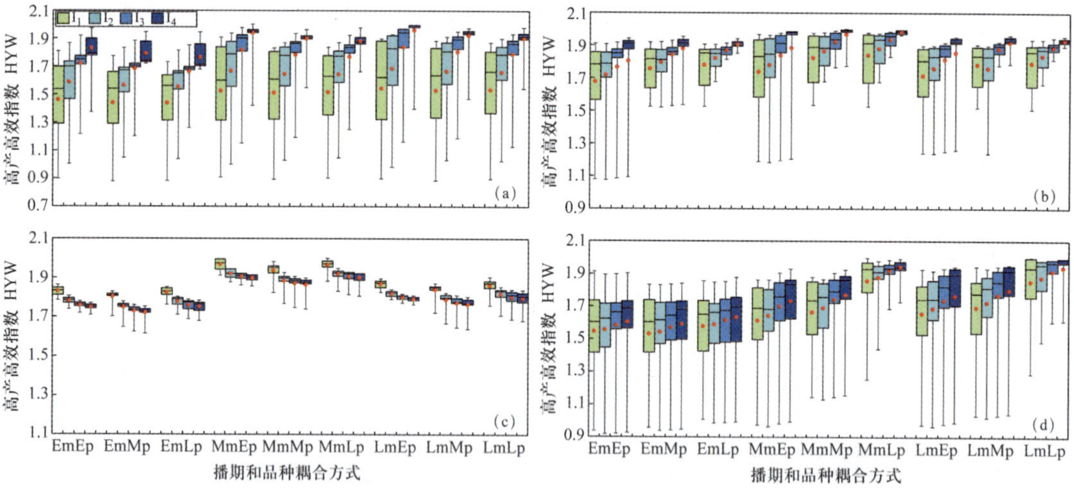

图 4-20　北方一作区(NS,a)、中原二作区(CD,b)、南方冬作区(SW,c)和西南混作区(SWM,d)不同播期、品种和灌溉耦合方式下的高产高效指数(HYW)

注:Em、Mm 和 Lm 分别代表早熟、中熟和晚熟品种;Ep、Mp 和 Lp 分别代表早播、中播和晚播;箱体外的短横线代表最大值和最小值,箱体的上、下边界分别代表 75%和 25%点位,箱体中的实线为中值

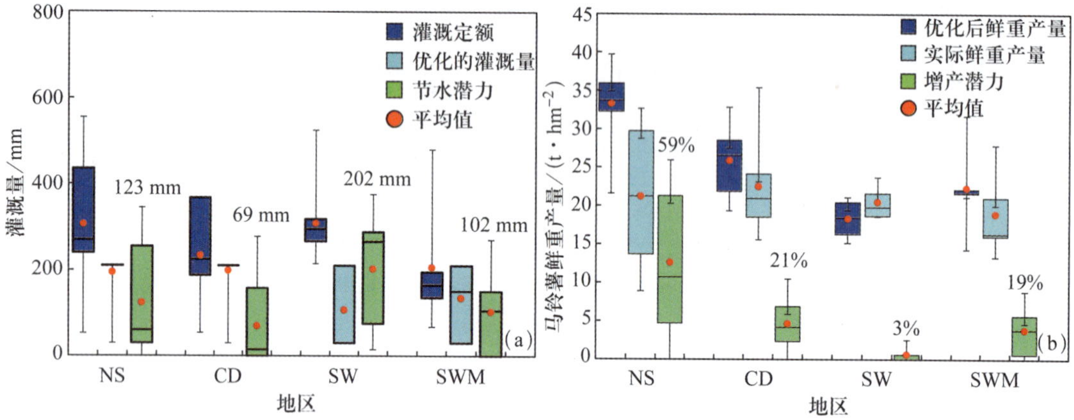

图 4-21　北方一作区(NS)、中原二作区(CD)、南方冬作区(SW)和西南混作区(SWM)的平均灌溉定额、优化的灌溉量和节水潜力(a),优化后的鲜重产量、实际鲜重产量和增产潜力(b)

注:箱体外的短横线代表最大值和最小值,箱体的上、下边界分别代表 75%和 25%点位,箱体中的实线为中值

4.2.6　讨论

为了防止中国马铃薯生产中过度灌溉,政府根据水资源承载力和马铃薯水分需求制定了马铃薯灌溉定额(孙景生和康绍忠,2000;吴普特和赵西宁,2010)。各主产区平均马铃薯灌溉定额的变化范围在 205~307 mm 之间,而在这样的灌溉定额下很多站点的马铃薯产量已接近潜在产量,这意味着灌溉定额可以满足当前管理方式下马铃薯的水分需求。优化播期和品种

能有效减少马铃薯生育期的水热胁迫，获得更高更稳定的太阳辐射、温度和降水量（Van Duinen et al.，2015；张斌等，2019）。本节证明了通过优化马铃薯播期、品种熟性和灌溉制度，马铃薯的产量和水分利用效率可以进一步提升，并在当前马铃薯灌溉定额的基础上减少灌溉量实现了较大的节水潜力。本节发现马铃薯水分利用效率在北方一作区和中原二作区随灌溉量的增加而增加，而在南方冬作区和西南混作区的水分利用效率随灌溉量的增加有降低的趋势。这是因为北方一作区和中原二作区马铃薯生长季降水量低且蒸发量高，而南方冬作区和西南混作区马铃薯生长季降水充沛，灌溉对马铃薯产量和水分利用效率的影响很小（Jansky et al.，2009；程林润等，2018）。

由于不同主产区马铃薯生长季的水热条件不同，不同的管理方式对马铃薯增产和节水的贡献率不同。在北方一作区和中原二作区，调整灌溉制度对马铃薯增产和节水的贡献高于调整播期和品种（Wang et al.，2018），而在南方冬作区和西南混作区，调整播期和品种对马铃薯增产和节水的贡献高于调整灌溉制度。结果表明，当前马铃薯的灌溉定额高于马铃薯的需水量，这意味着中国马铃薯生产中存在较大的节水潜力。北方一作区、中原二作区和西南混作区的灌溉次数为 4 次，但可较灌溉定额分别减少 40%、29%和 49%的灌溉量；而对于南方冬作区优化后 1 次灌溉可较灌溉定额减少 66%。研究结果可为优化农业水资源管理提供重要参考，而节省的灌溉用水可被用来恢复地下水或灌溉更多新的农田（Davis et al.，2017；王庆锁和梅旭荣，2017）。

本节结果仍存在一定的局限性，首先马铃薯生产的节水管理措施仅考虑了优化马铃薯播期、品种熟性和灌溉制度，而其他措施如覆膜、起垄、保护性耕作和选择耐旱性品种等均可提升马铃薯生产的节水潜力（Saluzzo et al.，1999；Carter and Sanderson，2001）；其次，本结果未考虑氮肥的限制对马铃薯最适播期和品种熟性选择的影响，而水肥的耦合效应可能会改变马铃薯的产量和水分利用效率（Lisson and Cotching，2011）；最后，本结果未考虑灌溉定额随时间的变化及政策对其变化的影响，而实际生产中政府可能会根据当地水资源的供需变化进行灌溉定额的调整（杨祁峰等，2012）。

4.3　播期和品种对马铃薯品质的影响

马铃薯营养价值高，素有“地下苹果”和“第二面包”之称（仇菊等，2019），且低脂肪、低热量的特点成为理想的食物来源。据测算，一个 148 g 的马铃薯可提供人体每天所需维生素 C 的 45%、钾的 21%（Van Niekerk et al.，2016）。马铃薯品质的好坏对其产业发展十分重要，选育品质优良的特用品种有利于马铃薯加工行业的发展和居民日常膳食营养的丰富，也有利于供给侧种植结构的调整和居民膳食结构的调整与升级（潘峰，2019）。随着生产力水平的提高，品种选择及适宜的气象条件对于马铃薯品质的提升愈显重要。

马铃薯品质试验位于内蒙古呼和浩特市农业部武川农业环境科学观测试验站，选取当地 3 个马铃薯主栽品种，分别为早熟品种费乌瑞它、中熟品种康尼贝克和晚熟品种克新一号。每年设置的 3 个播期均相同，分别为早播（4 月 27 日）、中播（5 月 15 日）、晚播（6 月 2 日）。成熟后使用 3，5-二硝基水杨酸比色定糖法、碘比色法、2，6-二氯靛酚滴定法和凯氏定氮法，分别测定 2018—2020 年新鲜马铃薯块茎的可溶性糖、淀粉、维生素 C 和粗蛋白含量。

图 4-22 为不同播期和品种耦合处理下马铃薯块茎粗蛋白、维生素 C、可溶性糖和淀粉的

含量。其中粗蛋白含量平均值为 100.1 g·kg^{-1}，维生素 C 含量平均值为 19.64 mg·(100 g)$^{-1}$，可溶性糖含量平均值为 18.58 g·(100 g)$^{-1}$，淀粉含量平均值为 31.48 g·(100 g)$^{-1}$。马铃薯块茎主要品质指标变异系数的排序为可溶性糖(44.71%)＞淀粉(20.02%)＞维生素 C(16.45%)＞粗蛋白(15.03%)。

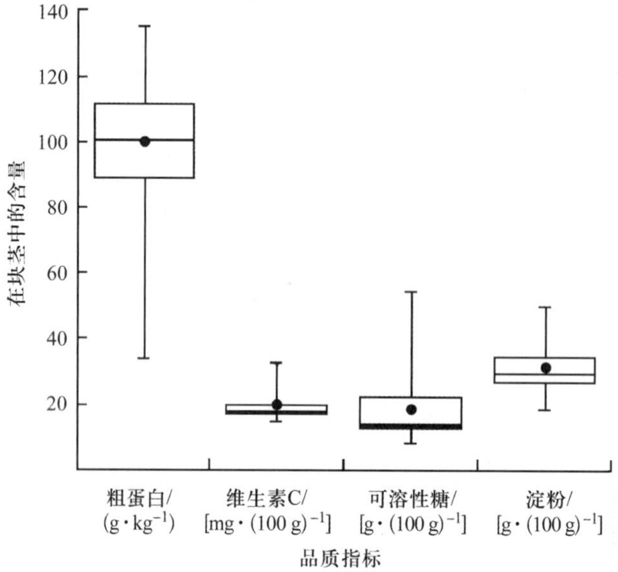

图 4-22　2018—2020 年不同播期下不同马铃薯品种的主要品质指标

马铃薯是中国北方传统的农作物之一，生长季(4—9 月)降水和温度等气象条件的适宜程度决定了块茎的产量水平和品质(李扬等，2019)。然而，北方马铃薯生长季的水热条件变异较大，在品种和管理水平相对稳定的情况下，马铃薯生育期内的温度、日照时数和降水量等气象因子成为影响马铃薯品质指标的主要因子(宋学锋和侯琼，2003；宋玉芝等，2009；王榛，2017)。探究马铃薯品质指标和气象因子的关系有利于提升马铃薯的综合品质，但目前关于马铃薯品质与气象因子的关系研究较少(王朝晖等，2009)。肖国举等(2015)研究表明，马铃薯块茎中的维生素 C、淀粉和干物质的含量随着温度的升高呈现一定程度的增加，但块茎中粗蛋白和还原糖的含量随着温度的升高呈降低趋势；此外，马铃薯对水分十分敏感，水分亏缺同样会影响马铃薯的品质，生育期内充足的水分补给有利于马铃薯品质的提升(潘小番等，2021)。

马铃薯块茎包含多种评价品质的营养指标，采用模糊数学隶属函数法来评价不同处理下马铃薯块茎中主要营养指标的差异(王谧等，2014)，将马铃薯块茎中粗蛋白、可溶性糖、淀粉和维生素 C 含量作为评价指标，通过隶属函数的方法求得平均值，数值越大则表明该处理下的综合品质越好，相反则越差。首先计算不同处理下马铃薯块茎中单个营养指标的隶属函数值，然后再根据单个指标的隶属函数值求出各品种的平均隶属函数值：

$$X_{i(\mu)} = \frac{x - x_{\min}}{x_{\max} - x_{\min}} \tag{4-11}$$

$$C_x = \frac{X_{1(\mu)} + X_{2(\mu)} + \cdots + X_{n(\mu)}}{n} \tag{4-12}$$

式中：$X_{i(\mu)}$ 为某一处理单个指标的平均隶属值，x 为某一营养指标测得的值，x_{min} 为某一营养指标序列中的最小值，x_{max} 为某一营养指标序列中的最大值，$X_{1(\mu)}$、$X_{2(\mu)}$、…、$X_{n(\mu)}$ 分别为某一处理各指标的平均隶属函数值，n 为指标个数，C_x 为某一处理的综合隶属函数值。

随播期推迟，早熟品种费乌瑞它平均隶属函数值下降，早播（4 月 27 日）平均隶属函数值最高，综合品质最好；中熟品种康尼贝克晚播（6 月 2 日）平均隶属函数值最高为 0.8，中播（5 月 15 日）处理下平均隶属函数值最低仅为 0.2；晚熟品种克新一号中播处理下（5 月 15 日）平均隶属函数值最高为 0.8，明显高于早播和晚播处理（表 4-5）。

表 4-5　不同播期和不同马铃薯品种的主要品质指标的平均隶属函数值

品种	播期（月-日）	粗蛋白	可溶性糖	淀粉	维生素 C	平均隶属函数值
费乌瑞它	04-27	1.0	0.8	0.0	1.0	0.7
	05-15	0.0	1.0	0.7	0.3	0.5
	06-02	0.8	0.0	1.0	0.0	0.5
康尼贝克	04-27	0.9	0.7	0.0	1.0	0.7
	05-15	0.0	0.0	0.8	0.0	0.2
	06-02	1.0	1.0	1.0	0.3	0.8
克新一号	04-27	0.0	0.0	1.0	0.0	0.3
	05-15	1.0	1.0	0.4	1.0	0.8
	06-02	0.4	0.9	0.0	0.9	0.5

选择适宜的品种是马铃薯生产应对气候变化、保证品质质量的主要措施之一。杨炳南等（2015）研究指出，不同品种马铃薯的多个品质指标差异明显。王颖等（2016）指出品种是决定马铃薯淀粉差异的最主要因素。张凤军等（2006）指出，因品种遗传基础的不同，块茎中维生素 C 的含量差异十分明显，干物质含量在品种间的差异最小，还原糖和粗蛋白的含量在品种间差异较大，并且马铃薯块茎中粗蛋白的含量和淀粉含量具有显著的正相关关系。此外，已有研究多集中于对单一马铃薯品种在特定气象条件下的品质表现，鲜有研究在不同水热条件下探究多个品种的品质指标及其与不同生育阶段气象因子间的关系。

在马铃薯生长过程中，前期叶片通过光合作用形成的干物质主要分配于地上部分用于株高增加、茎叶生长等，而薯块形成是干物质分配的转折点，此阶段的干物质主要分配给地下部分（张永成，2007）。因此，参考前人研究，本文结合马铃薯实际生长情况，按马铃薯的生长发育进程将播种—现蕾划分为营养生长期、现蕾—成熟划分为生殖生长期，又将生殖生长期划分为现蕾—开花期和开花—成熟期。同时，考虑马铃薯水分关键期即现蕾前 10 d 至现蕾后 15 d（唐建昭，2018），共分为 6 个生长阶段。气象因子选取有效积温（EAT）、日均温（T）、温度日较差（DTR）、日照时数（S）和降水量（P）。通过各生育阶段气象因子和马铃薯品质指标的关系来定量不同生育阶段气象因子对马铃薯主要品质形成的影响。

马铃薯不同生长阶段的有效积温、日均温、温度日较差、降水量和日照时数对其主要品质指标影响存在明显差异（表 4-6 至表 4-8）。品种费乌瑞它块茎淀粉含量随水分关键期的有效积温和全生育期日均温增加表现出极显著增加趋势（$P<0.01$），随现蕾—开花期降水量增加

表现出显著增加趋势($P<0.05$),随生殖生长阶段温度日较差增加表现出极显著下降趋势($P<0.01$);维生素C含量随生殖生长阶段有效积温、降水量和开花—成熟期日均温增加表现出极显著上升趋势($P<0.01$),随生殖生长阶段日照时数增加表现出显著上升趋势($P<0.05$),随生殖生长阶段温度日较差增加表现出显著减少趋势($P<0.05$);可溶性糖含量随生殖生长阶段的有效积温、降水量和开花—成熟期日均温增加表现出极显著增加趋势($P<0.01$),随生殖生长阶段日照时数增加表现出显著增加趋势($P<0.05$),随生殖生长阶段的温度日较差增加表现出显著减少趋势($P<0.05$);粗蛋白含量随开花—成熟期的有效积温、日均温增加表现出显著减少趋势($P<0.05$)(表4-6)。

表4-6 品种费乌瑞它品质与各生长阶段气象因子线性关系的决定系数(R^2)

气象因子	品质指标	全生育期	营养生长期	生殖生长期	现蕾—开花期	开花—成熟期	水分关键期
有效积温	粗蛋白	0.26	0.35	−0.36	−0.03	−0.43*	−0.12
	可溶性糖	−0.23	−0.31	0.76**	0.47*	0.59*	0.55*
	淀粉	−0.42*	−0.49*	0.58*	0.33	0.47*	0.66**
	维生素C	−0.27	−0.40	0.85**	0.52*	0.66**	0.55*
日均温	粗蛋白	−0.28	−0.03	−0.29	0.02	−0.44*	−0.12
	可溶性糖	0.54*	0.03	0.29	0.26	0.81**	0.55*
	淀粉	0.71**	0.21	0.57*	0.26	0.60**	0.66**
	维生素C	0.55*	0.04	0.33	0.18	0.84**	0.55*
温度日较差	粗蛋白	0.23	−0.14	0.32	−0.03	0.34	0.002
	可溶性糖	−0.16	0.26	−0.54*	0.01	−0.49*	0.23
	淀粉	−0.35	0.16	−0.71**	−0.04	−0.36	0.01
	维生素C	−0.19	0.25	−0.50*	0.02	−0.50*	0.16
降水量	粗蛋白	−0.14	0.11	−0.31	−0.10	−0.31	−0.39
	可溶性糖	0.30	−0.23	0.64**	0.35	0.60**	0.10
	淀粉	0.15	−0.29	0.44*	0.54*	0.35	0.19
	维生素C	0.33	0.26	0.72**	0.41	0.68**	0.11
日照时数	粗蛋白	−0.001	0.02	−0.24	−0.001	−0.18	−0.001
	可溶性糖	0.09	0.01	0.47*	0.08	0.21	0.36
	淀粉	−0.002	−0.05	0.27	0.01	0.18	0.16
	维生素C	0.08	0.003	0.54*	0.12	0.22	0.25

注:*表示显著影响($P<0.05$),**表示极显著影响($P<0.01$);"−"表示品质指标与气象因子间呈负相关关系。

品种康尼贝克块茎淀粉含量随全生育期日均温增加表现出极显著增加趋势($P<0.01$),随水分关键期有效积温和现蕾—开花期降水量增加表现出显著增加趋势($P<0.05$),随生殖

生长阶段的温度日较差增加表现出极显著减少趋势（$P<0.01$）；维生素 C 含量随开花—成熟期有效积温、日均温和生殖生长期降水量增加表现出极显著增加趋势（$P<0.01$），随生殖生长阶段温度日较差增加表现出极显著减少趋势（$P<0.01$）；可溶性糖含量随生殖生长阶段有效积温、日均温和现蕾—开花期降水量增加表现出极显著增加趋势（$P<0.01$），随生殖生长阶段日照时数增加表现出显著增加趋势（$P<0.05$），但随生殖生长阶段的温度日较差增加表现出极显著下降趋势（$P<0.01$）（表 4-7）。

表 4-7　品种康尼贝克品质与各生长阶段气象因子线性关系的决定系数（R^2）

气象因子	品质指标	全生育期	营养生长期	生殖生长期	现蕾—开花期	开花—成熟期	水分关键期
有效积温	粗蛋白	0.01	−0.01	−0.001	0.004	−0.03	−0.14
	可溶性糖	−0.27	−0.21	0.78**	0.44*	0.52*	0.30
	淀粉	−0.46*	−0.36	0.53*	0.39	0.23	0.56*
	维生素 C	−0.07	−0.05	0.64**	0.23	0.70**	0.14
日均温	粗蛋白	−0.13	−0.01	−0.20	−0.11	−0.13	−0.14
	可溶性糖	0.63**	0.18	0.71**	0.03	0.56*	0.30
	淀粉	0.81**	0.40	0.73**	0.15	0.39	0.56*
	维生素 C	0.37	0.02	0.39	0.03	0.68**	0.14
温度日较差	粗蛋白	0.02	0.01	0.09	0.18	0.01	0.04
	可溶性糖	−0.36	0.02	−0.84**	−0.15	−0.36	−0.19
	淀粉	−0.43*	−0.001	−0.66**	−0.34	−0.18	−0.31
	维生素 C	−0.20	0.02	−0.68**	−0.03	−0.49*	−0.002
降水量	粗蛋白	−0.13	−0.04	−0.09	−0.07	−0.02	0.04
	可溶性糖	0.34	−0.14	0.69**	0.72**	0.06	0.69**
	淀粉	0.16	−0.24	0.46*	0.53*	0.02	0.49*
	维生素 C	0.59*	−0.001	0.75**	0.30	0.37	0.28
日照时数	粗蛋白	−0.003	−0.01	0.11	0.14	−0.02	−0.001
	可溶性糖	0.02	0.001	0.54*	0.08	0.13	−0.15
	淀粉	−0.03	−0.07	0.34	0.07	0.05	−0.09
	维生素 C	0.18	0.10	0.35	0.02	0.15	−0.05

注：* 表示显著影响（$P<0.05$），** 表示极显著影响（$P<0.01$）；"−"表示品质指标与气象因子间呈负相关关系。

品种克新一号块茎淀粉含量随开花—成熟期有效积温、日均温增加表现出极显著增加趋势（$P<0.01$），随全生育期日照时数增加表现出显著减少趋势（$P<0.05$），随开花—成熟期温度日较差增加表现出极显著减少趋势（$P<0.01$）；维生素 C 含量随生殖生长期有效积温、日均温、降水量和开花—成熟期日照时数增加表现出极显著增加趋势（$P<0.01$），但随生殖生长期温度日较差增加表现出极显著减少趋势（$P<0.01$）；可溶性糖含量随生殖生长期日均温、降水

量和开花—成熟期日照时数增加表现出极显著增加趋势（$P<0.01$），随生殖生长期有效积温增加表现出显著增加趋势（$P<0.05$），但随生殖生长期温度日较差增加表现出极显著减少趋势（$P<0.01$）（表 4-8）。

表 4-8　品种克新一号品质与各生长阶段气象因子线性关系的决定系数（R^2）

气象因子	品质指标	全生育期	营养生长期	生殖生长期	现蕾—开花期	开花—成熟期	水分关键期
有效积温	粗蛋白	0.03	0.03	−0.16	−0.04	−0.14	−0.01
	可溶性糖	−0.18	−0.19	0.54*	0.12	0.50*	0.48*
	淀粉	0.07	0.09	0.65**	0.11	0.66**	0.38
	维生素 C	−0.16	−0.16	0.61**	0.11	0.60**	0.47*
日均温	粗蛋白	−0.07	0.001	−0.15	−0.005	−0.26	−0.006
	可溶性糖	0.61**	0.25	0.89**	0.04	0.55*	0.48*
	淀粉	0.15	−0.01	0.26	0.04	0.64**	0.38
	维生素 C	0.62**	0.20	0.90**	0.03	0.66**	0.47*
温度日较差	粗蛋白	0.12	0.007	0.12	−0.001	0.16	−0.01
	可溶性糖	−0.57*	0.01	−0.86**	−0.23	−0.55*	−0.25
	淀粉	−0.04	0.34	−0.61**	−0.01	−0.70**	0.03
	维生素 C	−0.55*	0.02	−0.88**	−0.20	−0.61**	−0.18
降水量	粗蛋白	−0.86**	−0.37	−0.61**	−0.11	−0.54*	−0.13
	可溶性糖	0.38	−0.11	0.67**	0.66**	0.16	0.54*
	淀粉	0.12	−0.27	0.29	0.03	0.30	0.02
	维生素 C	0.47*	−0.08	0.75**	0.66**	0.21	0.55*
日照时数	粗蛋白	−0.04	−0.06	0.004	0.001	0.003	0.07
	可溶性糖	0.04	0.001	0.47*	−0.04	0.68**	−0.08
	淀粉	0.55*	0.47*	0.34	−0.004	0.35	0.07
	维生素 C	0.07	0.01	0.44*	−0.05	0.68**	−0.07

注：* 表示显著影响（$P<0.05$），** 表示极显著影响（$P<0.01$）；"−"表示品质指标与气象因子间呈负相关关系。

综合马铃薯品质与各生育阶段气象因子关系发现，品种费乌瑞它和康尼贝克块茎淀粉含量随全生育期日均温增加表现出极显著上升趋势（$P<0.01$），随生殖生长阶段有效积温和现蕾—开花期降水量增加表现出显著上升趋势（$P<0.05$）；品种克新一号淀粉含量随开花—成熟期有效积温、日均温增加表现出极显著上升趋势（$P<0.01$），随全生育期日照时数增加表现出显著上升趋势（$P<0.05$），3 个品种淀粉含量均随生殖生长阶段的温度日较差增加表现出极显著下降趋势（$P<0.01$）；各品种的维生素 C 含量均随生殖生长阶段的有效积温、降水量和开花—成熟期日均温增加表现出极显著上升趋势（$P<0.01$），随生殖生长阶段温度日较差增加表现出极显著下降趋势（$P<0.01$）；各品种可溶性糖含量均随生殖生长阶段的有效积温、降

水量和全生育期日均温增加表现出极显著上升趋势（$P<0.01$），随生殖生长阶段的日照时数增加表现出显著上升趋势（$P<0.05$），随生殖生长阶段的温度日较差增加表现出极显著下降趋势（$P<0.01$）；品种费乌瑞它粗蛋白含量随开花—成熟期的有效积温、日均温增加表现出显著下降趋势（$P<0.05$），品种克新一号粗蛋白含量随全生育期降水量增加表现出极显著下降趋势（$P<0.01$），品种康尼贝克粗蛋白含量和生育期气象因子均无显著相关。

表 4-9 分析了不同播期和品种耦合对马铃薯主要品质指标的互作效应。方差分析结果表明，2018 年不同播期和品种间主要品质指标无显著差异，2019 年粗蛋白含量、可溶性糖含量、淀粉含量和维生素 C 含量在品种间差异均达显著水平（$P<0.05$），2020 年淀粉含量和维生素 C 含量在品种间差异达显著水平（$P<0.05$）。播期和品种互作效应分析表明，二者耦合调控在 2019 年对 4 个品质指标均有极显著影响（$P<0.01$），在 2020 年对粗蛋白含量有显著影响（$P<0.05$），对淀粉含量有极显著影响（$P<0.01$）。

表 4-9　2018—2020 年播期和品种对马铃薯主要品质指标的互作效应分析

年份	品质指标	播期(月-日)			品种			显著性		
		04-27	05-15	06-02	费乌瑞它	康尼贝克	克新一号	播期	品种	播期×品种
2018	粗蛋白	88.6±15.6a	90.3±4.9a	91.1±6.2a	88.9±6.4a	94.1±4.8a	87.0±14.0a	0.950	0.650	0.771
	可溶性糖	28.8±8.2a	30.0±9.6a	29.2±4.6a	32.2±6.5a	24.3±3.9a	31.4±6.6a	0.971	0.198	0.473
	淀粉	38.1±4.8a	38.0±4.5a	39.7±7.8a	39.4±5.3a	39.5±6.2a	36.9±5.1a	0.858	0.707	0.268
	维生素 C	24.7±3.6a	23.1±2.0a	23.3±2.6a	21.5±0.8a	24.4±3.8a	25.1±1.6a	0.757	0.235	0.607
2019	粗蛋白	101.8±18.9a	92.5±15.3a	102.0±24.9a	106.7±13.9a	102.0±24.8a	87.6±10.5b	0.356	0.019*	0.001**
	可溶性糖	11.8±3.3a	13.1±0.1a	12.9±1.1a	11.1±2.6b	13.4±0.2a	13.3±0.2a	0.196	0.002**	0.001**
	淀粉	24.1±5.8a	26.8±1.8a	27.1±4.0a	23.7±4.9b	26.1±3.3ab	28.3±2.2a	0.160	0.026*	0.001**
	维生素 C	18.0±1.2a	17.7±1.5a	18.0±1.2a	17.1±0.4b	19.2±0.0a	17.3±0.2b	0.830	0.001**	0.001**
2020	粗蛋白	115.4±6.4a	102.3±20.4a	117.0±14.7a	106.0±15.8a	108.7±18.5a	119.9±5.7a	0.144	0.203	0.040*
	可溶性糖	14.0±0.9a	13.9±0.3a	13.4±0.4a	13.3±0.5a	13.9±0.5a	14.1±0.7a	0.495	0.269	0.700
	淀粉	30.6±3.7a	30.4±2.6a	28.5±1.4a	27.7±0.9b	29.4±0.8b	32.4±2.6a	0.207	0.001**	0.001**
	维生素 C	17.3±0.2a	17.4±0.2a	17.3±0.1a	17.5±0.1a	17.2±0.1b	17.2±0.1b	0.858	0.038*	0.468

注：同列不同字母表示在 $P<0.05$ 水平显著差异，* 表示显著影响（$P<0.05$），** 表示极显著影响（$P<0.01$）。

参考文献

仇菊，朱宏，朱大洲，等．不同加工用途马铃薯品质特性分析[J]．中国马铃薯，2019，33(6)：372-378.

李扬，王靖，唐建昭，等．播期和品种变化对马铃薯产量的耦合效应[J]．中国生态农业学报(中英文)，2019，27(2)：296-304.

李扬，王靖，唐建昭，等．农牧交错带马铃薯高产和水分高效利用的播期和品种选择[J]．农业工程学报版，2020，36(4)：118-126.

潘峰．马铃薯种质资源品质性状及利用价值的评价[D]．哈尔滨：东北农业大学，2019：12-13.

潘小番,张恒嘉,邓浩亮,等．河西绿洲不同生育期调亏灌溉对马铃薯生长、产量及品质的影响[J]. 农业工程,2021,11(2):130-136.

宋学锋,侯琼．气候条件对马铃薯产量的影响[J]. 中国农业气象,2003,24(2):35-38.

宋玉芝,王连喜,李剑萍．气候变化对黄土高原马铃薯生产的影响[J]. 安徽农业科学,2009,37(3):1018-1019.

唐建昭．北方农牧交错带马铃薯基于缩差和增效的种植管理模式研究[D]. 北京:中国农业大学,2018:22-28.

王朝晖,钟林光,李景龙．主要气象因子与抗虫杂交棉纤维品质的关系[J]. 西北农林科技大学学报:自然科学版,2009,37(8):101-108.

王谧,王芳,王舰．应用隶属函数法对马铃薯进行抗旱性综合评价[J]. 云南农业大学学报:自然科学版,2014,29(4):476-481.

王颖,潘哲超,梁淑敏,等．4个马铃薯品种淀粉的理化特性[J]. 贵州农业科学,2016,44(11):24-28.

王榛．浙江省不同生态环境马铃薯品质评价[D]. 西宁:青海师范大学,2017:10-11.

肖国举,仇正跻,张峰举,等．增温对西北半干旱区马铃薯产量和品质的影响[J]. 生态学报,2015,35(3):830-836.

杨炳南,张小燕,赵风敏,等．不同马铃薯品种的不同加工产品适宜性评价[J]. 农业工程学报,2015,31(20):301-308.

张凤军,张永成,田丰．不同生态环境马铃薯维生素C含量分析[J]. 种子,2006,25(12):24-27.

张永成,田丰．马铃薯试验研究方法[M]. 北京:中国农业科学技术出版社,2007.

Van Niekerk C,Schonfeldt,Hall N,et al. The role of biodiversity in food security and nutrition:a potato cultivar case study[J]. Food and Nutrition Sciences,2016,7(5):371-382.

第 5 章 马铃薯气候智慧型水肥管理

我国北方农牧交错带地区多为雨养农业，大气降水不足且缺乏灌溉条件，水分条件成为限制农业发展的主要因素(陈亚宁等，2012)。全球气候变化背景下，我国北方干旱有进一步加重的趋势(秦大河等，2002；王志伟和翟盘茂，2003)，且极端降雨事件发生频率增加，增加了雨养农业生产的不确定性(何峰等，2012)。集雨技术有效地缓解了干旱区农业需水压力，在半干旱偏旱地区农业发展过程中起着重要的作用(Abu-Zreig et al.，2000；Prinz et al.，2000；山仑，1996；信乃诠等，2001)。张建新和郑大玮(2005)就国内外旱地集雨技术的特点和研究进展进行了系统地论述，指出集雨技术正逐步走向推广应用，在我国北方干旱半干旱地区有着显著的经济、社会和生态效益。

沟垄集雨技术是干旱半干旱区一项重要的田间雨水就地叠加利用技术，通过改善作物根区的水分满足度，提高农田生产力水平、作物产量和水分利用效率(田媛等，2007；韩清芳等，2004；李儒等，2011)，在南美(莫非等，2013)、非洲(杨封科，2004；强生才等，2011)、亚洲(任小龙等，2008；王琦等，2005；李春荣等，2010；贾宇等，2007；樊星、叶瑜和罗玉洪，2012；中国农业百科全书总编辑委员会农业气象卷编辑委员，1996；刘贤赵等，2005；徐秋宁等，2002；符素华，等，2012)等地区都得到了广泛的应用，国内外许多学者对此进行了相关的研究。中国研究区域大多集中在西北黄土高原半干旱偏旱区，包括山西、甘肃、宁夏等省区，研究作物包括了一年生的小麦(*Triticum aestivum* Linn.)(任小龙等，2008)、燕麦(*Avena sativa* Linn.)(王琦等，2005)、玉米(*Zea mays* L.)(李春荣等，2010)、马铃薯(*Solanum tuberosum* L.)(贾宇等，2007)等作物，也包括了老芒麦(*Elymus sibiricus* Linn.)(樊星、叶瑜和罗玉洪，2012)、紫花苜蓿(*Medicago sativa* Linn.)(贾宇等，2007)等多年生牧草作物。莫非等(2013)总结了近 30 年黄土高原雨养农业区田间微集雨技术，指出垄沟覆盖微集雨栽培技术为西北旱区粮食单产大幅度提高提供了强大的支撑作用。

国际上最早的有关集雨技术的科学试验研究始于 1929 年澳大利亚的 Knyon，他用 2 415.5 m^2 的白铁皮收集雨水并把它输送贮存到一个 340.1 m^3 的蓄水池中，通过分析当地 1878—1928 年的降水记录，计算出当地平均年降水量为 12 英寸，合 304.8 mm。Knyon 的研究表明，即使在降水量最低的年份，该系统也能为 6 个人、10 匹马、2 头牛和 150 只羊提供足够的生活用水。Knyon 所做的试验是通过人工集雨面来收集雨水，这种集雨方法的缺点是成本较高。20 世纪中期，以色列制订了“沙漠花园”计划，实施多种形式的雨水集蓄工程，在沙漠上种出了庄稼，产生了巨大的经济效益。

1956—1968 年，Evenari，Shanan 和 Tadmor 等一批科学家在以色列 Negev 荒漠区进行了长达 10 多年的专题研究，揭开古代以色列 Negev 地区农业繁荣文明之谜，他们研究发现古代 Negev 人采用了 3 项集雨技术:①小流域径流开发,集雨面积在 100 hm^2 以下,径流系数在 15～20 之间;②大流域径流开发,集雨面积在 100～1 000 hm^2 之间,径流系数在 3～6 之间;③坎儿井,研究发现集水区和耕作区面积之比在(17～30)∶1 之间(平均为 20∶1)时,集雨效果比较好(徐秋宁等,2002)。巴西 Pertrolina 地区进行了利用田间土垅富集雨水的试验和示范,对比试验表明,此种措施可使作物增产 17%～58%。在印度许多省份,采取修建小型水池、塘坝、谷坊等拦蓄雨水,进行灌溉。在墨西哥,多采用淤地坝、谷坊等来收集贮存雨水。

20 世纪 80 年代后,随着首届国际雨水集流系统会议的召开和国际雨水集流系统协会的成立,国际上掀起了集雨农业理论和技术研究的热潮,研究内容涉及集雨面处理、集雨系统设计、集雨模型和收集雨水的高效利用等。Boers 和 BenAsher(1982)将此前世界各地的集雨系统分为两类,即微型集水区集雨系统和径流农场集雨系统。Prinz 等(2000)将集雨系统进一步细分为 4 种类型:屋顶集雨系统、小型集雨系统、中型集雨系统和大型集雨系统洪水集流系统。1982 年以后,随着国际上集雨农业研究热潮的形成,关于集雨模型的研究也逐渐多了起来。Boers 等(1982)应用一维瞬时有限差分土壤水分平衡模型(SWATRE)建立了一个描述缺乏长期气象水文资料地区降水、径流关系的线性回归模型,并应用 Negev 集雨径流农场的试验资料对此模型进行了检验校正,以此来探寻不同气候、土壤条件下小型集雨系统工程建设中合理确定集水区面积与种植区面积的最佳比值。Critchley 等(1996)在考虑生长季作物需水量、预期降水量、集水区径流系数及种植区内水分的蒸发、渗漏和非均匀分布等因素的基础上,提出了一个简单的集水系统模型,该模型也旨在确定合适的集水区面积与种植区面积之比。近些年来,集雨系统模型逐步向全面、准确和实用的方向发展,模型中大多详细考虑了土壤水分平衡方程的各个分项(降水、径流、渗漏、作物蒸散和土壤水分的变化),具有模拟集水区径流量和种植区土壤水分含量的功能。Young 等(2002)提出了 Parched-Thirst 模型,该模型不仅可以模拟降水径流过程、土壤水分运动,同时还加入了对高粱、水稻、玉米、谷子生长的模拟,可预测集雨条件下上述作物的产量。到 2005 年,国际上共召开了 12 届雨水集流系统会议,收集的雨水已成为许多国家农业、畜牧、家庭用水等的主要补充来源。

总体而言,国外集雨技术研究的发展可分为 3 个阶段:20 世纪 50 年代以前为雨水的初始利用阶段,20 世纪 50 年代到 80 年代为基础性研究和技术开发大发展阶段,20 世纪 80 年代以后为系统研究阶段。相较国外而言,虽然我国利用雨水的历史很久远,但是对集雨农业的系统研究起步较晚,并且我国地域辽阔,区域间气候条件差异大,因此全国没有一个系统的、应用范围广的集雨技术系统理论。但是,不同地区针对具体的气候条件和自然状况,采取因地制宜的集雨措施,收到了比较好的集雨效果。

20 世纪 60 年代,我国科学家在黄土高原进行水土保持研究时曾研究了鱼鳞坑和水平沟雨水集流技术;20 世纪 70 年代山西吕梁山采用集雨梯田发展雨养农业;20 世纪 80 年代以来,甘肃省水利厅和甘肃省农业科学院等科研单位为解决干旱贫困山区人畜饮水问题,联合高校和中科院有关单位对干旱区集雨技术的可行性进行了系统的研究;20 世纪 90 年代,集雨农业日益受到重视,甘肃省率先在国内开展实施了"集雨补灌"工程,随后,陕西的"甘露工程",宁夏的"窖水蓄流工程",内蒙古、山西、河南、云南、贵州等省(区)也相继开展类似的工程,在我国半干旱区逐步建立了初具规模的集雨农业模式,收集的雨水除供人畜饮用外,还结合点灌和微灌措施发展果园、蔬菜及花卉和小规模的大田作物生产。"九五"期间,国家科技部专门设立"人工汇集雨水利用技术研究”专题，并在宁夏、甘肃和内蒙古设立示范区。“十五”国家科技部在“节水重大专项”中设立“雨水收集利用材料”和 4 个技术集成模式示范区。

田间集雨农业属于雨水就地利用技术范畴，主要原理就是将非耕地上的雨水引导到耕地中，或通过减少有效耕地面积来实现“雨量叠加增值”。该技术能够改善作物根区的水分满足度，提高农田生产力水平、作物产量和水分利用效率(田媛等，2007；韩清芳等，2004；李儒等，2011)。20 世纪以来，在一些水分缺乏的干旱和半干旱地区，如南美(莫非等，2013)、非洲(杨封科，2004；强生才等，2011)、亚洲(任小龙等，2008；王琦等，2005；李春荣等，2010；贾宇等，2007；樊星等，2012；刘贤赵等，2005；徐秋宁等，2002；符素华等，2012)等，垄沟集雨耕作已经成为当地农民提高作物生产效益采取的有效农田抗旱耕作措施。20 世纪 90 年代开始，作为旱作集雨栽培发展的新思路和新技术，垄沟集雨种植被用于中国西北半干旱地区农业生产。国内关于田间集雨技术的研究区域大多集中在北方半干旱偏旱区，包括山西、甘肃、宁夏、内蒙古等省区，研究作物包括一年生的小麦(*Triticum aestivum* Linn.)(任小龙等，2008)、燕麦(*Avena sativa* Linn.)(王琦等，2005)、玉米(*Zea mays* L.)(李春荣等，2010)、马铃薯(*Solanum tuberosum* L.)(贾宇等，2007)等作物，也包括了老芒麦(*Elymus sibiricus* Linn.)(樊星等，2012)、紫花苜蓿(*Medicago sativa* Linn.)(孙国均等，2007)等多年生牧草作物，研究的技术要点集中在垄沟比例、宽度设置、集雨面材料等。莫非等(2013)总结了近 30 年黄土高原雨养农业区田间微集雨技术，指出垄沟覆盖微集雨栽培技术具有显著的经济效益、社会效益以及生态效益，为西北旱区粮食单产大幅度提高提供了强大的支撑作用。

5.1　北方农牧交错带马铃薯沟垄集雨技术适宜性研究

田间沟垄集雨技术对当地的气象条件要求较高，特别是要根据降水量、降水强度和降水量次数等气象条件来确定合适的集雨区和种植区面积之比，本节以北方农牧交错带武川县为例，通过研究应用沟垄集雨技术的气象条件，以及集雨条件下的马铃薯水分供给情况，计算最佳的集雨沟垄比例，为沟垄集雨技术的应用和推广提供参考。

我国北方农牧交错带北起大兴安岭西麓的呼伦贝尔，向西南延伸至内蒙古东南部，是连接东部农耕区与西部草原牧区的半干旱生态过渡带(图 5-1)。内蒙古武川县位于我国农牧交错带的中间区域，隶属呼和浩特市，海拔 1 500～2 000 m，地貌以山地和缓坡丘陵为主，土壤质地多为栗钙土，土壤养分除 K 元素较丰富外，其余养分含量较低。县境总面积约 4 900 km^2，耕地面积占土地面积的 48%，农业以雨养农业为主，水浇地仅占耕地面积的 8%。气候带有显著的大陆性特点：日光资源比较丰富，无霜期短，冬季多大风。气候干旱，水分亏缺是该区的主要特征(胡琦等，2015)。该区年平均降水量为 300 mm 左右，降水季节性强，集中在 4—9 月，雨热同期的气候资源配置有利于马铃薯的生长。武川地区是著名的马铃薯生产区，马铃薯常年种植面积占总播种面积的 30%左右。气象资料选取武川县 1961—2012 年的多年逐日气象资料，包括(最高、最低)气温、降水、日照时数、风速、相对湿度，平均大气压，平均水汽压。

5.1.1　马铃薯需水量计算

马铃薯需水量(W_0)是指马铃薯从种植到收获期间的农田潜在蒸散量，利用作物系数(K_c)和参考蒸散量(ET_0)来计算。潜在蒸散量采用 FAO 推荐的 Penman-Monteith 方法(Al-

图 5-1　研究区域空间分布

lan et al. ,1998),马铃薯的农田需水量 W_0(mm)需要根据不同生育阶段的作物系数与参考潜在蒸散量 ET_0 进行订正:

$$W_0 = ET_0 \times K_c \tag{5-1}$$

式中,K_c 为作物系数,不同作物及生育期作物系数不同。计算时采用的 K_c 值如表 5-1 所示。

表 5-1　不同生育期马铃薯 K_c 值

项目	萌芽期	苗期	块茎形成期—膨大期	后期
起止时间(月-日)	05-16 至 06-18	06-19 至 07-14	07-15 至 08-17	08-18 至 09-11
K_c	0.45	0.8	1.1	0.8

5.1.2　径流深度计算

径流深度是集雨理论中的一个重要的物理量,本研究中的径流深度计算采用美国农业部水利保持局(Soil Conservation Servise)开发的 SCS 径流模型,该模型已广泛用于小流域水分过程和国内径流模拟实验研究(刘贤赵等,2005)。

SCS 径流模型基于水分平衡方程,描述了各水文要素之间的定量关系:

$$\begin{cases} Q = \dfrac{(P-I_a)^2}{S+P-I_a} & (P \geqslant I_a) \\ Q=0 & (P<I_a) \end{cases} \tag{5-2}$$

式中,P 为总降雨量(mm);I_a 为初损值(mm),主要包括截留、表层蓄水和初渗等;S 为最大可能入渗量(或潜在入渗量)(mm),Q 为径流量(mm)。

为了计算 S,引入了土壤最大蓄水能力(CN)的概念:

$$S = 25.4\left(\frac{1\,000}{CN} - 10\right) \tag{5-3}$$

CN 是一个无量纲参数，理论数值范围 0～100，与土壤类型、土地利用方式和降雨前的土壤状况有着密切的关系，渗透性越强，降水前土壤越干燥，CN 也就越小，S 值越大，越不容易产生径流；反之，则相反。

5.1.3　最佳沟垄比例计算

如图 5-2 所示，沟垄集雨技术通过改变地表微地形进而改变降水的空间分布，使得种植区获得相对充足的水分。

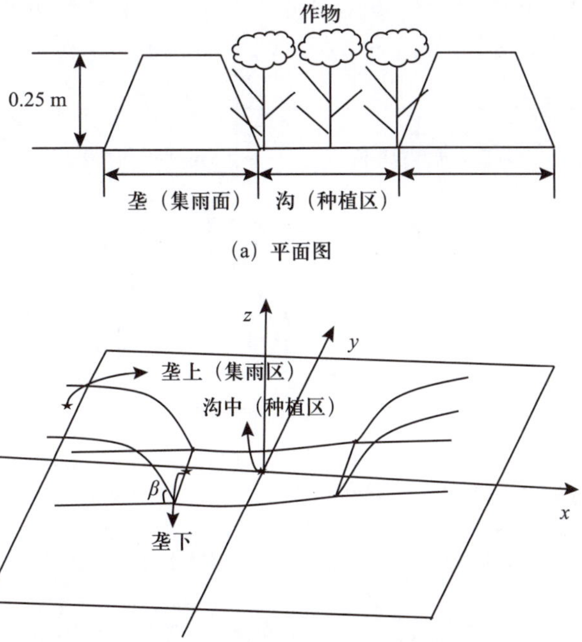

图 5-2　沟垄集雨处理示意图

沟垄比即是种植区面积(M_P)与集雨区面积(M_S)之比。在一块农田中，有：

$$M_P/M_S = L_P/L_S \tag{5-4}$$

式中，L_P 为种植区宽度占总宽度的比例，L_S 为集雨区宽度占总宽度的比例，且恒有：

$$L_P + L_S = 1 \tag{5-5}$$

根据田间水分平衡，结合马铃薯生育期需水量 W_0，有效降水量 P_0，集雨量 Q，可以得出：

$$W_0 L_P = \Delta W L_P + P_0 L_P + Q L_S \tag{5-6}$$

式中，ΔW 为土壤有效贮水量变化值。综合以上各式，可得：

$$\begin{cases} L_P = \dfrac{Q}{W_0 - \Delta W - P_0 + Q} \\ L_S = 1 - \dfrac{Q}{W_0 - \Delta W - P_0 + Q} \end{cases} \tag{5-7}$$

5.1.4 数据处理

分析了1960—2012年武川地区马铃薯各个生育期内降水条件(总降水、≥5 mm降水、≥10 mm降水)、逐日蒸散量、每次降水的径流深度,计算了垄面覆膜和裸地时适合当地气象条件的垄沟宽度比,数据的处理计算过程均利用Matlab7.0软件实现。

1. 武川县多年降雨条件分析

由图5-3可知,武川地区大陆性气候十分显著,马铃薯生育期多年平均降水量为259.6 mm,最高降水量出现在1961年,为472.4 mm,最低降水量出现在2007年,为99.9 mm,降水变率26.4%,年际间降水量波动大。

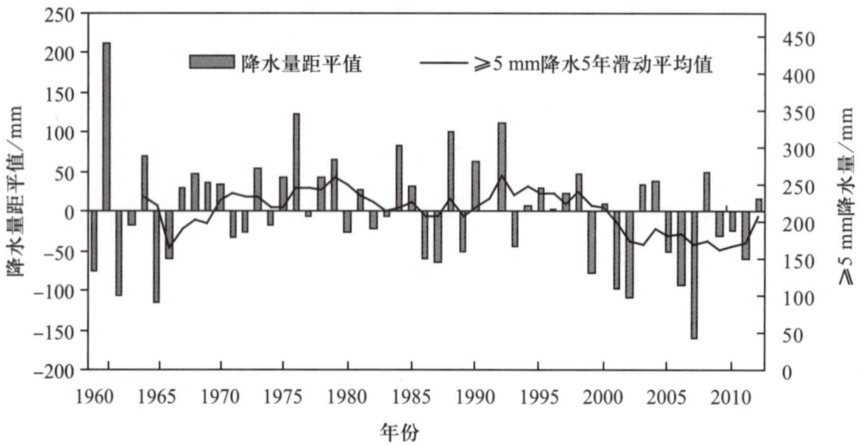

图5-3 武川县马铃薯生育期降水量距平值

降水呈现年代际尺度变化特征,20世纪60年代末至80年代初,生育期降水大多处于正距平,平均降水量为290.0 mm;80年代至90年代,降水距平正负交替,年际降水不稳定;近10年,5年滑动平均值持续较低,距平也多处于负值的状态,反映出此阶段降水量的减少和干旱情况有越来越严重的趋势。

由表5-2可知,武川地区多年平均降水量为343.0 mm,马铃薯生育期降水量占全年降水量的75.7%,降水相对集中为该地区马铃薯的种植和生长提供了比较有利的条件。1960—2012年,马铃薯生育期降水总次数为2 354次,其中≥5 mm次数为1 915次,占降水总次数的81.4%,≥10 mm降水共436次,仅占降水总次数的18.5%,降水量为163.1 mm,占生育期总降水量的62.8%。

表5-2 1960—2012年武川县降雨条件分析

多年平均降水量/mm	生育期降水量/mm			生育期降水次数		
	总降水量	≥5 mm降水量	≥10 mm降水量	总降水次数	≥5 mm降水次数	≥10 mm降水次数
343.0	259.6±68.6	214.4±66.5	163.1±64.5	2 354	1 915	436

2. 马铃薯生育期水分盈亏状况分析

马铃薯全生育期内降水量远远不能满足马铃薯生长发育所需水分量,水分处于亏缺状态(表5-3)。马铃薯全生育期蒸散量为414.7 mm,降水量为259.6 mm,水分亏缺155.1 mm,占全生育期蒸散量的 37.4%，水分亏损十分严重。研究区域马铃薯各个生育期有效降水的变异系数均在 50%左右，年际生育期降水量的变化过大对马铃薯稳产有不利的影响。整个生育期马铃薯有效降水的变异系数为 26.4%。

表 5-3　马铃薯生育期水分盈亏情况

项目	萌芽期	苗期	块茎形成期—膨大期	后期	全生育期
起止时间(月-日)	05-16 至 06-18	06-19 至 07-14	07-15 至 08-17	08-18 至 09-11	05-16 至 09-11
蒸散量/mm	78.5	103.5	162.4	70.3	414.7
降水量/mm	36.3	57.0	111.2	55.1	259.6
降水均方差/mm	20.4	29.0	44.7	35.5	68.6
降水变异系数/%	56.1	50.9	40.2	64.4	26.4
盈亏量/mm	−42.2	−46.5	−51.2	−15.2	−155.1

3. 不同年型下马铃薯生育期径流深度分析

根据降水量的多少划分 3 种不同的年型来研究集雨条件下径流深度：平水年、丰水年和歉水年。其中，丰水年和平水年相比，降水量多 20%，歉水年和平水年相比，降水量为平水年的 80%。1960—2012 年，丰水年共 9 年，平均降水量为 357.7 mm；歉水年共 12 年，平均降水量为 170.0 mm；平水年共 32 年，平均降水量为 265.6 mm。

不同年型下马铃薯生育期集雨径流深度有很大不同(表 5-4)。平水年下，全生育期集雨径流深度为 49.0 mm，占生育期降水量的 18.4%；丰水年下全生育期集雨径流深度为 81.1 mm，较平水年相比，提高了 65.5%，占生育期降水量的 25.5%；歉水年下全生育期集雨径流深度为 21.0 mm，不及平水年径流深度的 50%。主要的原因在于丰水年降雨量多，并且单次降雨强度大，容易形成径流，歉水年刚好相反。

沟垄集雨条件下，除了丰水年的水分能基本满足马铃薯生长和发育的需要，平水年和歉水年都存在一定程度的水分不足。平水年全生育期水分亏缺量为 100.9 mm，歉水年水分亏缺量为 235.5 mm，其中块茎形成期—膨大期水分亏缺 96.2 mm，该时期马铃薯植株生长旺盛，若缺乏水分供应，会极大影响产量形成。

表 5-4　马铃薯生育期集雨径流深度和亏缺量

mm

项目	萌芽期	苗期	块茎形成期—膨大期	后期	全生育期
起止时间(月-日)	05-16 至 06-18	06-19 至 07-14	07-15 至 08-17	08-18 至 09-11	05-16 至 09-11
平水年	4.4(35.5)	10.2(36.6)	23.7(25.4)	10.7(3.4)	49.0(100.9)
丰水年	3.7(36.8)	10.2(16.0)	48.5(−61.7)	18.7(−33.6)	81.1(−42.5)
歉水年	2.6(46.9)	4.9(55.9)	9.2(96.2)	4.2(36.5)	21.0(235.5)

注：括号内为水分亏缺数值(mm)。正值为水分亏损，负值为水分盈余。

4. 计算最佳沟垄比

由以上的分析可以得出，武川地区降水不能满足马铃薯的需水要求，特别是在平水年和歉水年，极易造成马铃薯产量的不稳定性。试验表明，武川地区土壤贮水量在马铃薯播前与收获时变化不大，收获时土壤贮水量较播前大约减少了 21～24 mm，因此，计算最佳垄沟比时，ΔW 取值为 22.5 mm。研究表明，在当地的气象条件和环境条件下，垄面为裸地时，种植马铃薯采用的沟垄集雨最佳沟垄宽度比为 1∶2.6，垄面覆膜的条件下，最佳沟垄宽度比为 1∶0.48。80％降水保证率下，垄面为裸地和覆膜条件时最佳沟垄宽度比分别为 1∶1.95 和 1∶0.38（表 5-5）。

表 5-5　裸地和覆膜条件下最佳垄沟比

垄面性质		L_P/m	L_S/m	沟垄比
裸地	平水年	0.28	0.72	1∶2.60
	80％降水保证率	0.34	0.66	1∶1.95
覆膜	平水年	0.68	0.32	1∶0.48
	80％降水保证率	0.72	0.28	1∶0.38

5.2　农牧交错带不同沟垄宽度集雨技术对马铃薯生产的影响

本节针对半干旱偏旱区的阴山北麓农牧交错带雨养农业产量低且不稳的问题，采用田间集雨模式种植马铃薯，研究不同的垄宽和沟宽对土壤水分以及马铃薯生长、产量和水分利用效率的影响，旨在为我国阴山北麓农牧交错带地区采用沟垄集雨方式种植马铃薯提供理论依据和参考，为该地区雨养农业实现稳产提供科学思路。

5.2.1　研究区域

农牧交错带地区是连接农区与牧区的过渡地带，试验于 2011—2012 年在内蒙古自治区武川县农业部武川农业环境科学观测试验站（41°8′N，111°17′E）进行，属于典型的阴山北麓农牧交错带。武川县属典型的半干旱偏旱区，农业以雨养农业为主，水浇地仅占耕地面积的 8％左右。气候带有显著的大陆性特点：日光资源比较丰富、无霜期短、冬季多大风。该地区年平均降水量为 343.0 mm，75％的降水集中在夏季，不足以满足马铃薯生长的需水要求，降水时间相对集中且单次降水强度大，适合发展集雨农业。2011—2012 年试验进行的两年时间，降水量分别为 281.2 mm 和 414.1 mm，其中马铃薯生育期降水量分别为 201.1 mm 和 285.4 mm。其中 2011 年为降水量正常偏少年份，2012 年为较湿润年份。

5.2.2　试验设计

本研究采取起垄沟植的田间垄沟集雨系统，垄面为集雨区，垄沟为种植区。供试作物为紫花白马铃薯（*Solanum tuberosum* cv. Zi Huabai）。试验共设置 6 个处理：①CK：平作，对照；②MR（2009 年和 2010 年设置的处理，塑料薄膜覆盖垄面，见图 5-4a）；③MRF（塑料薄膜覆盖垄和沟，仅于 2009 年设置的处理，见图 5-4b）；④ NM1.5：垄和沟的宽度都为 1.5 m；

⑤NM1.0:垄和沟的宽度都为 1.0 m;⑥NM0.5:垄和沟的宽度都为 0.5 m。

试验小区长 10 m,宽 6 m。垄高 20～25 cm,垄面拱形且人工夯实。每个处理 3 个重复,试验小区随机分布。马铃薯种植方式为穴播,人工种植,深度 6～10 cm,所有处理马铃薯播种均为行距 50 cm,株距 50 cm,但由于 NM1.5 和 NM1.0 集雨面积(垄面积)增加,实际种植面积(沟面积)相对减少,降低了区域尺度上的种植密度,MR、MRF、NM0.5 和 CK 种植密度为 40 000 株 hm^{-2},NM1.5 和 NM1.0 分别为 26 000 株 hm^{-2} 和 30 000 株 hm^{-2}。播种前施入基肥:磷酸二氢铵 75 kg · hm^{-2},尿素 90 kg · hm^{-2},氯化钾 60 kg · hm^{-2}。马铃薯生育期没有追肥和补灌。

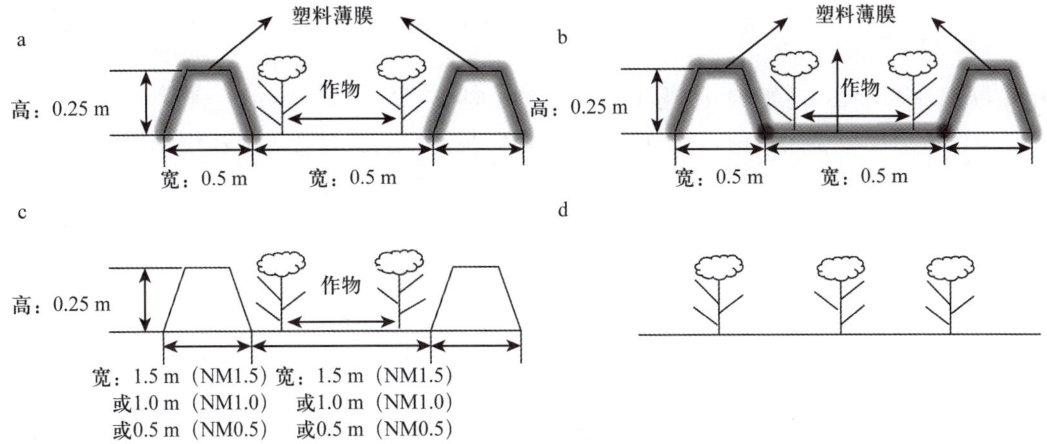

图 5-4　不同试验处理示意图

a. MR　b. MRF　c. NM0.5、NM1.0、NM 1.5　d. CK

试验区土壤类型为栗钙土(Haplic Krastazem,FAO),pH 为 8.24～8.27。0～100 cm 土层中的全氮、有效磷、有效钾和有机质含量分别为 1.09 g · kg^{-1}、4.96 mg · kg^{-1}、105.27 mg · kg^{-1} 和 13.41 mg · kg^{-1},具体成分如表 5-6 所示。

表 5-6　2010 年测定的试验田土壤养分状况

土层深度/cm	全氮含量/(mg · kg^{-1})	有效磷/(mg · kg^{-1})	有效钾/(mg · kg^{-1})	有机质/(mg · kg^{-1})	pH	氨态氮/(mg · kg^{-1})	硝态氮/(mg · kg^{-1})
0～10	1.55	13.27	159.84	20.85	8.24	3.35	15.26
10～30	1.47	3.54	130.31	50.64	8.27	3.77	14.4
30～50	1.13	2.57	70.78	14.12	8.41	1.61	12.93
50～80	0.77	1.58	66.9	6.7	8.6	2.72	13.07
80～100	0.51	1.86	98.5	4.75	8.45	1.87	10.95
平均值	1.09	4.96	105.27	13.41	8.39	2.66	13.32

5.2.3 测定项目和方法

在马铃薯各个生育期进行生物量测定，每次取 3 株马铃薯，用叶面积仪（型号：LI-3000C）测量叶面积，之后用烘干法（105 ℃杀青 15 min，85 ℃烘至恒重）测定干物质重（地上部分和地下部分总和），叶面积和干物质重取 3 株平均值。

土壤湿度采用中子法（CPN 503DR Hydroprobe）测定，深度 20～100 cm，每 10 cm 一个层次，马铃薯生育期每隔 10 d 测定一次，雨后加测。

土壤贮水量（soil water storage，SWS）按公式（5-8）计算：

$$\mathrm{SWS}=\sum_{i=1}^{n}(0.1\rho\theta_i h_i) \tag{5-8}$$

式中，ρ 为土壤容重（$\mathrm{g\cdot cm^{-3}}$），θ_i 为土壤质量含水量（$\mathrm{g\cdot g^{-1}}$），h_i 为土层深度（cm）。

产量测定时每个小区取两行，每行取 5 m 左右进行测定，记录实际的株数，将商品薯（重量大于 100 g）和小薯分别称重。

水分利用效率（water use efficiency，WUE）为作物产量与生长季耗水量的比值，CK 处理 WUE（$\mathrm{kg\cdot mm^{-1}\cdot hm^{-2}}$）计算：

$$\mathrm{WUE}=Y/(\Delta W+P) \tag{5-9}$$

式中，Y 为总产量（$\mathrm{kg\cdot hm^{-2}}$）；P 为生育期降水量（mm）；ΔW 为土壤供水量（mm）。

由于集雨处理下集雨面汇集一部分降水至种植区，使得种植区获得相对更多的水分供作物生长，因此计算时需对种植区的降水量进行订正：

$$P_c=P+\alpha\frac{L_1}{L_2}P \tag{5-10}$$

式中，P_c 为集雨处理种植区水分折合量（mm），L_1、L_2 分别为垄宽和沟宽（m），α 为集雨面的集雨效率。

集雨处理 WUE 计算公式为：

$$\mathrm{WUE}=\frac{Y}{(\Delta W+P_c)[L_2/(L_1+L_2)]} \tag{5-11}$$

产量、水分利用效率等数据采用 SAS 软件 ANOVA 方差分析过程（PROC ANOVA；SAS Institute，2008）进行显著性检验。

5.2.4 不同沟垄宽度集雨技术对马铃薯土壤水分的影响

沟垄集雨技术通过改变地形结构使降水在地表重新分配，种植区的土壤水分得到改善。由图 5-5 可见，集雨处理种植区 20～50 cm 土壤贮水量大于对照处理。和 CK 相比，2011 年 NM1.5、NM1.0 处理下的全生育期土壤贮水量平均值分别增加 15%以上，2 年增加的幅度相似。特别是 7 月雨季开始后（播种后 50 d 左右），集雨处理能显著提高土壤贮水量。

垄面、垄沟交界点和沟中形成了一个完整的集雨处理土壤剖面，研究整个土壤剖面的水分分布和变化可以更好地研究集雨处理水分变化。从图 5-6 可以看出，马铃薯生育期内不同集雨模式下土壤剖面含水量及其变化有着一定的规律性。整个生育期内，NM1.5 处理和

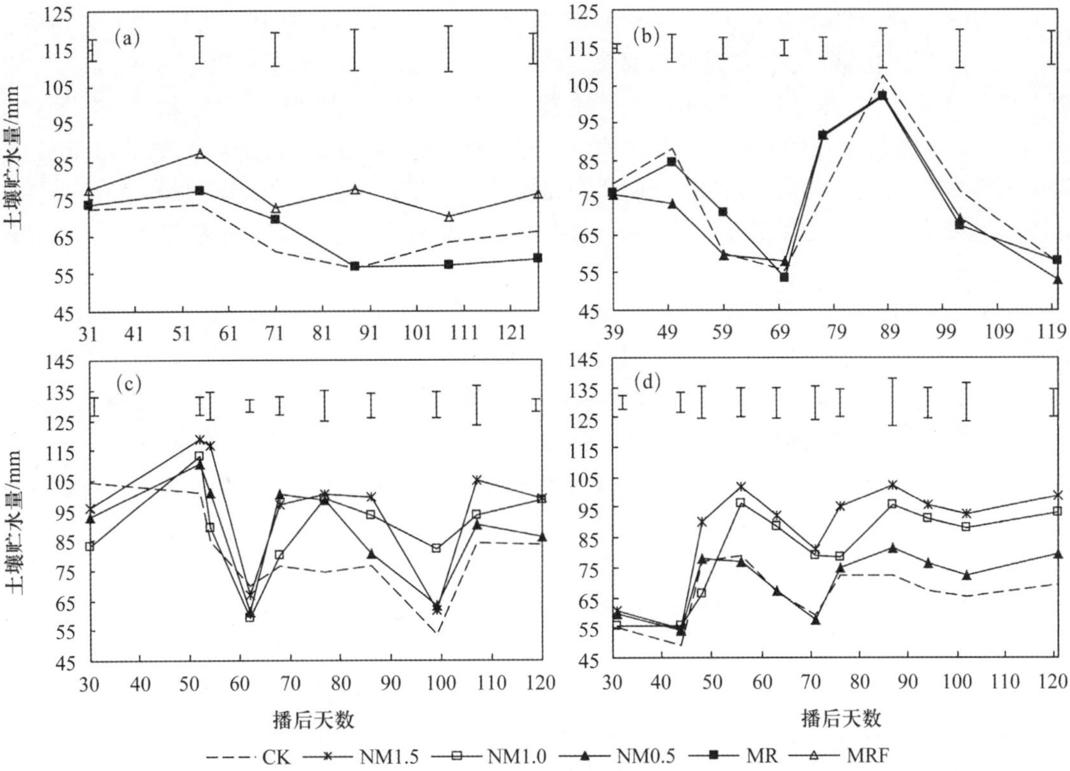

图 5-5　不同处理下 20～50 cm 土壤贮水量

注：a～d 分别代表 2009—2012 年。

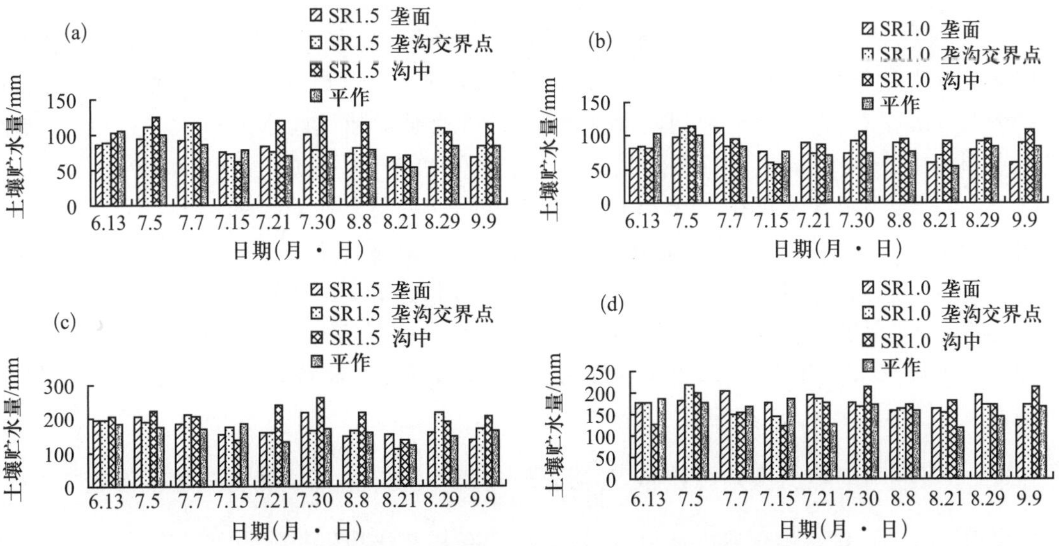

图 5-6　不同集雨模式下马铃薯生育期土壤剖面贮水量

注：a 为 SR1.5 处理下 0～50 cm 土壤贮水量，b 为 SR1.0 处理下 0～50 cm 土壤贮水量，c 为 SR1.5 处理下 0～100 cm 土壤贮水量，d 为 SR1.0 处理下 0～100 cm 土壤贮水量。

NM1.0 处理均为沟中的土壤贮水量最大，垄面土壤贮水量最小，这与雨水汇集到沟中以及垄面蒸发大这两个因素有关。其中 NM1.5 处理下 0～50 cm 的沟中土壤贮水量平均值为 105.5 mm，分别比垄面、垄沟交界点提高 34.2%和 21.8%，NM1.0 处理下 0～50 cm 的沟中土壤贮水量平均值为 93.3 mm，分别比垄面、垄沟交界点提高 17.0%和 9.8%。对于 0～100 cm 的平均土壤贮水量，NM1.5 处理下沟中土壤贮水量最大，垄面土壤贮水量最小，沟中土壤贮水量平均值为 203.3 mm，分别比垄面、垄沟交界点提高 19.2%和 15.6%。与之不同的是，NM1.0 处理下 0～100 cm 平均土壤贮水量，沟中、垄面、垄沟交界点三者之间差异很小。

6 月中旬到 7 月中旬，垄沟交界点和沟中土壤贮水量二者之间差异不大，垄面土壤贮水量要小一些，跟平作相比，差异不大。7 月中下旬到 8 月上旬，NM1.5 处理和 NM1.0 处理 0～50 cm 和 0～100 cm 沟中土壤贮水量都存在一个显著的波峰，以 7 月 30 号为例，NM1.5 处理 0～50 cm 沟中土壤贮水量为 105.6 mm，分别比垄面、垄沟交界点土壤贮水量提高 34.2%和 21.8%。NM1.0 处理 0～50 cm 沟中土壤贮水量为 106.1 mm，分别比垄面、垄沟交界点土壤贮水量提高 44.5%和 15.1%。这与该期间降水比较丰富有关，并且大多数降水急，强度大，十分有利于雨水向沟中汇集。导致沟中的土壤贮水量最大，垄沟交接点土壤贮水量次之，垄面最少。收获时，NM1.5 处理和 NM1.0 处理均为沟中的土壤贮水量最大，0～100 cm 土壤贮水量，NM1.5 处理下沟中的为 208.9 mm，比垄面和沟垄交界点提高了 54.3%和 24.7%，沟垄交界点土壤贮水量与平作相近，比垄面高 23.7%。NM1.0 处理有相似的规律，沟中土壤贮水量为 208.9 mm，分别比垄面、沟垄交界点提高了 54.5%和 25.1%，沟垄交界点土壤贮水量比垄面高 23.5%。

由此可见，集雨处理能够显著增加沟中土壤贮水量，整个土壤剖面，沟中土壤贮水量最大，沟垄交界点次之，垄面最小。NM1.5 处理下的沟中土壤贮水量比 NM1.0 处理优势更显著。

表 5-7 以 NM1.5 处理为例，显示了不同时期由垄面、垄沟交界点和沟中三者构成的土壤剖面的含水量情况，颜色越红，表示土壤含水量越低，颜色越绿，代表土壤含水量越高。垄高为 25 cm 左右，在进行土壤剖面含水量比较时，按照实际试验中的形状进行排列，垄沟交界点和沟中 5～10 cm 的土壤含水量相当于垄面处 25～30 cm 的土壤含水量。以 6 月 15 日为例，沟中的土壤含水量在 50 cm(相对于垄面而言)处便开始明显的增大，垄沟交界点处土壤含水量在 70 cm 处才开始明显增大，和沟中相比，土壤含水量增大点深了 10～20 cm，其他时期也有类似的规律。土层深度 30～50 cm 处时，垄面、垄沟交界点和沟中的土壤含水量相差不大，此深度的垄面和垄沟交界点相比，土壤含水量有一定的优势。之后垄沟交界点和沟中土壤含水量开始增大，土层深度为 70 cm 时，垄沟交界点和沟中土壤含水量基本大于垄面。

5.2.5 不同沟垄宽度集雨技术对马铃薯叶面积指数（LAI）和干物重的影响

集雨处理使作物在生育期内获得更多的水分，有利于作物生长发育，2 年试验中，集雨处理的马铃薯叶面积指数和单株干物重均高于对照处理(图 5-7)。块茎形成期至淀粉积累期，NM1.5 和 NM1.0 处理的叶面积指数均显著高于 CK；所有处理的叶面积指数在块茎膨大期达到最大值，NM1.5 和 NM1.0 处理的叶面积指数分别较 CK 提高 31.9%和 43.0%(2011

年)，57.8%和 48.7%(2012 年)；淀粉积累期，NM1.5 和 NM1.0 处理具有较高的叶面积指数，有利于植株光合作用积累生物量，对最终产量的提高具有积极的影响。和 CK 相比，NM1.5 和 NM1.0 处理显著提高了单株干物质重，成熟期时分别提高 25.7%和 35.5%(2011 年)，37.9%和 50.6%(2012 年)。说明集雨可以增加对降水的利用，从而可显著提高单株生产力。

表 5-7 集雨处理不同位置土壤剖面含水量(以 NM1.5 为例)

%

土层深度/cm	6月13日			7月5日			8月8日			9月9日		
	垄面	垄沟	沟中	垄面	垄沟	沟中	垄面	垄沟	沟中	垄面	垄沟	沟中
5	4.8			11.1			7.3			4.9		
10	9.3			11.7			8.2			8.2		
20	10.0			11.8			9.3			8.0		
30	10.0	10.4	8.9	11.6	12.3	10.3	8.2	12.2	13.5	8.3	6.9	6.2
40	11.2	11.1	10.8	11.1	12.6	13.7	9.6	11.4	12.6	9.2	9.8	9.2
50	15.0	11.7	13.9	12.7	14.6	13.9	10.4	10.9	14.1	9.4	9.9	11.6
60	16.0	11.7	18.0	13.8	14.1	14.5	10.3	9.7	16.2	9.3	10.8	18.5
70	16.7	11.6	14.9	14.6	14.8	20.8	9.4	9.3	16.1	9.0	11.0	17.2
80	12.8	15.2	14.2	15.2	13.3	17.6	9.2	9.2	14.2	8.2	12.2	16.2
90	13.6	15.7	14.6	14.1	10.1	13.3	8.8	10.2	16.0	8.7	13.7	15.3
100	10.4	12.4	15.3	13.5	11.8	16.2	9.0	12.4	15.6	8.0	12.8	14.1
110		13.8	12.8		13.3	9.1		9.8	13.4		8.8	12.4
120		11.9	9.3		10.2	13.2		12.7	8.9		8.9	10.1

注：颜色代表不同的数据范围。

5.2.6 不同沟垄宽度集雨技术对马铃薯产量的影响

从表 5-8 中可以看出，与对照相比，所有集雨处理使马铃薯商品薯产量与马铃薯总产量的比率(即马铃薯商品薯率)增加了 3.1%～30.5%。NM1.0 和 NM1.5 处理商品薯率最高，分别比 CK 高 21.3%～22.9%和 15.5%～30.5%。NM0.5 和 NM1.0 总产量增产幅度最大，增产 16.4%以上，差异显著($P<0.05$)。其他集雨处理和 CK 相比没有显著性差异。集雨处理下商品薯产量均大于 CK，NM1.0 处理的商品薯产量分别增产 52.0%(2011 年)和 81.0%(2012 年)，差异显著；NM1.5(2012 年)处理的商品薯与 CK 相比也存在显著性差异。

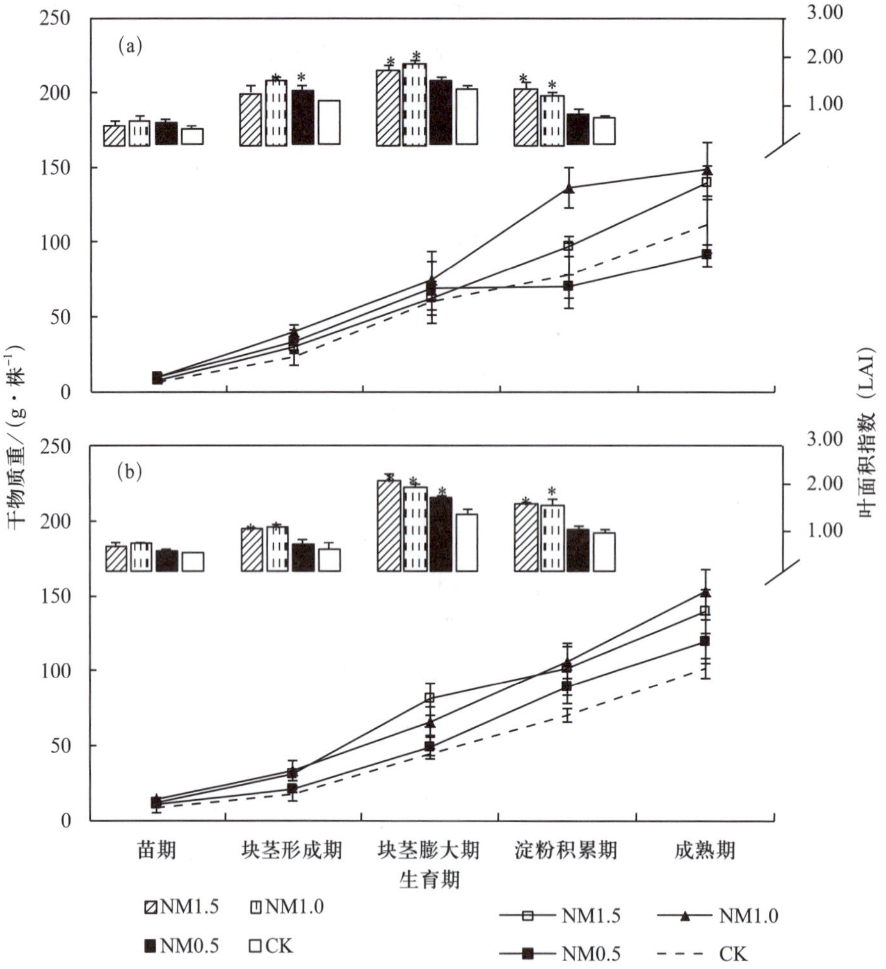

图 5-7　不同处理对叶面积指数和干物重的影响

注：* 表示与对照处理差异显著（$P<0.05$）。

5.2.7　不同沟垄宽度集雨技术对马铃薯水分利用效率（WUE）的影响

由图 5-8 可见，与 CK 相比，2009 年和 2010 年 MR 处理的 WUE 显著提高了 27.5%和 15.1%，但 MRF 处理的 WUE 没有显著增加。2011 年，NM1.5 和 NM1.0 处理均显著提高水分利用效率，分别较 CK 高 15.4%和 12.7%；NM0.5 的水分利用效率低于 CK，原因在于 NM0.5 的产量与 CK 相当，但集雨处理下折合降水量较 CK 大。2012 年，集雨处理的水分利用效率大小排序为 NM1.0＞NM1.5＞NM0.5，分别较 CK 高 23.4%、17.9%和 16.4%。

农牧交错带是连接东部农耕区与西部草原牧区的半干旱生态过渡带，该地区生态环境脆弱，旱灾频发，年际粮食产量波动较大，决定了农牧交错带地区不是我国的粮食主产区。因此，实现小区域高产、保证粮食稳产和生态环境可持续发展是农牧交错地区的重要目标。

Bore(1982)提出合适的集雨区和种植区面积之比是有效应用集雨技术的关键，由于不同地区的气象条件不同，不同种植作物的生育期不同，最佳的沟垄比例也随之改变，如王琦等(2005)在兰州通过田间沟垄集雨试验表明该地区膜垄种植马铃薯最佳沟垄比为 60 cm∶40 cm。

表 5-8 2009—2012 年不同集雨处理下马铃薯产量

年份	处理	马铃薯商品薯率/%	产量/(t·hm⁻²)		较 CK 变化/%	
			总产量	商品薯产量	总产量	商品薯产量
2009	MR	NE	26.7a(3.1)	NE	21.4	NE
	MRF	NE	24.4ab(2.6)	NE	11	NE
	CK	NE	22.0b(2.1)	NE	—	—
2010	MR	49	26.5a(0.6)	13.0a(0.6)	10.2	36.3
	NM0.5	42.8	24.7b(0.9)	10.6b(1.2)	2.6	10.7
	CK	39.7	24.1b(0.5)	9.5b(2.8)	—	—
2011	NM1.5	68.1	23.2b(1.4)	15.8b(1.9)	−7.6	19.5
	NM1.0	73.9	27.3a(1.0)	20.1a(1.6)	8.2	52
	NM0.5	64.3	25.3ab(2.7)	16.3ab(2.0)	0.6	23
	CK	52.6	25.2ab(0.4)	13.3b(1.8)	—	—
2012	NM1.5	71.2	23.4b(3.1)	16.7a(2.5)	−5.9	64
	NM1.0	63.6	28.9a(2.2)	18.4a(1.4)	16.4	81
	NM0.5	51.4	29.7a(1.7)	15.3ab(3.1)	19.5	51
	CK	40.7	24.8ab(1.5)	10.2b(3.4)	—	—

注:不同字母表示差异显著($P<0.05$)。

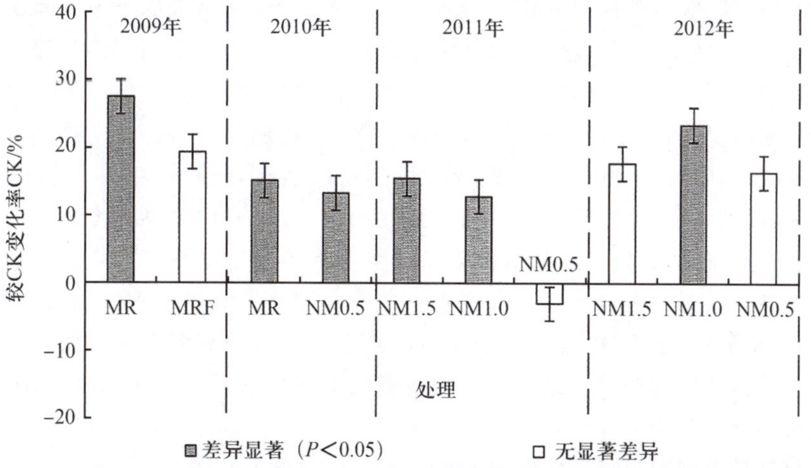

图 5-8 2009—2012 年不同集雨处理对水分利用效率的影响

合理的集雨技术可以将更多的水分汇集到种植区(Prinz et al.,2000;李春荣等,2010),缓解作物水分亏缺,且集雨区的宽度越大,种植区土壤含水率越高(田媛等,2007)。集雨处理下的马铃薯在生长发育期间获得了更多水分,单株长势好,叶面积指数和单株干物质重都显著高于对照处理,最终提高商品薯率和商品薯产量,对小面积高产和大面积稳产有重要作用。同时,需要指出的是,沟垄集雨技术是"以土地面积换取产量",起垄方式减少了土地种植面积,降低了区域尺度上的种植密度,对总产量会产生负面作用,如研究中 NM1.5 处理虽然商品薯产量较 CK 显著增产,但是总产量却与 CK 无显著性差异。这里便存在一个种植面积与集雨面积如何取舍的矛盾,理论上而言,根据集雨面径流量、沟中降雨量和土壤供水量三者之和等于种植作物需水量的观点可以确定某地区适宜沟垄比例(樊星等,2012),但理论的比例不能直接应用到实际生产,因为可能会出现集雨技术带来的产量提高和环境增益不足以弥补损失的经济效益的情况。此外,农民受利益的驱使大多采取"广种薄收"的做法,因此实际生产中如何协调正负反馈平衡,找到经济效益、环境承载和农田生产力最优化时的垄沟宽度,需要进一步的理论研究和试验验证。

5.3 马铃薯优化灌溉技术

5.3.1 量水灌溉制度的发展

干旱半干旱地区自然降水难以满足作物生长对水分的需求,灌溉是提高作物单产的重要措施(郝远远,2015)。但是干旱半干旱地区水资源匮乏,适时适量灌溉是节约有限水资源和维持旱区农业可持续发展的重要措施(侯琼等,2003),即使是在灌溉水丰富的河套地区,过高的引黄灌溉也会导致地下水埋深下降,水质进一步恶化(张文鸽等,2020)。灌溉水总量不足与灌水量在不同的生长阶段分配不当都会导致作物产量减少(王文佳,2012),且灌溉量的应用需要考虑作物种类和降水年型(方文松等,2009)。因此,在充分利用自然降水的前提下,根据不同地区可利用水资源,针对作物生长发育不同阶段的需水特点进行调控灌水,既能提高灌溉水的利用效率,又能获得较高的产量,达到最佳的经济效益(孙景生等,1998)。

早期探求灌溉制度多利用田间试验设置不同灌溉情景,综合考虑产量与水分利用效率等指标确定灌溉制度。考虑到传统的田间试验耗时、耗力、耗财,且不同降雨年型下的灌溉方案难以全面实现,易受各种外界条件的影响(梁永辉等,2022),不便于外推。因此,大量的研究基于田间试验数据构建作物水分生产函数来指导灌溉,如杜嘉等(2016)采用遗传算法并结合作物水分生产函数对甘肃民乐的马铃薯灌溉制度进行优化,在降低马铃薯耗水量的同时提高了水分利用效率,达到了节水增产的目的。高丽华(2014)对天津地区冬小麦进行了单一阶段与多阶段的水分胁迫研究,确定了非充分灌溉条件下不同灌溉定额在冬小麦生育期内的最优分配。王海瑞(2016)在内蒙古自治区东部设置玉米的非充分灌溉试验得到了玉米的作物系数,建立了 Jensen 水分生产函数并利用动态规划法制定了玉米的灌溉制度。张会梅(2016)在阿拉善左旗通过试验结果筛选出了最优的节水灌溉技术并建立了作物水分生产函数,为当地的油葵高效用水提供了理论支撑。

利用作物生长模型制定最适的灌溉制度也是当前的研究热点。王文佳(2012)将 Cropwat 和 DSSAT 结合模拟分析了陕西省杨凌地区冬小麦的产量、水分利用效率与作物蒸腾比的关系,确定了不同降雨年型下的灌溉制度。蒋忆文(2016)在黑河流域利用 DSSAT 模型探究了玉米的需水关键期和不同降水年型下的适宜灌溉量。Tang 等(2019)基于 APSIM 模型分析了农牧交错带不同种植制度和灌溉水平下马铃薯的增产效应,表明农牧交错带马铃薯一年种植一年休闲和 60 mm 的补灌方式有利于产量稳定和地下水恢复。杜江涛等(2021)基于 DS-

SAT-CROPGRO-Cotton 模型模拟不同灌溉处理下的籽棉产量，得到了兼顾产量、灌水定额和水分利用效率的灌溉制度。郭大辛(2021)集合 AquaCrop-GIS、多目标优化算法等方法，构建了汾渭平原冬小麦的灌溉模型，提高了研究区作物产量、用水效率和灌溉经济效益。梁永辉等(2022)基于 CERES-Maize 模型设置了多种灌溉方案，提出了新疆地区不同降水年型下的玉米灌溉制度。

建立作物水分生产函数需要多年的水分试验数据，且作物敏感性指数还会随着时空的变化而不同，作物水分生产函数对量水灌溉制度的指导作用受到极大限制。综合考虑作物水分生产函数与作物生长模型的优缺点，本节利用作物生长模型模拟作物生长过程，量化马铃薯的水分生产函数，确定内蒙古不同生态区不同降水年型下马铃薯的量水灌溉方案(宋利兵，2015)，为马铃薯优化水分管理提供更为翔实的指导。

5.3.2　量水灌溉制度的构建

作物水分生产函数是指农业生产水平基本一致的条件下，作物耗水与其产量之间的关系(张恒嘉，2009)。本节模拟了以各生育阶段蒸散量为自变量的动态作物水分生产函数：

$$\text{Jensen 模型：}\frac{Y_r}{Y_p}=\prod_{i=1}^{n}\left(\frac{ET_i}{ET_{mi}}\right)^{\lambda_i} \tag{5-12}$$

式中，Y_r 和 Y_p 分别为作物的雨养产量和潜在产量，ET_i 和 ET_{mi} 分别为作物第 i 阶段的耗水量和需水量，以上变量均由 APSIM 模型输出，耗水量为土壤蒸发和作物蒸腾之和(邓浩亮，2019)；n 为生育阶段总数，i 为生育阶段划分序号，λ_i 为第 i 阶段水分亏缺对产量影响的敏感指数，其值越大，对产量的影响越大。

利用模型的结构特点，通过多元线性回归的方法求解作物水分生产函数。对公式(5-12)两边取对数得：

$$\ln\frac{Y_r}{Y_p}=\sum_{i=1}^{n}\lambda_i\ln\left(\frac{ET_i}{ET_{mi}}\right) \tag{5-13}$$

设模拟过程有 m 组处理($j=1,2,\cdots,m$)，m 组处理涵盖了 APSIM 模型输出的 1980—2015 年内蒙古自治区 4 个典型生态区(黄土高原区、阴山北麓区、燕山丘陵区和大兴安岭区)的模拟结果。令 $Z_j=\ln\left(\frac{Y_r}{Y_p}\right)$，$x_{ij}=\ln\left(\frac{ET_i}{ET_{mi}}\right)$，则公式变为：

$$Z_j=\sum_{i=1}^{n}\lambda_i x_{ij} \tag{5-14}$$

采用最小二乘法拟合可得 $\min Q=\sum_{j=1}^{m}\left(Z_j-\sum_{i=1}^{n}\lambda_i x_{ij}\right)^2$，令 $\frac{\partial Q}{\partial \lambda_i}=0$ 可得联立方程组：

$$\begin{cases}L_{11}\lambda_1+L_{12}\lambda_2+\cdots+L_{1n}\lambda_n=L_{1Z}\\ L_{21}\lambda_1+L_{22}\lambda_2+\cdots+L_{2n}\lambda_n=L_{2Z}\\ \vdots\\ L_{n1}\lambda_1+L_{n2}\lambda_2+\cdots+L_{nn}\lambda_n=L_{nZ}\end{cases} \tag{5-15}$$

式中：

$$L_{\lambda i}=\sum_{j=1}^{m-1}X_{ji}X_{i\lambda}\ ,\lambda=1,2,3,\cdots,n \tag{5-16}$$

$$L_{zi}=\sum_{j=1}^{m-1}X_{ji}Z_{j}\ ,z=1,2,3,\cdots,n \tag{5-17}$$

联立求解方程组即可得到马铃薯水分敏感指数（宋利兵，2015）。本文中模拟的数据皆为保证作物出苗的年份，故讨论出苗后的水分敏感系数。马铃薯生长阶段划分为出苗—现蕾、现蕾—开花及开花—成熟。

在非充分灌溉条件下，作物的量水灌溉方案就是把有限的可供作物生长的水量在全生育期进行合理分配。本文以作物生长模型模拟的内蒙古四大生态区1981—2015年的数据制定量水灌溉方案。

以单位面积的实际产量与最高产量的最大比值为目标，利用Jensen提出的在供水不足条件下，耗水量和作物产量的连乘模型（宋利兵，2015）：

$$F=\max\left(\frac{Y_{\mathrm{I}}}{Y_{\mathrm{p}}}\right)=\max\prod_{i=1}^{n}\left(\frac{\mathrm{ET}_{i}}{\mathrm{ET}_{mi}}\right)^{\lambda_i} \tag{5-18}$$

Y_{I}为灌溉产量，设定单次灌水量为30 mm，通过模拟不同水平灌溉量（间隔为30 mm）下阶段灌溉量分配情况，筛选最大相对产量。以达到相对产量40%的灌溉总量为总灌溉水量的起点，以地方政府根据水资源承载力和水资源优化配置确定的灌溉定额（http://www.jsgg.com.cn/）为最大可灌水量。

由表5-9可知，马铃薯各生育阶段的相对蒸散量与相对产量的线性相关均达到了极显著水平（$P<0.01$），R^2为0.57。马铃薯在整个生育期过程中水分敏感指数先上升后降低，在现蕾—开花阶段对水分亏缺最敏感。

表5-9 马铃薯的水分敏感指数

作物	λ_1	λ_2	λ_3	R^2
马铃薯	0.102	1.067	0.756	0.57**

注：λ_1代表马铃薯出苗—现蕾的水分敏感指数；λ_2代表马铃薯现蕾—开花的水分敏感指数；λ_3代表马铃薯开花—成熟的水分敏感指数。*代表$P<0.05$，**代表$P<0.01$。

5.3.3 量水灌溉制度的应用

由表5-10可知，马铃薯应首先满足现蕾—开花阶段的需水量，再随着灌溉总量的增加满足开花—成熟阶段的需水量，最后逐渐增加出苗—现蕾的灌溉量。在60 mm灌溉量下，在黄土高原区的平水年和丰水年、阴山北麓区的枯水年和平水年、燕山丘陵区的平水年及大兴安岭的枯水年，马铃薯在现蕾—开花阶段灌溉60 mm；在阴山北麓区的丰水年，马铃薯在现蕾—开花和开花—成熟阶段各灌溉30 mm。在120 mm灌溉量下，黄土高原区的平水年和丰水年、阴山北麓区的枯水年和平水年、燕山丘陵区的平水年及大兴安岭的枯水年，马铃薯在现蕾—开花和开花—成熟阶段各灌溉60 mm；在阴山北麓区的丰水年，马铃薯在3个生育阶段分别灌溉60 mm、30 mm、30 mm；在燕山丘陵区的枯水年，马铃薯在现蕾—开花阶段灌溉90 mm、开花—成熟阶段灌溉 30 mm。在 180 mm 灌溉量下，在黄土高原的枯水年，马铃薯在现蕾—开花和开花—成熟阶段各灌溉 90 mm；在黄土高原区和燕山丘陵区的平水年，马铃薯在现蕾—开花阶段灌溉 60 mm、开花—成熟阶段灌溉 120 mm；在黄土高原区的丰水年和阴山北麓区的枯水年，马铃薯在 3 个生育阶段分别灌溉 30 mm、60 mm、90 mm；在阴山北麓的平水年，马铃薯在 3 个生育阶段各灌溉 60 mm；在燕山丘陵区的枯水年，马铃薯在现蕾—开花和开花—成熟阶段各灌溉 90 mm。

表 5-10　马铃薯量水灌溉方案

地区	年型	灌溉总量/mm	阶段灌水量/mm			相对产量 Y_1/Y_P
			λ_1	λ_2	λ_3	
黄土高原区	枯水年	150	0	90	60	0.48
		180	0	90	90	0.57
		210	0	90	120	0.65
		240	0	90	150	0.73
		270	0	90	180	0.80
		300	30	90	180	0.86
		330	60	90	180	0.89
		360	90	90	180	0.92
	平水年	60	0	60	0	0.46
		90	0	60	30	0.56
		120	0	60	60	0.65
		150	0	60	90	0.74
		180	0	60	120	0.82
		210	30	60	120	0.88
		240	60	60	120	0.92
		270	90	60	120	0.94
		300	120	60	120	0.96
	丰水年	30	0	30	0	0.47
		60	0	60	0	0.61
		90	0	60	30	0.70
		120	0	60	60	0.79
		150	0	60	90	0.87
		180	30	60	90	0.91
		210	60	60	90	0.94
		240	90	60	90	0.97
阴山北麓区	枯水年	60	0	60	0	0.46
		90	0	60	30	0.58
		120	0	60	60	0.69
		150	0	60	90	0.79
		180	30	60	90	0.84
		210	60	60	90	0.87
		240	90	60	90	0.90

续表5-10

地区	年型	灌溉总量/mm	阶段灌水量/mm			相对产量 Y_I/Y_P
			λ_1	λ_2	λ_3	
	平水年	30	0	30	0	0.51
		60	0	60	0	0.68
		90	0	60	30	0.78
		120	0	60	60	0.87
		150	30	60	60	0.92
		180	60	60	60	0.95
		210	90	60	60	0.97
	丰水年	30	0	30	0	0.81
		60	0	30	30	0.90
		90	30	30	30	0.94
		120	60	30	30	0.97
燕山丘陵区	枯水年	90	0	90	0	0.49
		120	0	90	30	0.57
		150	0	90	60	0.65
		180	0	90	90	0.72
		210	0	90	120	0.79
		240	0	90	150	0.86
		270	30	90	150	0.91
		300	60	90	150	0.95
		330	90	90	150	0.97
	平水年	60	0	60	0	0.54
		90	0	60	30	0.64
		120	0	60	60	0.73
		150	0	60	90	0.82
		180	0	60	120	0.90
		210	30	60	120	0.94
		240	60	60	120	0.96
	丰水年	30	0	0	30	0.94
大兴安岭区	枯水年	30	0	30	0	0.50
		60	0	60	0	0.65
		90	0	60	30	0.74
		120	0	60	60	0.83
		150	30	60	60	0.87

注：λ_1 代表马铃薯出苗—现蕾阶段；λ_2 代表马铃薯现蕾—开花阶段；λ_3 代表马铃薯开花—成熟阶段。Y_p 和 Y_I 分别代表马铃薯的潜在与灌溉产量。

内蒙古地区马铃薯生长与降水匹配度的波动较大，降水适宜度在内蒙古呈现自西向东由北向南增加的趋势（金林雪等，2018）。在降水最少的黄土高原区与其他地区的枯水年和平水年型下马铃薯开花—成熟阶段水分亏缺量最大，是马铃薯的水分关键期。但马铃薯的水分临界期为现蕾—开花阶段，这一阶段马铃薯对降水量的变化十分敏感，姚玉璧等（2016）的研究结果表明，在西北干旱的甘肃地区，旬降水量每增加 1 mm，马铃薯增产 1 500～2 000 kg · hm^{-2}。在现蕾前期干旱会减少大薯的数量，单株的薯块重量也会降低，在块茎形成初期也就是现蕾—开花阶段干旱会直接影响块茎的形成，增加灌溉有利于增加产量，但在开花后期干旱对结薯数量的影响不大（赵鸿等，2018）。在降水不足的区域应该先满足马铃薯现蕾—开花阶段的需水量，而大兴安岭地区平水年和丰水年降水基本能满足马铃薯需求，正常年无须灌溉，适合马铃薯大面积种植（胡琦等，2013）。

5.4　马铃薯气候智慧型水氮耦合管理

水分是作物生长和产量形成的关键因素，中国农业用水占总用水的 63.2%，且主要为灌溉用水（王玉宝等，2010）。随着灌溉面积和灌溉作物种类的增加，水资源短缺成为农业生产的主要限制因子，严重威胁中国农业的可持续发展（操信春等，2019）。优化灌溉是解决农业水资源短缺的关键措施之一（Tang et al.，2021）。此外，氮素是作物生长发育的另一重要因素（刘钦普等，2019）。近 30 年来中国氮肥投入总量增长 158%，而农作物总产量仅增加 70%，氮投入与作物的氮需求并不匹配（Cui et al.，2013）。大量研究表明，灌溉和氮肥存在显著的耦合作用，适宜的灌溉量能够提高氮肥利用率，降低氮损失，并且增加作物产量（吉艳芝等，2020；李如楠等，2020）。因此，最优施氮方案随着灌溉量的不同而存在差异。

马铃薯是仅次于小麦、玉米和水稻的世界第四大口粮作物（Tang et al.，2018）。中国是马铃薯生产大国，其生产面积和总产均居世界首位（唐建昭，2018）。中国北方农牧交错带气候冷凉，适宜马铃薯生长，是马铃薯主要种植区之一。近几十年来，北方农牧交错带地区马铃薯播种面积和总产量持续增加，占该地区粮食总产的 46.8%左右（Tang et al.，2021）。因此，马铃薯生产对保障北方农牧交错带乃至中国北方地区的粮食安全具有重要意义。

马铃薯对水分变化敏感，短时期干旱胁迫即可造成严重减产（Tang et al.，2019）。通常，马铃薯需水量在 400～800 mm 之间（Tang et al.，2018；Haverkort et al.，1990）。北方农牧交错带地区降水量少（≤400 mm）且年际变异大，大部分年份降水无法满足马铃薯高产和稳产的水分需求，灌溉成为必需措施（Tang et al.，2019）。然而，长期连续灌溉导致北方农牧交错带地区水资源危机日趋严峻。因此，优化灌溉以达到水分高效利用对该地区马铃薯生产的可持续性具有重要意义。马铃薯灌溉方案的优化主要集中在最佳灌溉时期的选择和灌溉量的确定（Liu et al.，2006；张朝巍等，2011；谢开云等，2012），以及灌溉方式的调整（秦永林等，2013）。同时，不同的灌溉方案下氮肥的最佳投入量存在显著差异。适宜的水氮组合不仅可以显著提高马铃薯水肥利用效率（秦永林等，2019；Wang et al.，2019），同时可以降低其对环境造成的负面影响（Karam et al.，2014）。相关研究表明在中等肥力下降低单次灌溉量、增加灌溉频次，马铃薯产量和商品薯率均提高（何华等，1999）。陕西榆林地区每 8 d 进行一次充分灌溉，施氮量 200 kg · hm^{-2} 是马铃薯生产的最优水氮组合（张富仓等，2017）。

当前，水氮耦合的相关研究主要基于大田试验和统计模型。大田试验需要投入大量的人力、物力和财力，耗时较长（He et al.，2017），而且试验获得的站点结果难以外推到区域尺度。统计模型虽然在一定程度上比较容易获得作物产量与水氮投入的关系，但整体上机理性较差，需要大量的试验数据进行支撑（Tang et al.，2016）。基于作物生理生态过程的作物生长机理模型充分考虑气候、土壤和管理对作物生产的耦合影响，在优化作物水氮方面已得到广泛应用。关于北方农牧交错带地区马铃薯生产的水氮管理已有研究，然而，针对不同生产目标的最优水氮方案有待揭示。因此，本节以北方农牧交错带为例，基于作物生长机理模型(APSIM-Potato)模拟分析马铃薯产量、水氮利用效率和经济效益对不同水氮方案的响应，并提出获得不同生产目标的最佳水氮耦合方案。

5.4.1 研究区概况与数据来源

本研究选择北方农牧交错带地区(36°08′～50°15′N、104°09′～123°25′E)(图 5-9)作为研究区域。基于气象数据的完整性和有效性，共选择 27 个研究站点。北方农牧交错带地区马铃薯的种植时间在 4 月底至 6 月初，当地常规播期为 5 月 10 日左右，收获日期一般在第一次霜冻之前(Tang et al.,2016)。马铃薯生长季总日照时数、平均温度和总降水量分别为 1 283 h、15.4 ℃和 326 mm。

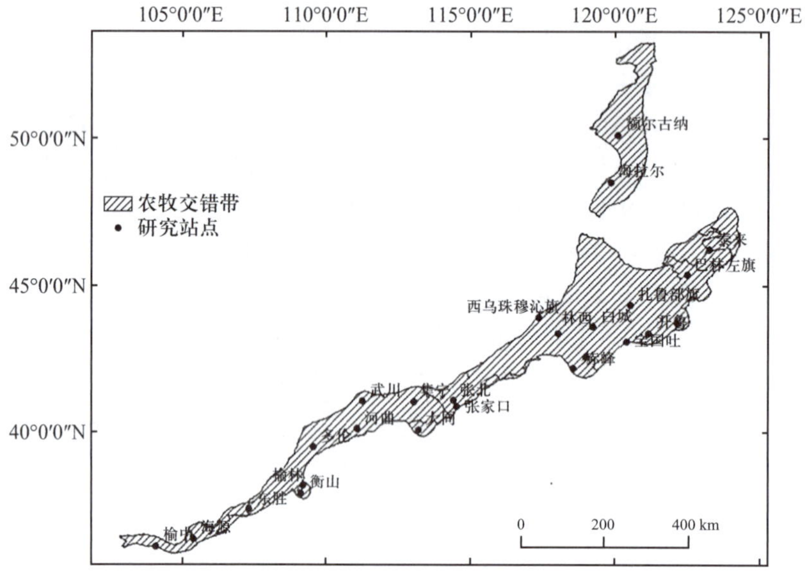

图 5-9　农牧交错带及其站点分布

1981—2010 年北方农牧交错带地区 27 个研究站点气象数据来自中国气象局数据共享网(http://www.cma.gov.cn/)，具体数据包括日尺度的最高温度(℃)、最低温度(℃)、降水量和日照时数(h)。日总太阳辐射根据 Angstrom-Prescott 方程进行计算。农牧交错带地区土壤数据来自中国土壤数据库(http://www.soil.csdb.cn/)，主要包括土壤容重、凋萎含水量、田间持水量、饱和含水量、土壤养分含量和 pH 等土壤理化数据。

5.4.2 研究方法

1. 马铃薯水氮耦合大田试验

2015 年和 2016 年在农业部武川农业环境科学观测试验站进行不同水氮处理的马铃薯大田试验。供试马铃薯品种为克新一号，生育期 110 d 左右。播种密度为 46 500 株 · hm^{-2}，播种日期分别为 2015 年 5 月 2 日和 2016 年 5 月 1 日，收获日期分别为 2015 年 9 月 24 日和 2016 年 9 月 12 日。大田试验数据是模型调参验证的基础，同时前人研究表明最有效的模型调参数据是利用差异环境（包括气候、田间处理等）下的观测数据（He et al.，2017）。因此，本研究设置的水氮梯度相对较大。试验采用裂区设计，设置灌溉和氮肥两个因素，灌溉为主处理，氮肥为副处理，试验共设 4 个灌溉梯度，生育期内灌溉量分别为 0 mm、90 mm、180 mm 和 360 mm，每个灌溉处理下设置 4 个氮肥梯度，施氮肥梯度分别为 0 kg · hm^{-2}、90 kg · hm^{-2}、180 kg · hm^{-2} 和 360 kg · hm^{-2}，共 16 个处理，每个处理设置 4 次重复。试验小区采用随机区组排列方式，单个小区面积为 30 m^2（4 m×7.5 m）。各处理播前磷酸二铵（P_2O_5，质量分数为 46%）和氯化钾（K_2O，质量分数为 60%）的施入量分别为 120 kg · hm^{-2} 和 90 kg · hm^{-2}，整个生育期不再追施磷肥和钾肥。氮肥 40%作基肥，60%按生育期灌水量分配追施。马铃薯生育期分为播种、出苗（2015 年为 6 月 16 日，2016 年为 6 月 26 日）、薯块形成（2015 年为 7 月 4 日，2016 年为 7 月 14 日）、薯块膨大（2015 年为 7 月 20 日，2016 年为 8 月 3 日）和成熟（Harverkort et al.，1990），生育期内采用烘干法测定土壤水分。选取中间 4 行（15 m^2）进行马铃薯测产。

2. APSIM-Potato 模型评价

利用 2 年田间试验获得的试验数据对 APSIM-Potato 模型进行调参和验证。模型调参所用的方法为“试错法”。调参年份为 2015 年，验证年份为 2016 年。评价 APSIM 模型模拟效果的指标包括实测值和模拟值进行线性回归后的决定系数（R^2），均方根误差（root mean squared error，RMSE）和相对均方根误差（normalized root mean squared error，NRMSE）。RMSE 和 NRMSE 反映模拟值与实测值之间的绝对误差和相对误差，其值越小，说明模拟值与实测值之间偏差越小，模拟精度越高；R^2 越接近 1，表明拟合度越好。经过验证的参数见表 5-11。

表 5-11　APSIM-Potato 模型中马铃薯品种参数

参数	数值
最大比叶面积/(10^3 · mm^2 · g^{-1})	60～80
苗期临界光周期/h	12
苗期到营养生长期结束的积温/(℃ · d)	450
块茎形成到开始衰老的积温/(℃ · d)	280
开始衰老到完全衰老的积温/(℃ · d)	300
氮肥对光合能力的胁迫系数	2.0
氮肥对叶片扩展能力的胁迫系数	1.0
块茎的初始氮含量	0.05

3. 模型模拟设置

为充分考虑不同降水年型和气候条件，本节选择 1981—2010 年作为长期模拟情景，基于验证后的 APSIM-Potato 模型模拟水氮耦合情景下马铃薯产量、水分利用效率和收益在不同降水年型下的变化，并基于不同生产目标推荐最佳水氮耦合方案。基于土壤水分亏缺（田间持水量与当前土壤含水量的差值）模型启用自动灌溉，土壤水分亏缺范围设置为 10～100 mm，间隔 10 mm。共设置 10 个灌溉水平，即土壤水分亏缺量分别为 100 mm（IR100）、90 mm（IR90）、…10 mm（IR10）。为比较不同区域之间灌溉投入的差异，同时更好地指导生产实际，将计算不同灌溉处理下的具体灌溉量。在每个灌溉水平处理下，设置不同的施氮量，最低施氮量设置为 30 kg・hm^{-2}，间隔 30 kg・hm^{-2} 逐渐递增，随着施氮量的增加马铃薯产量不再增加时设置为最大施氮量，本研究中当施氮量超过 210 kg・hm^{-2} 时马铃薯产量不再增加，因此最大施氮量设置为 210 kg・hm^{-2}，共设置 7 个氮肥梯度。

4. 降水年型划分

根据研究区内马铃薯生长季不同等级的降水（区域内所有站点的平均值）将研究区 1981—2010 年划分为湿润年、正常年和干旱年（Liu et al.，2006）。将降水保证率低于 25%的年份定义为湿润年份，降水保证率为 25%～75%的年份定义为正常年份，降水保证率大于 75%的年份定义为干旱年份。具体降水量范围和降水年型如表 5-12 所示。

表 5-12　北方农牧交错带地区降水年型的划分

年型	降水量/mm	保证率/%	年份
干旱年	271～302	>75	1989,1999,2000,2001,2007,2009,2010
正常年	306～375	25～75	1981,1982,1983,1986,1987,1991,1992,1995,1996,1997,2002,2003,2004,2005,2006,2008
湿润年	381～433	<25	1984,1985,1988,1990,1993,1994,1998

1981—2010 年中国北方农牧交错带地区干旱年份、正常年份和湿润年份下的平均降水量分别为 289 mm、341 mm 和 400 mm。基于模型设置的不同灌溉情景模拟计算得出干旱年型、正常年型和湿润年型下不同灌溉处理的平均灌溉量分别为 22～634 mm、11～592 mm 和 8～562 mm。

5. 不同水氮耦合方案对马铃薯水氮利用效率、地下水变化和经济收益的影响分析方法

马铃薯氮肥利用效率（nitrogen use efficiency，NUE，kg・hm^{-2}・kg^{-1}）、地下水净消耗量（NUG，mm）和净收益（NI，CNY）基于以下公式计算：

$$\mathrm{NUE}=\frac{\mathrm{Yield}}{\mathrm{TN}} \tag{5-19}$$

$$\mathrm{NUG}=\mathrm{GUI}-\mathrm{RDP} \tag{5-20}$$

$$\mathrm{NI}=\mathrm{Yield}\times P-\mathrm{Inputs} \tag{5-21}$$

式中，Yield 为马铃薯鲜薯产量，TN 为氮肥施用量，GUI 为基于抽取地下水的灌溉量（mm），RDP 为渗漏量（mm），P 为马铃薯单价（0.8 CNY・kg^{-1}），Inputs 为马铃薯投入，马铃薯生产投入包括种子、灌溉、肥料、除草剂、杀虫剂、翻耕、播种和收获时的机械作业费以及田间劳动的人工费用。各项具体投入为：种子，1.5 CNY・kg^{-1}；灌溉，1.2 CNY・m^{-3}；农家肥，1 200 CNY・hm^{-2}；氮肥，5 CNY・kg^{-1}；除草剂和杀虫剂，200 CNY・hm^{-2}；翻耕和播种，500 CNY・hm^{-2}；收获，500 CNY・hm^{-2}；人工，500 CNY・hm^{-2}。

5.4.3　研究结果

1. APSIM-Potato 模型模拟评价

APSIM-Potato 模型可以较好地模拟马铃薯的生育期，调参年份和验证年份的 RMSE 分别为

1.7 d 和 2.9 d(图 5-10a,b)。APSIM-Potato 模型能够较为精准地模拟 1 m 土层土壤贮水量的变化,调参年份和验证年份的 NRMSE 分别为 13.5%和 14.7%(图 5-10c,d)。APSIM-Potato 模型可以较好地模拟不同水氮处理下马铃薯的氮吸收量,调参年份和验证年份的 NRMSE 分别为 18.3%和 22.5%(图 5-10e,f)。APSIM-Potato 模型能够较好地反映不同水氮组合下的马铃薯产量变化,调参年份和验证年份的 NRMSE 分别为 15.9%和 12.2%(图 5-10g,h)。

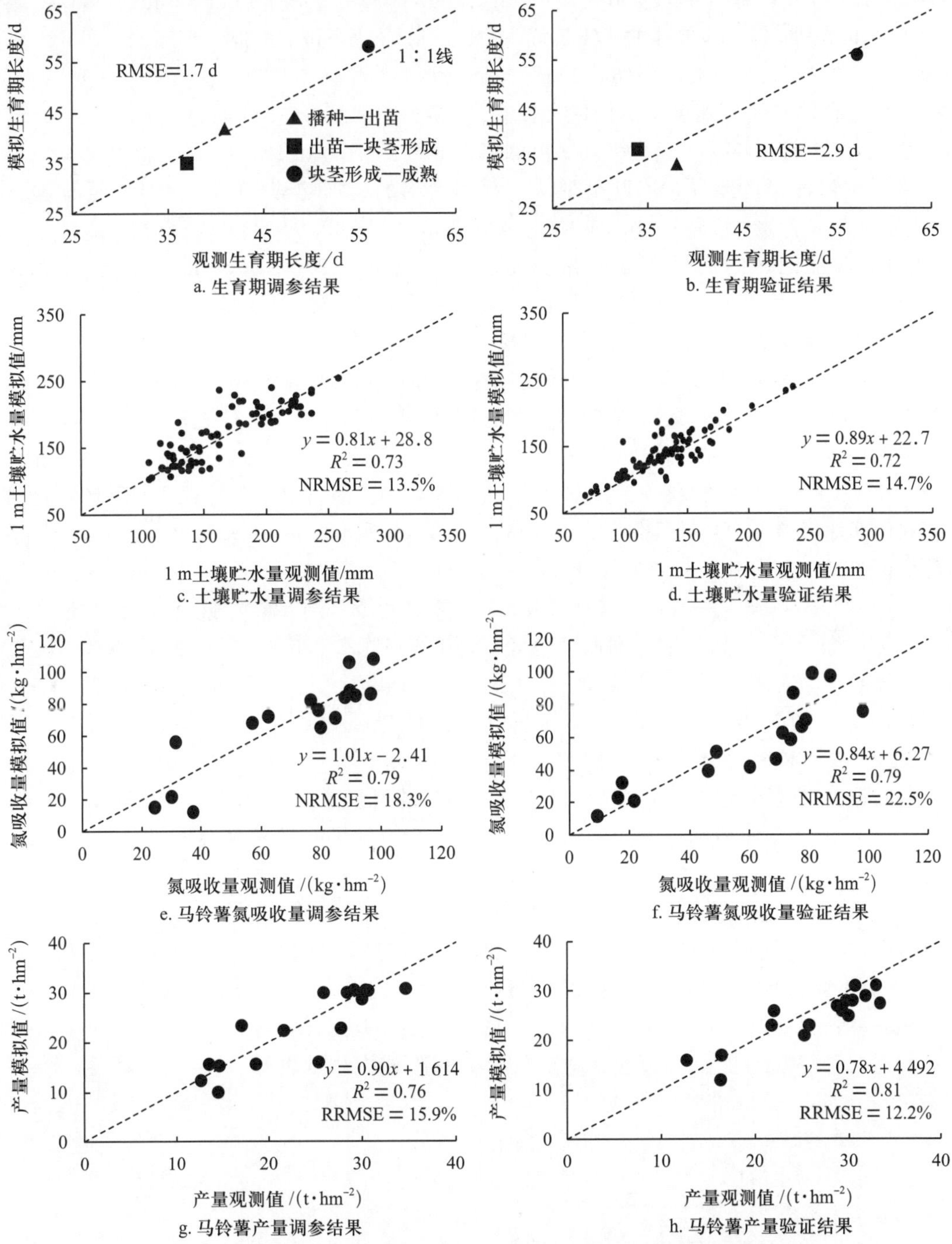

图 5-10 马铃薯生育期、土壤贮水量、氮肥吸收量和产量的调参和验证结果

2. 当地农户水氮管理条件下马铃薯产量、净收益、水分利用效率、地下水消耗、氮肥利用效率和氮损失

1981—2010 年当地农民水氮管理条件下，北方农牧交错带东部、中部和西部地区的马铃薯鲜薯产量分别为 25.7～35.0 $t\cdot hm^{-2}$、28.7～37.4 $t\cdot hm^{-2}$ 和 27.5～34.9 $t\cdot hm^{-2}$，其中，中部地区产量最高，其次为东部和西部地区(图 5-11a)。东部、中部和西部地区的 WUE 分别为 75.7～87.2 $kg\cdot hm^{-2}\cdot mm^{-1}$、66.2～95.3 $kg\cdot hm^{-2}\cdot mm^{-1}$ 和 75.3～96.1 $kg\cdot hm^{-2}\cdot mm^{-1}$，中部的 WUE 最大(图 5-11b)。东部、中部和西部地区的 NUE 分别为 159.3 $kg\cdot hm^{-2}\cdot kg^{-1}$、164.5 $kg\cdot hm^{-2}\cdot kg^{-1}$ 和 156.7 $kg\cdot hm^{-2}\cdot kg^{-1}$(图 5-11c)。北方农牧交错带地区中部地区马铃薯净收益最高，为 18 100 $CNY\cdot hm^{-2}$，东部和西部分别为 17 200 $CNY\cdot hm^{-2}$ 和 16 800 $CNY\cdot hm^{-2}$(图 5-11d)。1981—2010 年，由于不同地区土壤渗漏量的差异，NGU 呈现从东部到西部的递增趋势，东部、中部和西部地区的 NGU 分别为 157.5～226.5 mm、169.5～229.5 mm 和 139.5～232.2 mm(图 5-11e)。东部、中部和西部地区的氮损失量为 2.2～33.7 $kg\cdot hm^{-2}$、2.0～30.9 $kg\cdot hm^{-2}$ 和 1.8～24.8 $kg\cdot hm^{-2}$，其中东部地区氮损失量最高，其次是中部和西部地区(图 5-11f)。

3. 农牧交错带地区马铃薯获得最高产量的水氮组合

1981—2010 年，农牧交错带地区马铃薯获得最高产量的水氮组合为 IR10(土壤水分亏缺超过 10 mm 即启用自动灌溉)和 N210(氮肥施用量为 210 $kg\cdot hm^{-2}$)(图 5-12)。农牧交错带中部地区马铃薯产量最高，为 31.7～38.6 $t\cdot hm^{-2}$，其次是西部地区和东部地区，分别为 29.2～37.2 $t\cdot hm^{-2}$ 和 29.8～37.7 $t\cdot hm^{-2}$(图 5-12a)。灌溉量自东向西呈下降趋势，东部、中部和西部地区的平均灌溉量分别为 664 mm、634 mm 和 607 mm(图 5-12b)。东部、中部和西部地区的 WUE 分别为 62.8～80.6 $kg\cdot hm^{-2}\cdot mm^{-1}$、64.1～85.0 $kg\cdot hm^{-2}\cdot mm^{-1}$ 和 64.1～81.7 $kg\cdot hm^{-2}\cdot mm^{-1}$(图 5-12c)。东部地区马铃薯氮肥利用效率最低，为 158.9 $kg\cdot hm^{-2}\cdot kg^{-1}$，比中部和西部地区分别低 5.5% 和 3.3%(图 5-12d)。NGU 从东向西呈下降趋势，东部、中部和西部地区的 NGU 分别为 180～270 mm、165～315 mm 和 180～345 mm(图 5-12e)。东部、中部和西部地区的年氮损失量分别为 13.7 $kg\cdot hm^{-2}$、10.7 $kg\cdot hm^{-2}$ 和 8.4 $kg\cdot hm^{-2}$(图 5-12f)。

不同降水年型下，获得最高产量的氮肥量相同，灌溉量差异较大(图 5-13)。北方农牧交错带干旱年型、正常年型和湿润年型下不同水氮耦合方案的马铃薯最高产量分别为 30.2～39.4 $t\cdot hm^{-2}$(图 5-13a)、28.9～38.8 $t\cdot hm^{-2}$(图 5-13b)和 27.0～38.0 $t\cdot hm^{-2}$(图 5-13c)，其中干旱年型下产量最高，湿润年型下产量最低(图 5-13)。干旱年型下马铃薯产量东部和西部较高(图 5-13a)，正常年型和湿润年型下西部产量最高(图 5-13b,c)。北方农牧交错带干旱年型、正常年型和湿润年型下获得最高产量的灌溉量分别为 301～1 080 mm(图 5-13d)、256～1 050 mm(图 5-13e)和 211～1 030 mm(图 5-13f)，区域平均灌溉量分别为 589 mm、544 mm 和 512 mm。3 种降水年型下，灌溉投入均呈东部和西部较高，中部较低。

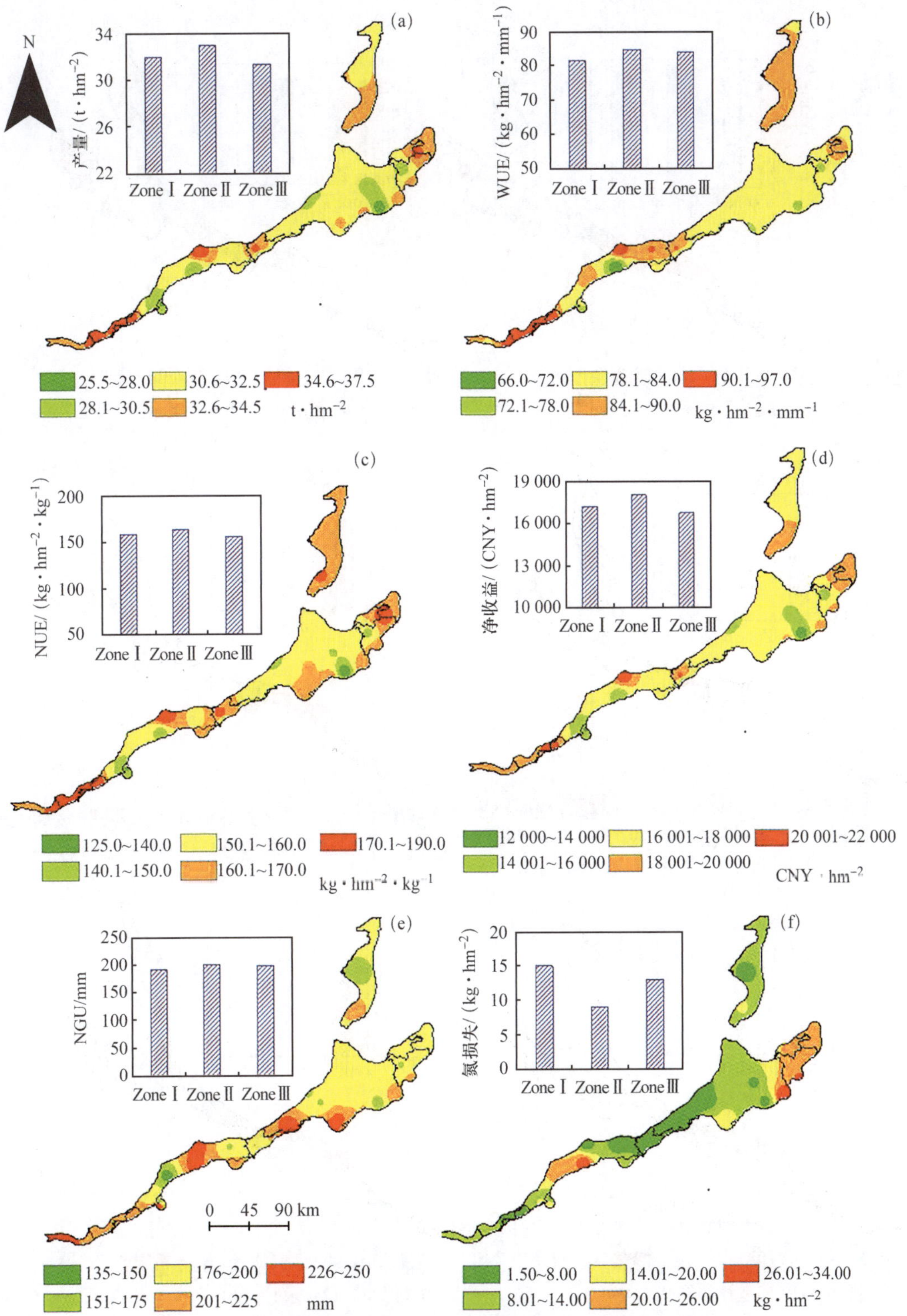

图 5-11　研究区马铃薯产量(a)、水分利用效率(b)、氮肥利用效率(c)、净收益(d)、地下水消耗量(e)和氮损失(f)水平分布

注：柱状图为农牧交错带地区东部(ZoneⅠ)、中部(ZoneⅡ)和西部(ZoneⅢ)地区所有站点的平均值。

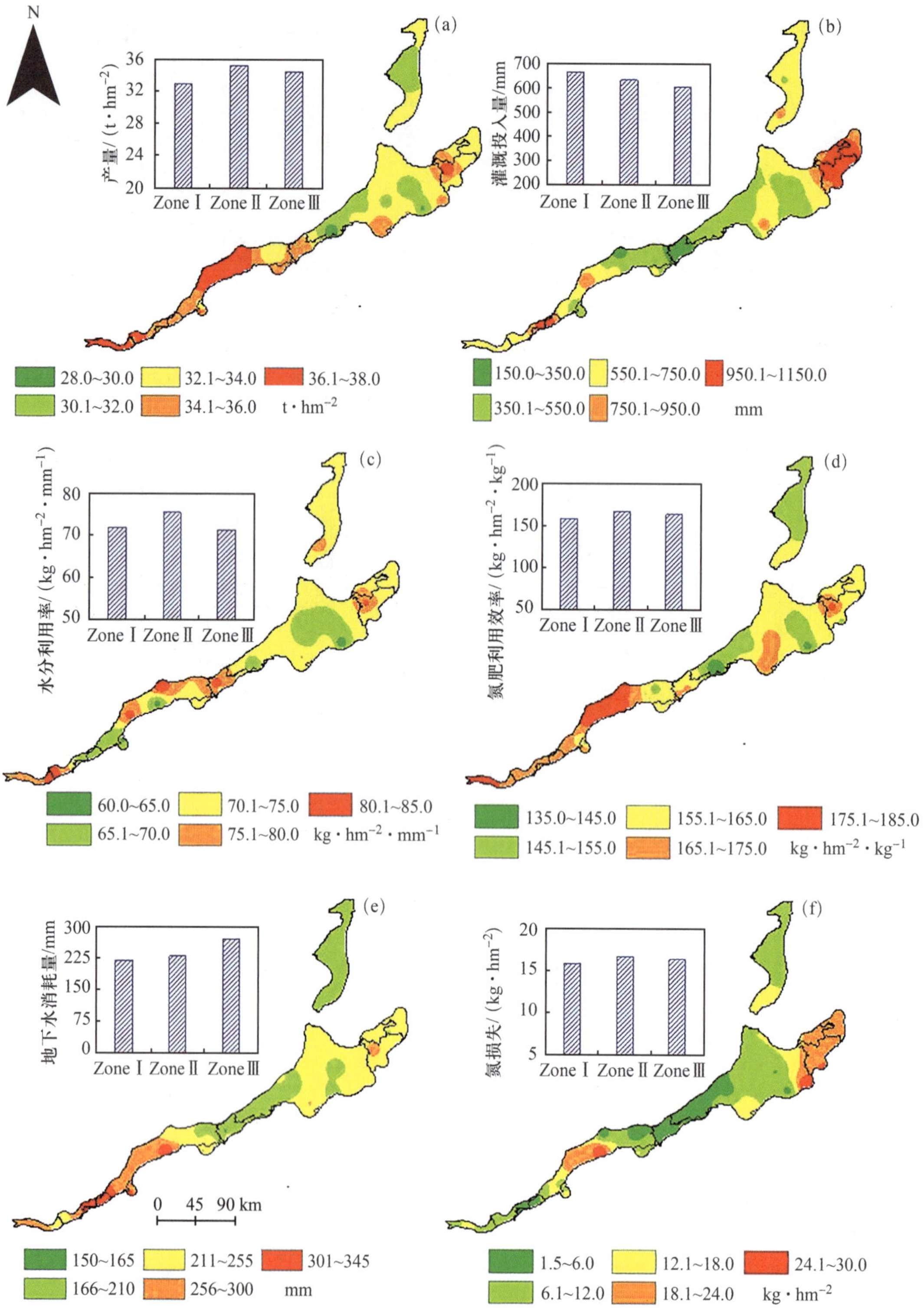

图 5-12　马铃薯获得最高产量的水氮组合下的产量(a)、灌溉投入量(b)、水分利用效率(c)、氮肥利用效率(d)、地下水消耗量(e)和氮损失(f)

注：柱状图为农牧交错带地区东部(ZoneⅠ)、中部(ZoneⅡ)和西部(ZoneⅢ)地区所有站点的平均值。

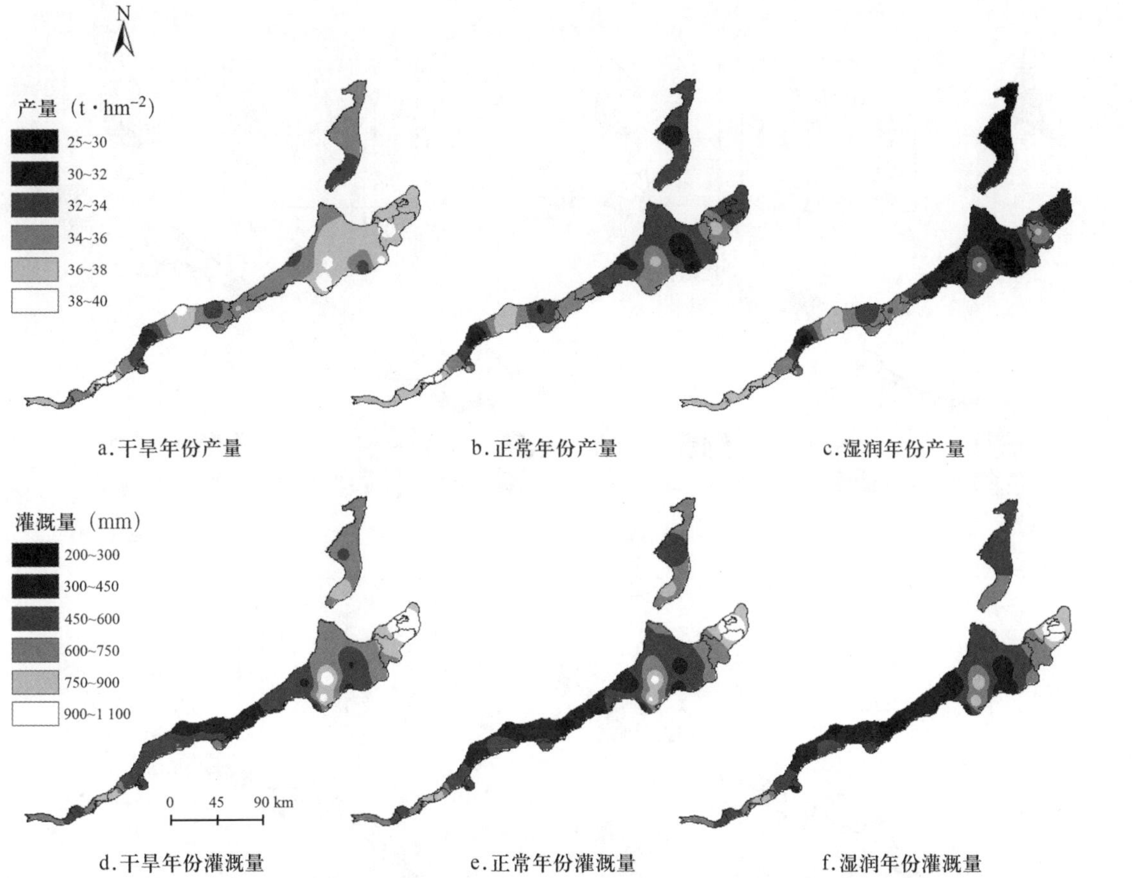

图 5-13　北方农牧交错带不同降水年型下马铃薯最高产量及获得最高产量的灌溉量

4. 农牧交错带地区马铃薯获得最高 WUE 的水氮组合

1981—2010 年，农牧交错带地区马铃薯获得最高 WUE 的水氮组合在不同区域存在差异，主要为灌溉量的差异，不同站点的灌溉处理波动范围为 IR30～IR60，而大部分站点氮肥施用量为 90 kg·hm^{-2}（图 5-14）。WUE 最高的水氮组合下，东部、中部和西部的马铃薯产量分别为 24.3～37.4 t·hm^{-2}、25.1～36.3 t·hm^{-2} 和 21.6～35.6 t·hm^{-2}（图 5-14a）。中部地区 WUE 最高，其次是东部和西部地区，东部、中部和西部的 WUE 分别为 68.4～105.1 kg·hm^{-2}·mm^{-1}、78.8～109.5 kg·hm^{-2}·mm^{-1} 和 69.8～104.1 kg·hm^{-2}·mm^{-1}（图 5-14b）。为获得最高 WUE，东部、中部和西部的灌溉量分别 132 mm、124 mm 和 107 mm（图 5-14c）。NGU 从东到西呈增加趋势，东部、中部和西部的平均值分别为 76.5 mm、91.5 mm 和 109.5 mm（图 5-14d）。中部地区 NUE 为 364 kg·hm^{-2}·kg^{-1}，比东部和西部地区分别高 15.7% 和 11.7%（图 5-14e）。东部、中部和西部的年氮损失量分别为 0.5～7.7 kg·hm^{-2}、0.2～2.0 kg·hm^{-2} 和 0.4～3.1 kg·hm^{-2}，东部平均值最高（图 5-14f）。

北方农牧交错带干旱年型、正常年型和湿润年型下不同水氮耦合方案的马铃薯最高水分利用效率分别为 64.6～104.9 kg·hm^{-2}·mm^{-1}（图 5-15a）、68.8～109.2 kg·hm^{-2}·mm^{-1}（图 5-15b）和 70.8～113.0 kg·hm^{-2}·mm^{-1}（图 5-15c），区域平均值分别为 85.9 kg·hm^{-2}·mm^{-1}、90.2 kg·hm^{-2}·mm^{-1} 和 92.2 kg·hm^{-2}·mm^{-1}。不同降水年型下均是西部水分利用效率

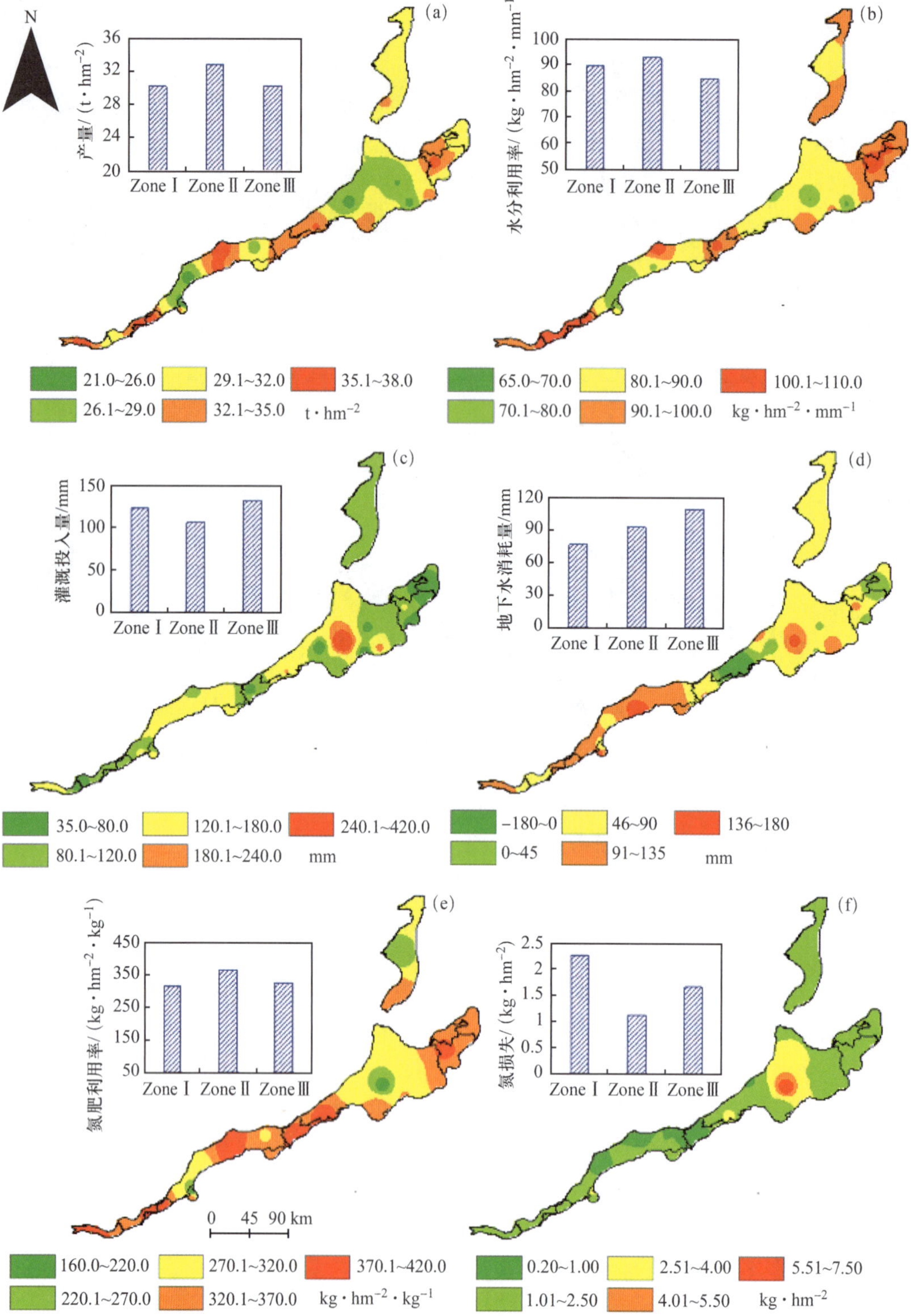

图 5-14 马铃薯获得最高 WUE 的水氮组合下的产量(a)、水分利用效率(b)、灌溉投入量(c)、地下水消耗量(d)、氮肥利用效率(e)和氮损失(f)

注：柱状图为农牧交错带地区东部(Zone Ⅰ)、中部(Zone Ⅱ)和西部(Zone Ⅲ)地区所有站点的平均值。

较高。干旱年型、正常年型和湿润年型下获得最高水分利用效率的灌溉量分别为 57～334 mm(图 5-15d)、28～243 mm(图 5-15e)和 21～240 mm(图 5-15f),整体上干旱年型下灌溉量最高,为 172 mm,正常年型和湿润年型下分别为 107 mm 和 87 mm。区域分布上,干旱年型下中部较高,正常年型和湿润年型下西部较高。不同降水年型下,获得最高 WUE 的氮肥投入量为 60～120 $kg \cdot hm^{-2}$,干旱年型下氮肥投入量为 60 $kg \cdot hm^{-2}$、90 $kg \cdot hm^{-2}$ 和 120 $kg \cdot hm^{-2}$ 的站点数分别占站点总数的 63.0%、29.6%和 7.4%(图 5-15g);正常年型下分别为 33.3%、55.6%和 11.1%(图 5-15h);湿润年型下分别为 14.8%、66.7%和 18.5%(图 5-15i)。

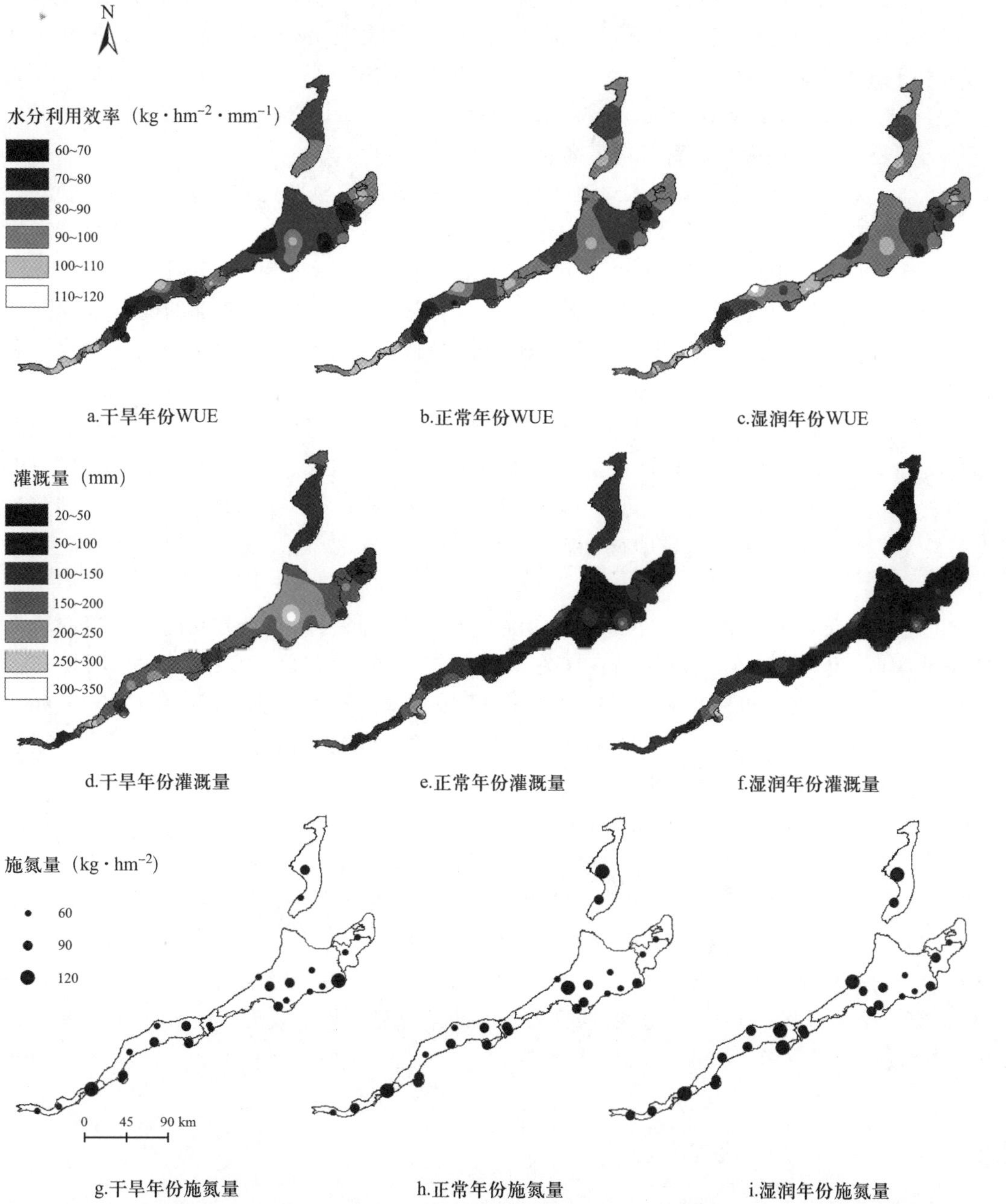

图 5-15　北方农牧交错带不同降水年型下马铃薯最高水分利用效率及获得最高水分利用效率的水氮投入

5. 农牧交错带地区马铃薯获得最高 NUE 的水氮组合

1981—2010 年,农牧交错带马铃薯获得最高 NUE 的水氮组合为 IR10(土壤水分亏缺超过 10 mm,即启用自动灌溉)和 N30(施氮量为 30 $kg \cdot hm^{-2}$)(图 5-16)。在 NUE 最高的水氮组合下,东部、中部和西部的马铃薯产量分别为 28.7 $t \cdot hm^{-2}$、32.8 $t \cdot hm^{-2}$ 和 30.6 $t \cdot hm^{-2}$(图 5-16a)。中部地区氮素利用效率最高,为 1 010～1 210 $kg \cdot hm^{-2} \cdot kg^{-1}$,东部和西部分别为 885～1 125 $kg \cdot hm^{-2} \cdot kg^{-1}$ 和 910～1 160 $kg \cdot hm^{-2} \cdot kg^{-1}$(图 5-16b)。东部、中部和西部的 WUE 平均值分别为 63.7 $kg \cdot hm^{-2} \cdot mm^{-1}$、71.3 $kg \cdot hm^{-2} \cdot mm^{-1}$ 和 64.7 $kg \cdot hm^{-2} \cdot mm^{-1}$(图 5-16c)。灌溉量从东部到西部逐渐减少,东部、中部和西部的灌溉量平均值分别为 670 mm、650 mm 和 610 mm(图 5-16d)。区域尺度氮损失相对较低,农牧交错带地区的氮损失量在 0.1～1.7 $kg \cdot hm^{-2}$ 之间(图 5-16e)。与灌溉量相反,NGU 从东部到西部呈现增加的趋势,东部、中部和西部的 NGU 分别为 165～255 mm、150～315 mm 和 180～345 mm(图 5-16f)。

6. 农牧交错带地区马铃薯获得最高收益的水氮组合

1981—2010 年,农牧交错带不同地区马铃薯获得最高净收益的组合差别较大,灌溉处理波动范围为 IR10～IR50,施氮量波动范围为 30～120 $kg \cdot hm^{-2}$(图 5-17)。在获得最高收益的水氮组合下,中部收入最高,为 20 100 $CNY \cdot hm^{-2}$,比东部地区和西部地区分别高出 9.9% 和 7.5%(图 5-17a)。灌溉量从东部到西部呈上升趋势,东部、中部和西部的灌溉量范围分别为 53～417 mm、74～360 mm 和 130～400 mm(图 5-17b)。东部、中部和西部的平均水分利用效率分别为 87.2 $kg \cdot hm^{-2} \cdot mm^{-1}$、89.7 $kg \cdot hm^{-2} \cdot mm^{-1}$ 和 83.7 $kg \cdot hm^{-2} \cdot mm^{-1}$(图 5-17c)。获得最高收益的水氮组合下,中部地区 NGU 为 138 mm,比东部和西部分别高出 55%和 41%(图 5-17d)。NUE 从东部到西部呈上升趋势,东部、中部和西部的 NUE 分别为 404 $kg \cdot hm^{-2} \cdot kg^{-1}$、528 $kg \cdot hm^{-2} \cdot kg^{-1}$ 和 557 $kg \cdot hm^{-2} \cdot kg^{-1}$(图 5-17e)。东部年氮损失量最大,为 1.65 $kg \cdot hm^{-2}$,中部和西部地区分别为 0.77 $kg \cdot hm^{-2}$ 和 1.06 $kg \cdot hm^{-2}$(图 5-17f)。

北方农牧交错带干旱年型、正常年型和湿润年型下不同水氮耦合方案的马铃薯的最高收益分别为 11 440～23 890 $CNY \cdot hm^{-2}$(图 5-18a)、12 330～23 520 $CNY \cdot hm^{-2}$(图 5-18b)和 11 950 ～ 23 670 $CNY \cdot hm^{-2}$(图 5-18c),区域平均值分别为 19 340 $CNY \cdot hm^{-2}$、18 610 $CNY \cdot hm^{-2}$ 和 18 470 $CNY \cdot hm^{-2}$。3 种年型下均是中西部收益最高。干旱年型、正常年型和湿润年型下获得最高收益的灌溉量分别为 114～517 mm(图 5-18d)、76～413 mm(图 5-18e)和 25～265 mm(图 5-18f),区域平均值分别为 226 mm、152 mm 和 116 mm,不同降水年型下均是东部灌溉量较高。干旱年型和正常年型下获得最高收益的氮肥投入量均在 30～90 $kg \cdot hm^{-2}$ 之间(图 5-18g,h),湿润年型下获得最高收益的氮肥投入量在 60～90 $kg \cdot hm^{-2}$ 之间(图 5-18i)。干旱年型下,氮肥投入量为 30 $kg \cdot hm^{-2}$、60 $kg \cdot hm^{-2}$ 和 90 $kg \cdot hm^{-2}$ 的站点数分别占总站点数的 37.0%、37.0%和 26.0%(图 5-18g);正常年型下分别为 11.2%、44.4%和 44.4%(图 5-18h);湿润年型下 51.9%的站点氮肥投入量为 60 $kg \cdot hm^{-2}$,其余站点皆为 90 $kg \cdot hm^{-2}$(图 5-18i)。

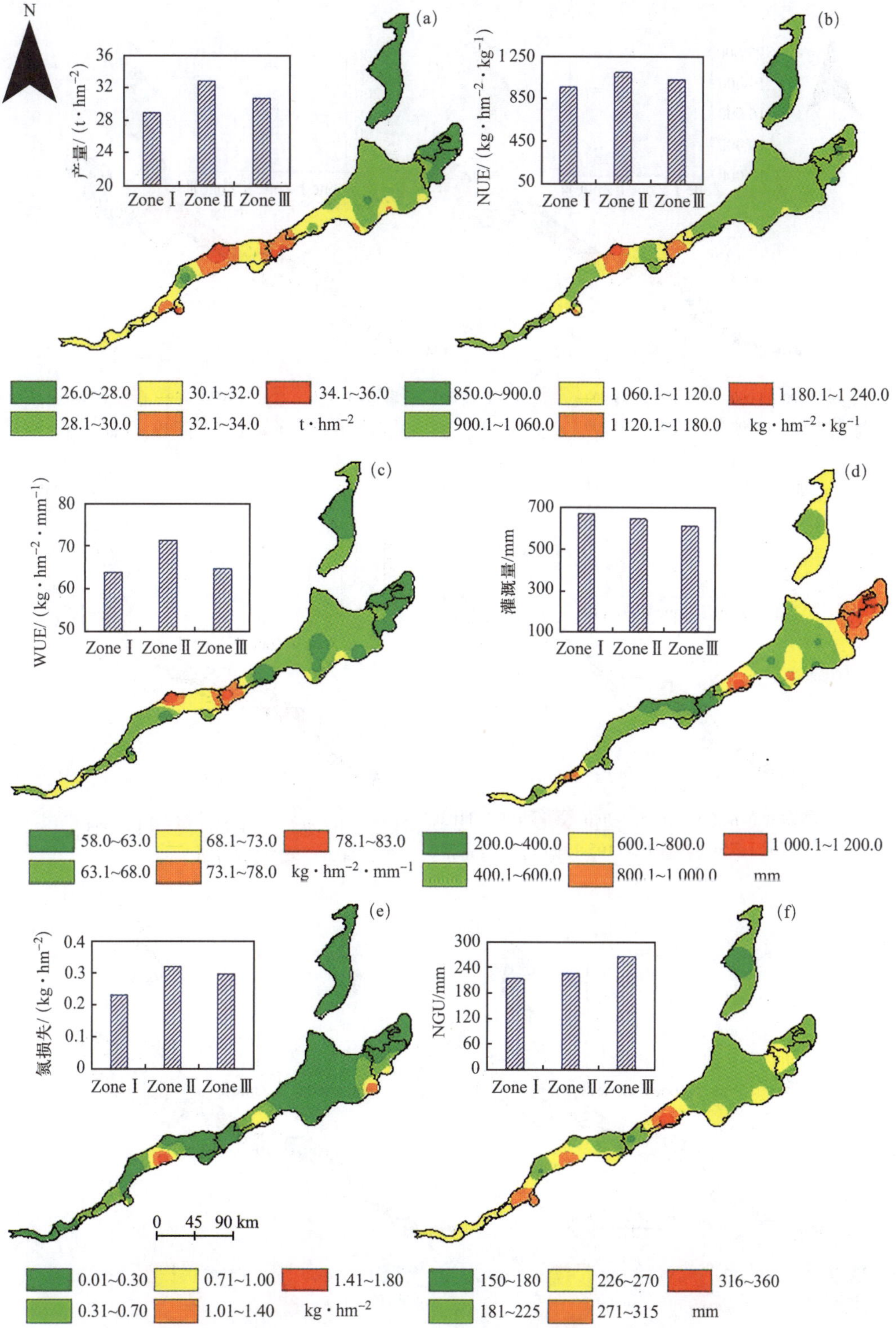

图 5-16　马铃薯获得最高 NUE 的水氮组合下的产量(a)、氮肥利用效率(b)、水分利用效率(c)、灌溉量(d)、氮损失(e)和地下水消耗(f)

注:柱状图为农牧交错带地区东部(Zone Ⅰ)、中部(Zone Ⅱ)和西部(Zone Ⅲ)地区所有站点的平均值。

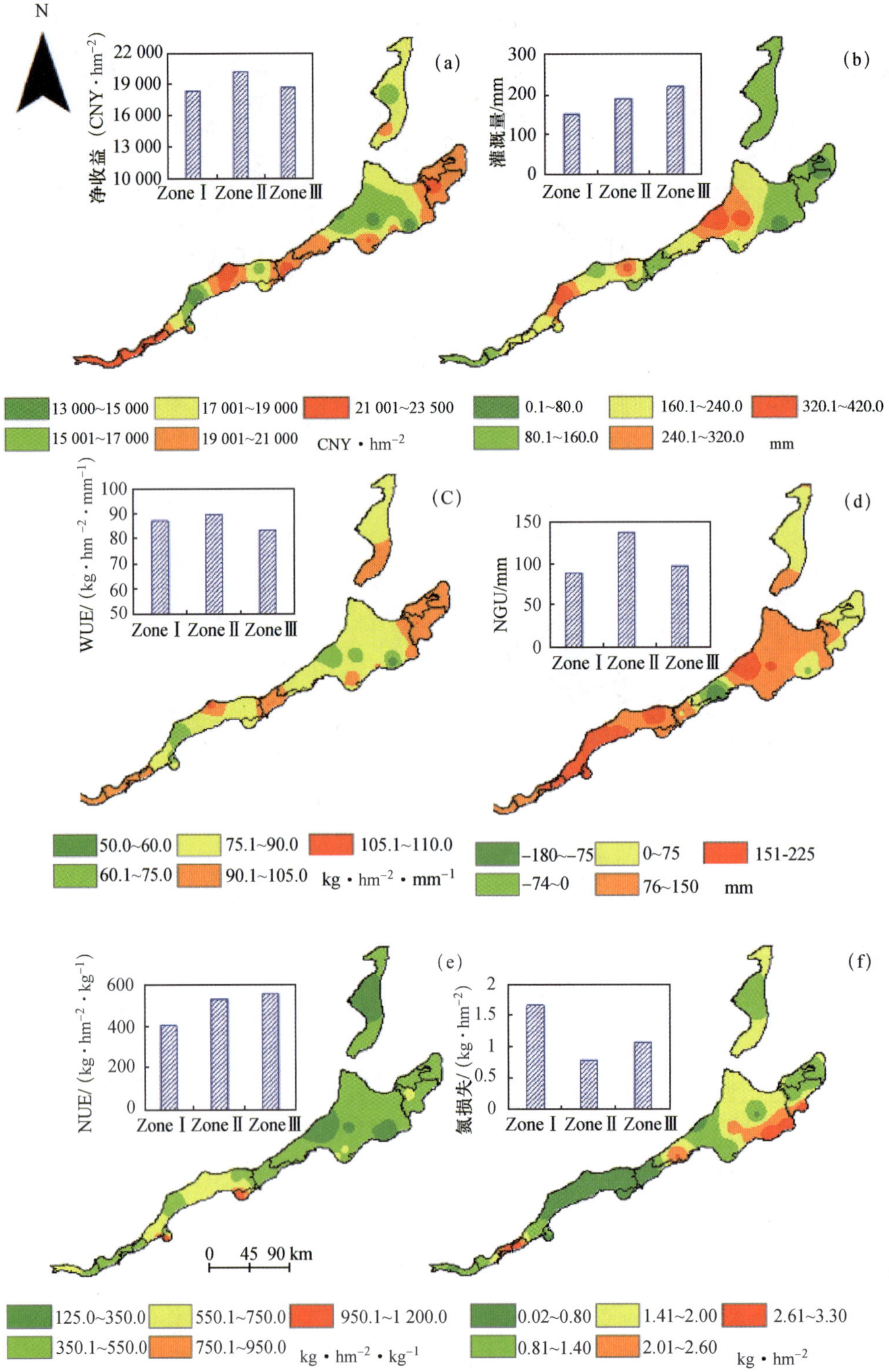

图 5-17　马铃薯获得最高收益的水氮组合下的净收益(a)、灌溉量(b)、水分利用效率(c)、地下水消耗量(d)、氮肥利用效率(e)和氮损失(f)

注:柱状图为农牧交错带地区东部(ZoneⅠ)、中部(ZoneⅡ)和西部(ZoneⅢ)地区所有站点的平均值。

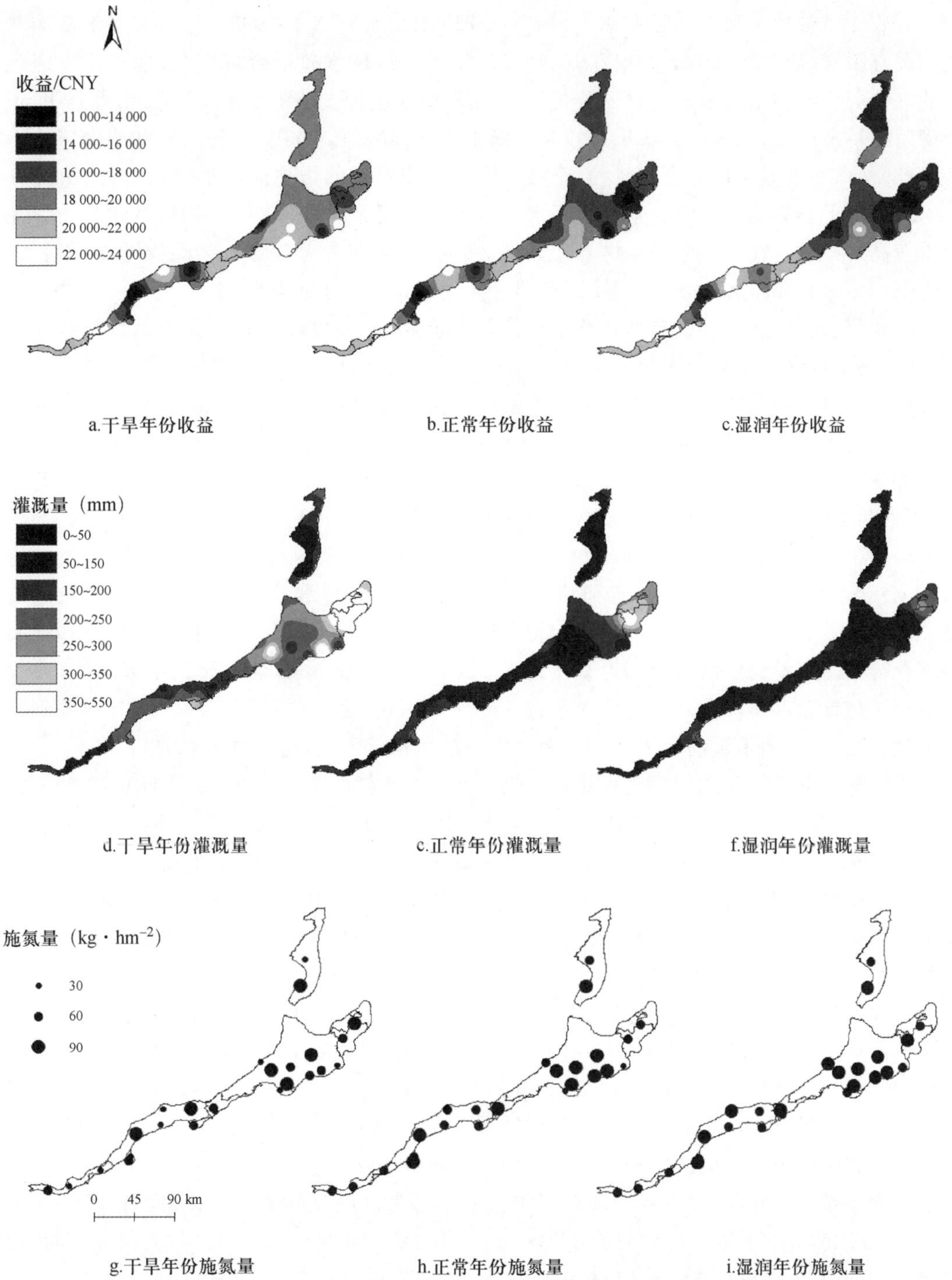

图 5-18　北方农牧交错带不同降水年型下马铃薯最高收益及获得最高收益的水氮投入

5.4.4 讨论

农牧交错带地区降水年际变率大，不同年份降水量及其季节分布是马铃薯土壤蓄墒和增产的关键因素（唐建昭，2018），分析不同降水年型下的最佳水氮耦合方案，有助于建立绿色高效的马铃薯生产体系。本研究首先分析了不同降水年型下马铃薯的雨养产量，结果表明，干旱年型下马铃薯产量（11 300 kg・hm^{-2}）显著低于正常年型（15 100 kg・hm^{-2}）和湿润年型下马铃薯产量（14 900 kg・hm^{-2}）。通常，作物产量随着降水量的增加而增加（Stewart and Peterson，2015），干旱年型下马铃薯生长季降水量显著低于正常年型和湿润年型，因此马铃薯无法获得较高的产量。在一些湿润年份，降水有效性低，并且随着无效降水频次的增加，生长季辐射降低（Tang et al.，2018 和 2019），因此湿润年型产量略低于正常年型。

水和肥（尤其氮肥）是影响马铃薯生长的两个重要因子，协调灌溉量和施氮量使其关系达到最优，是实现马铃薯高产增收的关键（Wang et al.，2019）。本节研究推荐了不同年型下马铃薯生产获得不同目标的最佳水氮耦合方案。不同水氮组合下，农牧交错带干旱、正常和湿润年型下马铃薯最高产量分别为 35 600 kg・hm^{-2}、34 000 kg・hm^{-2} 和 33 100 kg・hm^{-2}。灌溉条件下，水分不是马铃薯产量的限制因子。不同降水年型下马铃薯生长季内总辐射差异较大，正常和湿润年型下，降水频次较高导致马铃薯生长季内总辐射低于干旱年型，因此干旱年型下马铃薯产量高于正常和湿润年型。3 种年型下马铃薯获得最高产量的氮肥投入量均为 210 kg・hm^{-2}，前人通过大田试验研究结果表明该地区马铃薯获得最高产的适宜施氮量为 225 kg・hm^{-2}（李瑞等，2020），本节研究结果与前人基本一致。干旱年型、正常年型和湿润年型下获得最高产量的灌溉量分别为 589 mm、544 mm 和 512 mm，前人研究结果表明，农牧交错带地区马铃薯获得高产需要的灌水量在 450～550 mm 之间（胡琦等，2016），与本节研究较为一致。然而，片面追求高产不利于该地区农业的可持续发展（张朝巍等，2011）。

提升马铃薯水分利用效率是保证高产、降低生产成本和减少环境负面影响的关键（Onder et al.，2005；Badr et al.，2012）。本节研究表明，干旱年型、正常年型和湿润年型下马铃薯水分利用效率分别为 85.9 kg・hm^{-2}・mm^{-1}、90.2 kg・hm^{-2}・mm^{-1} 和 92.2 kg・hm^{-2}・mm^{-1}。研究表明湿润年型下马铃薯在雨养条件下水分利用效率显著高于干旱年型（张璐阳等，2013），本节研究中为灌溉条件，得出同样的结论。通过进一步分析马铃薯生育期内作物蒸腾和土壤蒸发的比例，发现随着降水量的增加作物蒸腾比例上升，土壤无效蒸发降低，同时干旱年型下灌溉量投入大于湿润年型，灌溉量减少进一步提升蒸腾比重，因此湿润年型下水分利用效率高于其他年型。本节研究表明获得马铃薯最高水分利用效率，农牧交错带地区干旱年型、正常年型和湿润年型的灌溉量分别为 172 mm、107 mm 和 87 mm，氮肥投入量在 60～120 kg・hm^{-2} 之间，远低于获得最高产量的投入量，与前人研究结果一致（秦永林等，2013；Wang et al.，2019）。

产量和生产投入共同决定种植马铃薯的经济收益（Woil et al.，2016）。本节研究表明，北方农牧交错带干旱年型、正常年型和湿润年型下不同水氮耦合方案的马铃薯的最高经济收益分别为 19 340 CNY・hm^{-2}、18 610 CNY・hm^{-2} 和 18 470 CNY・hm^{-2}。前人研究表明，种植马铃薯的纯收益在 23 000～35 000 CNY・hm^{-2} 之间（Wang et al.，2019），高于本研究，主要是对块茎价格及投入估计的差别导致。干旱年型、正常年型和湿润年型下种植马铃薯获得最高经济收益的灌溉投入分别为 226 mm、152 mm 和 116 mm，氮肥投入量在 30～90 kg・hm^{-2} 之间。前人基于大田试验研究表明马铃薯种植获得最高经济收益的水氮投入分别为 300 mm 和

200 kg·hm^{-2}(Wang et al.,2019)。前人推荐的水氮投入量高于本节研究,主要因为模型模拟情景是在理想条件下,而实际灌溉过程中由于相对粗放的灌溉管理方式会产生水分的散失(崔远来等,2007;唐建昭等,2020);在施肥方面,由于实际生产过程中氮肥施用方式的差异(表面施肥或根际施肥),APSIM-Potato 模型可能会低估氮损失的量(王敬国等,2016;唐建昭等,2021)。然而,本节研究结果仍然对生产实际具有重要的指导意义,尤其是田间管理条件良好的农田。

获得不同生产目标的水氮投入量不同,其中获得最高产量的水氮投入量远高于获得其他目标的水氮投入量。主要是因为马铃薯对水氮较为敏感(Badr et al.,2012),在一定范围内,随着水氮投入量的增加,马铃薯产量持续增加,本节研究中马铃薯最高产量指马铃薯产量不再随着水氮投入量增加时获得的产量,因此水氮投入量较高。而获得其他生产目标如最高收益,受到投入和产量的共同限制,水氮投入超过一定量后,投入产出比降低造成收益降低。因此,获得不同生产目标的水氮投入量差异较大。

本节研究仍存在一些不足:①马铃薯总收入主要取决于商品薯产量,然而 APSIM-Potato 模型不具备模拟商品薯产量的能力,研究结果可能会略微高估马铃薯生产的实际收益,下一步应改进模型的机理性,使其具备模拟商品薯产量的能力。②本节研究中只应用了单一作物模型,模拟结果存在一定的不确定性,下一步研究应结合更多的作物模型如 LINTUL-POTATO 模型和 DSSAT 模型开展模型对比研究。③APSIM-Potato 模型的调参验证(如多参同效)会给结果带来一定的不确定性,但本节研究结果仍然可为马铃薯生产提供重要的指导意义。④APSIM-Potato 未充分考虑病虫害对马铃薯生产的影响,可能会高估不同水氮处理下的产量。

参考文献

操信春,刘喆,吴梦洋,等. 水足迹分析中国耕地水资源短缺时空格局及驱动机制[J]. 农业工程学报,2019,35(18):94-100.

陈亚宁,杨青,罗毅,等. 西北干旱区水资源问题研究思考[J]. 干旱区地理,2012,35(1):1-9.

崔远来,董斌,李远华,等. 农业灌溉节水评价指标与尺度问题[J]. 农业工程学报,2007,23(7):1-7.

邓浩亮. 黄土高原不同生态区垄沟覆盖对春玉米生产力和土壤质量的影响及其机理[D]. 兰州:甘肃农业大学,2019.

杜嘉. 绿洲灌区马铃薯膜下滴灌调亏及灌溉制度优化[D]. 兰州:甘肃农业大学,2016.

杜江涛,张楠,龚珂宁,等. 基于 DSSAT 模型的南疆膜下滴灌棉花灌溉制度优化[J]. 生态学杂志,2021,40(11):3760-3768.

樊星,叶瑜,罗玉洪. 从《清实录》看清代 1644—1795 年中国北方农牧交错带东段的农业开发[J]. 干旱区地理,2012,35(6):996-1003.

方文松,刘荣花,朱自玺,等. 黄淮平原冬小麦灌溉需水量的影响因素与不同年型特征[J]. 生态学杂志,2009,28(11):2177-2182.

符素华,王向亮,王红叶,等. SCS-CN 径流模型中 CN 值确定方法研究[J]. 干旱区地理,2012,35(3):415-421.

高丽华．基于 Jensen 模型的冬小麦非充分灌溉研究[D]．天津:天津农学院,2014.
郭大辛．基于 AquaCrop 模型的汾渭平原冬小麦-夏玉米生长模拟与区域灌溉制度优化[D]．杨凌:西北农林科技大学,2021.
韩清芳,李向拓,王俊鹏,等．微集水种植技术的农田水分调控效果模拟研究[J]．农业工程学报,2004,20(2):78-82.
郝远远．内蒙古河套灌区水文过程模拟与作物水分生产率评估[D]．北京:中国农业大学,2015.
何峰,王堃,李向林,等．垄沟集雨对干旱半干旱区土壤水热条件及老芒麦产草量的影响[J]．农业工程学报,2012,28(12):122-126.
何华,陈国良,赵世伟．水肥配合对马铃薯水分利用效率的影响[J]．干旱地区农业研究,1999,17(2):59-66.
侯琼,乌兰巴特尔．内蒙古主要作物农田优化灌溉动态预报方法[J]．自然灾害学报,2003(4):126-130.
胡琦,潘学标,邵长秀,等．内蒙古降水量分布及其对马铃薯灌溉需水量的影响[J]．中国农业气象,2013,34(4):419-424.
胡琦,潘学标,杨宁．北方农牧交错带马铃薯沟垄集雨技术适宜性研究[J]．干旱区地理,2015,38(003):585-591.
吉艳芝,徐明杰,巨晓棠,等．华北平原不同种植制度对粮食作物氮素利用和土壤氮库的影响[J]．农业工程学报,2020,36(19):86-96.
贾桂梅．北方农牧交错带雨水就地利用技术研究[D],北京:中国农业大学,2008.
贾宇,徐炳成,王晓凌,等．半干旱黄土丘陵区垄沟集雨对紫花苜蓿人工草地土壤水分和产草量的影响[J]．植物生态学报,2007,31(3):470-475.
蒋忆文．DSSAT 模型在黑河流域的适用性评价及节水灌溉应用研究[D]．甘肃:兰州大学,2016.
金林雪,李云鹏,李丹,等．气候变化背景下内蒙古马铃薯关键生长期气候适宜性分析[J]．中国生态农业学报,2018,26(1):38-48.
李春荣,苏德荣,何峰,等．覆膜垄沟集雨种植对老芒麦生长发育的影响[J]．中国草地学报,2010(2):25-31.
李如楠,李玉娥,王斌,等．双季稻减排增收的水氮优化管理模式筛选[J]．农业工程学报,2020,36(21):105-113.
李儒,崔荣美,贾志宽,等．不同沟垄覆盖方式对冬小麦土壤水分及水分利用效率的影响[J]．中国农业科学,2011,44(16):3312-3322.
李瑞,樊明寿,郑海春,等．基于产量水平的内蒙古阴山地区马铃薯施肥评价[J]．中国土壤与肥料,2020,6:181-188.
梁永辉,王振华,宋利兵,等．基于 CERES-Maize 模型的新疆滴灌玉米灌溉制度优化[J]．灌溉排水学报,2022,41(1):41-48.
刘钦普,濮励杰．中国粮食主产区化肥施用时空特征及生态经济合理性分析[J]．农业工程学报,2019,35(23):142-150.
刘贤赵,康绍忠,刘德林,等．基于地理信息的 SCS 模型及其在黄土高原小流域降雨-径流关系中的应用[J]．农业工程学报,2005,21(5):93-97.
莫非,周宏,王建永,等．田间微集雨技术研究及应用[J]．农业工程学报,2013,29(8):1-17.
强生才,张恒嘉,莫非,等．微集雨模式与降雨变律对燕麦大田水生态过程的影响[J]．生态学报,2011,31(9):2365-2373.
秦大河,丁一汇,王绍武,等．中国西部生态环境变化与对策建议[J]．地球科学进展,2002,17(3):314-319.
秦永林,井涛,康文钦,等．阴山北麓马铃薯在不同灌溉模式下的水肥效率[J]．中国生态农业学报,2013,21(4):426-431.

秦永林,于静,陈杨,等. 内蒙古灌溉马铃薯施肥现状及肥料利用效率[J]. 中国蔬菜,2019,11:75-79.
任小龙,贾志宽,陈小莉,等. 模拟不同雨量下沟垄集雨种植对春玉米生产力的影响[J]. 生态学报,2008,28(3):1006-1015.
山仑. 旱地农业中有限水高效利用的研究[J]. 水土保持研究,1996,3(1):8-13,21.
宋利兵. 基于 CERES-Maize 模型的夏玉米动态水分生产函数研究[D]. 杨凌:西北农林科技大学,2015.
孙景生,肖俊夫,张寄阳. 夏玉米产量与水分关系及其高效用水灌溉制度[J]. 灌溉排水学报,1998,17(3):17-21.
唐建昭,王靖,肖登攀,等. 马铃薯生长模型的研究进展及发展前景[J]. 中国农业科学,2021,54(5):921-932.
唐建昭,肖登攀,柏会子. 未来气候情景下农牧交错带不同灌溉水平马铃薯产量和水分利用效率[J]. 农业工程学报,2020,36(2):103-112.
唐建昭. 北方农牧交错带马铃薯基于缩差和增效的种植管理模式研究[D]. 北京:中国农业大学,2018.
田媛,李凤民,等. 半干旱区不同垄沟集雨种植马铃薯模式对土壤蒸发的影响[J]. 应用生态学报,2007,18(4):795-800.
王海瑞. 内蒙古东部区喷灌条件下玉米优化灌溉制度分析研究[D]. 呼和浩特:内蒙古农业大学,2016.
王敬国,林杉,李保国. 氮循环与中国农业氮管理[J]. 中国农业科学,2016,49(3):503-517.
王琦,张恩和,李凤民,等. 半干旱地区沟垄微型集雨种植马铃薯最优沟垄比的确定[J]. 农业工程学报,2005,21(1):38-41.
王文佳. 基于 DSSAT 模型的关中灌区冬小麦最优灌溉制度研究[D]. 杨凌:中国科学院研究生院(教育部水土保持与生态环境研究中心),2012.
王玉宝,吴普特,赵西宁,等. 我国农业用水结构演变态势分析[J]. 中国生态农业学报,2010,18(2):399-404.
王志伟,翟盘茂. 中国北方近 50 年干旱变化特征[J]. 地理学报,2003,58(增刊):61-68.
谢开云,王晓雪,张若芳,等. 隔沟交替灌溉对我国半干旱地区马铃薯水分利用的影响[J]. 中国马铃薯,2012,26(1):5-10.
信乃诠,侯向阳,张燕卿. 我国北方旱地农业研究开发进展及对策[J]. 中国生态农业学报,2001,9(4):58-60.
徐秋宁,马孝义,等. SCS 模型在小型集水区降雨径流计算中的应用[J]. 农业工程学报,2002,24(2):97-100.
杨封科. 旱作春小麦垄膜沟种微集水种植技术研究[J]. 灌溉排水学报,2004,23(4):47-49.
杨金虎,江志红,刘晓芸,等. 近半个世纪中国西北干湿演变及持续性特征分析[J]. 干旱区地理,2012,35(1):10-22.
姚玉璧,雷俊,牛海洋,等. 气候变暖对半干旱区马铃薯产量的影响[J]. 生态环境学报,2016,25(8):1264-1270.
张朝巍,董博,郭天文,等. 补充灌溉对半干旱区马铃薯产量和水分利用效率的影响[J]. 水土保持通报,2011,31(5):49-53.
张富仓,高月,焦婉如,等. 水肥供应对榆林沙土马铃薯生长和水肥利用效率的影响[J]. 农业机械学报,2017,48(3):270-278.
张恒嘉. 几种大田作物水分-产量模型及其应用[J]. 中国生态农业学报,2009,17(5):997-1001.
张会梅. 阿拉善左旗油葵节水灌溉技术试验研究[D]. 银川:宁夏大学,2016.
张建新,郑大玮. 国内外集雨农业研究进展与展望[J]. 干旱地区农业研究,2005,23(2):223-229.
张璐阳,潘志华,孙彦坤. 不同降水年型对马铃薯水分利用效率及水分生产潜力开发的影响-以武川县为例[J]. 中国马铃薯,2013,27(2):65-71.

张维敏．北方农牧交错带田间集雨技术效应研究:以武川县为例[D]．北京:中国农业大学,2010.

张文鸽,侯胜玲,殷会娟．内蒙古河套灌区地下水埋深时空变化及其驱动因素[J]．节水灌溉,2020(7):36-40,45.

赵鸿,任丽雯,赵福年,等．马铃薯对土壤水分胁迫响应的研究进展[J]．干旱气象,2018,36(4):537-543.

Abu-Zreig M,Attom M,Hamasha N. Rainfall harvesting using sand ditches in Jordan [J]. Agricultural Water Management,2000,(46):183-192.

Allan R G,Pereira L S,Raes D,et al. Crop evapotranspiration-Guidelines for computing crop water requirements-FAO Irrigation and drainage paper 56,1998.

Badr M A,El-Tohamy W A,Zaghloul A M. Yield and water use efficiency of potato grown under different irrigation and nitrogen levels in an arid region[J]. Agricultural Water Management,2012,110:9-15.

Boers T M,Ben-Asher J. A review of rainwater harvesting [J]. Agricultural Water Management,1982,5:145-158.

Boers Th M,Ben-Asher J. A review of rainwater harvesting[J]. Agricultural Water Management,1982,5:145-158.

Critchley W,Siegert K,Chapman C,et al. Handbook on the catchment and utilization of rainwater. Vol. 1:technical bases and experiences in Africa and Asia[J]. Serie Zonas Aridas Y Semiaridas,1996.

Cui Z L,Chen X P,Zhang F S,et al. Development of regional nitrogen rate guidelines for intensive cropping systems in China[J]. Agronomy Journal,2013,105:1141-1146.

Haverkort A J,Van de Waart M,Bodlaeader K B A. The effects of early drought stress on numbers of tuber and stolons of potato in controlled and filed conditions[J]. Potato Research,1990,33(1):89-96.

He D,Wang E L,Wang J,et al. Data requirement for effective calibration of process-based crop models[J]. Agricultural and Forest Meteorology,2017,234:136-148.

Karam F,Amacha N,Fahed S,et al. Response of potato to full and deficit irrigation under semiarid climate:agronomic and economic implications[J]. Agricultural Water Management,2014,142,144-151.

Liu F L,Shahnazari A,Andersen M. Effects of deficit irrigation and partial root drying on gas exchange,biomass partitioning and water use efficiency in potato[J]. ScientiaHorticulturae,2006,109:113-117.

Onder S,Galiskan M E,Onder D,et al. Different irrigation methods and water stress effects on potato yield and yield components[J]. Agricultural Water Management,2005,73(1):73-86.

Prinz D,Wolfer S,Siegert K. Water harvesting for crop production [M]. Rome:FAO Training Corres,2000.

Stewart B A,Peterson G A. Managing green water in dryland agriculture[J]. Agronomy Journal,2015,107(4):1544-1553.

Tang J Z,Wang J,Fang Q X,et al. Identifying agronomic options for better potato production and conserving water resources in the agro-pastoral ecotone in North China[J]. Agricultural and Forest Meteorology,2019,272/273:91-101.

Tang J Z,Wang J,Fang Q X,et al. Optimizing planting date and supplemental irrigation for potato across the agro-pastoral ecotone in North China[J]. European Journal of Agronomy,2018,98:82-94.

Tang J Z,Wang J,He D,et al. Comparison of the impacts of climate change on potential productivity of different staple crops in the agro-pastoral ecotone of North China[J]. Journal of Meteorological Research,2016,30(6):983-997.

Tang J Z,Wang J,Wang E L,et al. Identifying key meteorological factors to yield variation of potato and the optimal planting date in the agro-pastoral ecotone in North China[J]. Agricultural and Forest Meteorology,2018,256/257:283-291.

Tang J Z,Xiao D P,Wang J,et al. Optimizing water and nitrogen managements for potato production in the agro-pastoral ecotone in North China[J]. Agricultural Water Management, 2021, 253: 106945.

Wang H D, Wang X K, Bi L F, et al. Multi-objective optimization of water and fertilizer management for potato production in sandy areas of northern China based on TOPSIS[J]. Field Crops Research, 2019, 240: 55-68.

Woli P, Hoogenboom G, Alva A. Simulation of potato yield, nitrate leaching, and profit margins as influenced by irrigation and nitrogen management in different soil and production regions[J]. Agricultural Water Management, 2016, 171: 120-130.

Young M, Gowing J W, Wyseure G, et al. Parched-Thirst: Development and validation of a process-based model of rainwater harvesting[J]. Agricultural Water Management, 2002, 55(2): 121-140.

第 6 章 马铃薯气候智慧型种植模式

在马铃薯主粮化背景下，未来中国马铃薯产业的发展将在保证粮食安全中发挥更重要的作用(Gao et al.,2019)。尽管中国马铃薯生产中的温室气体排放量低于其他主粮作物，但前人研究结果表明通过优化管理，马铃薯生产中的温室气体排放量仍存在较大的减少潜力(李思思等，2019)。在保证高产高效的同时，如何通过减少碳排放来进一步减轻马铃薯生产过程中对环境的负面影响，是保证中国马铃薯生产可持续发展的重要问题(Huang et al.,2021;Liu et al.,2021)。

6.1 马铃薯气候智慧型种植模式构建

定量评估中国马铃薯生产的产量、经济效益和对环境的影响有利于促进中国马铃薯生产的绿色可持续发展。生命周期评估模型可以较好地评价作物生长过程中对环境产生的影响，但无法考虑到生产过程中基因(G)、环境(E)和管理(M)的变化对作物产量的影响(Djomo and Blumberga,2011;He et al.,2016;Liu et al.,2021)。而基于过程的作物模型可以较好地模拟马铃薯生长过程中基因(G)、环境(E)和管理(M)的变化对其产量和水氮利用效率的影响。为此，本章基于马铃薯作物数据、农业数据、气候数据和土壤数据等，结合生命周期评估模型和作物模型，构建了一个综合的气候智慧型马铃薯种植评估框架，综合评价优化农艺管理对马铃薯产量、经济效益和环境的影响(图 6-1)。

为评价不同生产模式下中国马铃薯主产区产量、温室气体排放量和经济效益，实现高产低碳的可持续的马铃薯生产方式，本章基于 2009—2011 年中国马铃薯格点种植面积(图 6-2)，在 477 个气象站点和 108 种农艺管理耦合方式的结果中筛选和定量了“低碳兼顾产量”种植模式、“高产兼顾减排”种植模式和传统种植模式，基于综合评估框架定量了不同种植模式下各马铃薯主产区的产量、温室气体排放量、温室气体排放强度及对应的农艺管理方式，通过成本-收益分析确定了不同种植模式下各马铃薯主产区的经济效益和生态效率，为实现中国马铃薯气候智慧型种植和可持续发展提供科学参考。

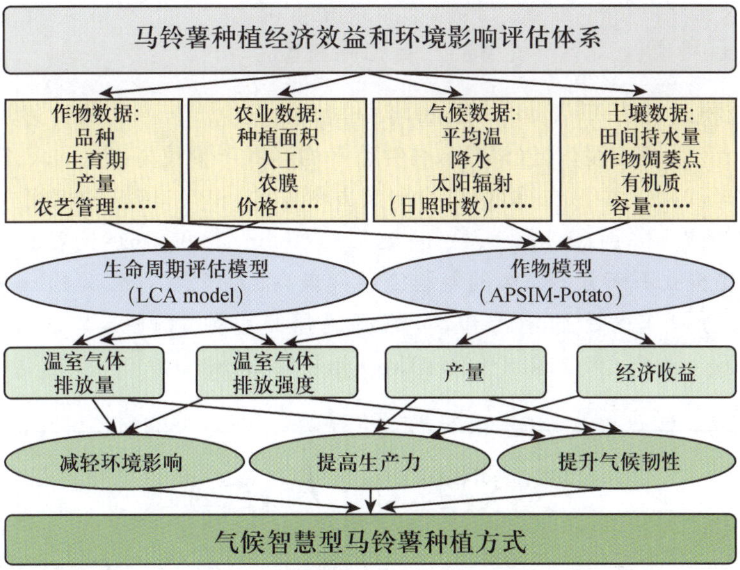

图 6-1　马铃薯生产的经济效益和环境影响综合评估框架

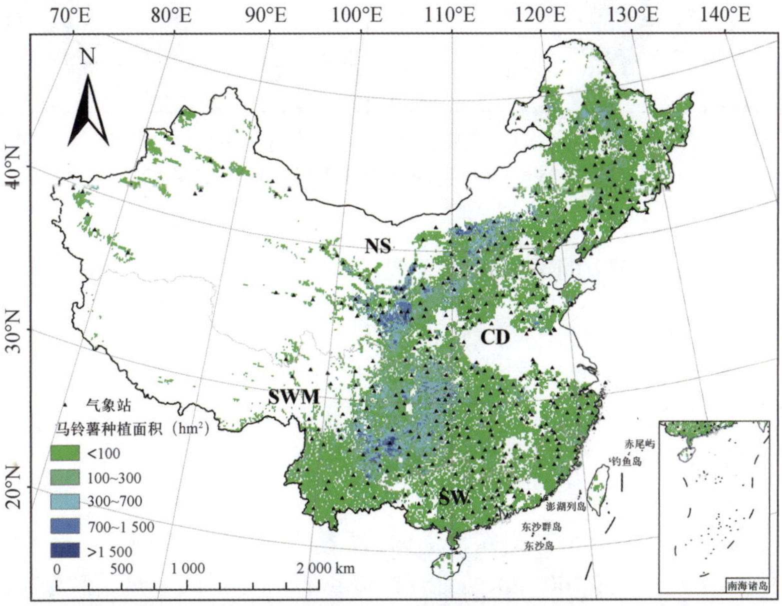

图 6-2　中国马铃薯种植面积(2009—2011 年)占格点面积(100 km^2)的百分比和 477 个气象站点在北方一作区(NS)、中原二作区(CD)、西南混作区(SWM)和南方冬作区(SW)的分布

6.2 常规种植模式下马铃薯的产量和温室气体排放量

6.2.1 常规种植模式下马铃薯的产量和施氮量

在常规种植模式(CPP)下，1981—2020 年中国马铃薯主产区平均马铃薯鲜重产量的模拟值为 21.7 t · hm^{-2}。西南混作区(SWM)马铃薯平均鲜重产量最高，为(24.8±6.9)t · hm^{-2}，其次为北方一作区(NS)，中原二作区(CD)和南方冬作区(SW)，传统种植模式下的马铃薯鲜重产量分别为(22.7±5.1)t · hm^{-2}、(22.3±3.3)t · hm^{-2} 和(16.9±2.3) t · hm^{-2}(图 6-3a)。在传统种植模式下南方冬作区的氮肥施用量最高，为(224.1±56.4)kg · hm^{-2}，其次为中原二作区、北方一作区和西南混作区，氮肥施用量分别为(195.8±39.3)kg · hm^{-2}、(175.7±54.1)kg · hm^{-2} 和(152.8±24.9)kg · hm^{-2}(图 6-3b)。

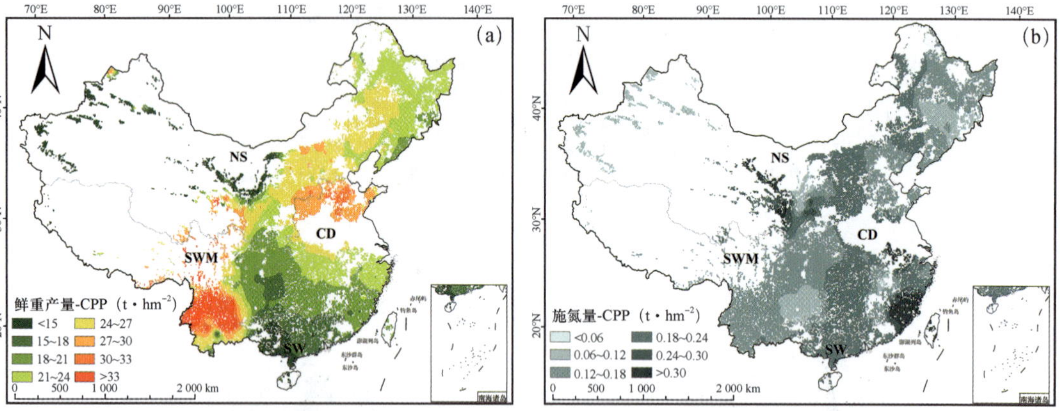

图 6-3 常规种植模式下北方一作区(NS)、中原二作区(CD)、西南混作区(SWM)和南方冬作区(SW)马铃薯的鲜重产量(a)和氮肥施用量(b)

6.2.2 常规种植模式下的适宜管理方式

表 6-1 总结了不同马铃薯主产区所包含的省(市、自治区和直辖市)、种植制度、常规播期和常规肥料施用量。其中，北方一作区受水热条件的限制，种植制度为单作，中原二作区和南方冬作区为轮作制度，西南混作区由于地形和气候等差异的影响，种植制度为混作，因此不同马铃薯种植区的常规播期存在较大的差异。各主产区马铃薯的主栽品种和遗传参数见第 4 章。

在水资源承载力和马铃薯灌溉定额范围内，设置的灌溉情景如下：①播种时进行 30 mm 的补灌；②播种 30 mm＋出苗 60 mm；③播种 30 mm＋出苗 60 mm＋现蕾 60 mm；④播种 30 mm＋出苗 60 mm＋现蕾 60 mm＋开花 60 mm。

表 6-1　中国马铃薯主产区划分、耕作制度和传统种植模式下的播期及肥料施用量

产区	省地	耕作制度	播期（月-日）	尿素/（kg·hm^{-2}）	磷酸二铵/（kg·hm^{-2}）	氯化钾/（kg·hm^{-2}）
北方一作区	吉林省	单作	4-25	100.0	70.0	210.0
	辽宁省	单作	4-25	150.0	225.0	75.0
	黑龙江省	单作	5-10	149.8	138.8	118.3
	内蒙古自治区	单作	5-20	233.0	150.0	265.0
	新疆维吾尔自治区	单作	4-25	75.0	375.0	112.5
	青海省	单作	4-30	225.0	300.0	75.0
	甘肃省	单作	5-10	316.3	105.0	135.0
	宁夏回族自治区	单作	4-30	62.6	90.0	180.0
	陕西省	单作	5-1	165.0	101.0	113.0
	河北省（北部）	单作	5-5	150.0	150.0	130.0
	山西省（北部）	单作	5-10	249.3	15.7	150.0
中原二作区	河北省（南部）	轮作	3-30	150.0	150.0	130.0
	山西省（南部）	轮作	3-30	249.3	15.7	150.0
	山东省	轮作	3-5	150.0	90.0	210.0
	河南省	轮作	3-1	233.0	122.0	117.0
	安徽省	轮作	2-20	313.4	144.2	210.0
	湖北省	轮作	2-10	180.0	90.0	150.0
	浙江省	轮作	1-30	180.0	180.0	180.0
	湖南省	轮作	1-20	248.0	225.0	161.0
	江苏省	轮作	1-20	230.0	180.0	120.0
	江西省	轮作	11-20	109.0	98.0	97.0
南方冬作区	福建省	轮作	1-15	330.0	157.0	232.0
	广东省	轮作	11-1	195.0	195.0	287.0
	广西壮族自治区	轮作	11-10	192.0	192.0	360.0
	海南省	轮作	10-20	180.0	120.0	240.0
西南混作区	西藏自治区	混作	4-10	112.5	112.5	112.5
	四川省	混作	12-25	150.0	45.0	135.0
	重庆市	混作	10-20	120.0	60.0	180.0
	贵州省	混作	12-25	105.0	65.0	120.0
	云南省	混作	10-20	188.0	122.0	180.0

6.2.3 常规种植模式下的温室气体排放量和排放强度

常规种植模式(CPP)下中国马铃薯主产区单位面积的平均温室气体排放量为 2 815.1 kg $CO_2 \cdot hm^{-2}$，西南混作区(SWM)单位面积的温室气体排放量最高，为 3 100.9 kg $CO_2 \cdot hm^{-2}$，其次为中原二作区(CD)、南方冬作区(SW)和北方一作区(NS)，温室气体排放量分别为 2 845.4 kg $CO_2 \cdot hm^{-2}$、2 722.3 kg $CO_2 \cdot hm^{-2}$ 和 2 591.5 kg $CO_2 \cdot hm^{-2}$(图 6-4a)。常规种植模式下中国马铃薯主产区的平均温室气体排放强度为 137.3 kg $CO_2 \cdot t^{-1}$，南方冬作区(SW)平均温室气体排放强度最高，为 159 kg $CO_2 \cdot t^{-1}$，其次为西南混作区(SWM)、中原二作区(CD)和北方一作区(NS)，平均温室气体排放强度分别为 134.9 kg $CO_2 \cdot t^{-1}$、131.3 kg $CO_2 \cdot t^{-1}$ 和 124 kg $CO_2 \cdot t^{-1}$(图 6-4b)。

中国马铃薯生产的温室气体排放总量为 1.67×10^{10} kg $CO_2 \cdot hm^{-2}$，且排放量较大的省份主要集中在"胡焕庸"线周围。而前人研究中估算的马铃薯的排放总量比本文的估算结果高 17%(Gao et al.,2019)，主要原因是本文在估算 CH_4 直接排放时使用了固定的排放因子 −0.76(Liu et al.,2021)。前人研究同样表明，马铃薯田对 CH_4 有一定的吸收作用，在雨养马铃薯田中更为明显(Wang et al.,2015)。

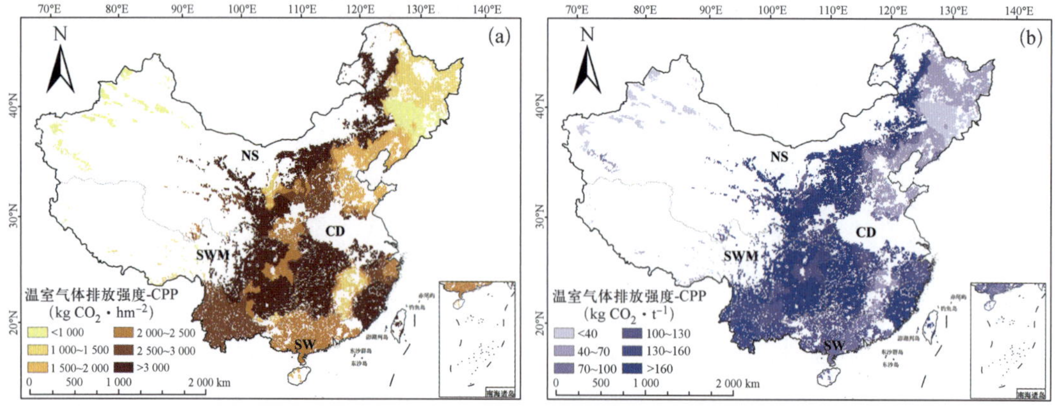

图 6-4 传统种植模式下北方一作区(NS)、中原二作区(CD)、西南混作区(SWM)和南方冬作区(SW)的温室气体排放量(a)和温室气体排放强度(b)

6.3 "高产兼顾减排"种植模式下马铃薯的产量和温室气体排放量

6.3.1 "高产兼顾减排"种植模式下马铃薯的产量和施氮量

优化马铃薯播期、品种、灌溉制度和施氮量可有效提升马铃薯产量和减少施氮量。相比于传统种植模式，中国马铃薯主产区的平均鲜重产量在"高产兼顾减排"种植模式(HYP)下可提升 18.7%。在"高产兼顾减排"种植模式下，北方一作区、中原二作区、西南混作区和南方冬作区的马铃薯鲜重产量分别为 31.6 $t \cdot hm^{-2}$、24.1 $t \cdot hm^{-2}$、28.9 $t \cdot hm^{-2}$ 和22.9 $t \cdot hm^{-2}$，分别较传统种植模式增产 38.6%、8.1%、16.2%和 12%(图 6-5a)。中原二作区、西南混作区和南方冬作区在"高产兼顾减排"种植模式下的氮肥施用量较传统种植模式减少 34.6%、22.7%和 49%，而北方一作区的氮肥施用量较传统种植模式增加了 12.5%(图 6-5b)。

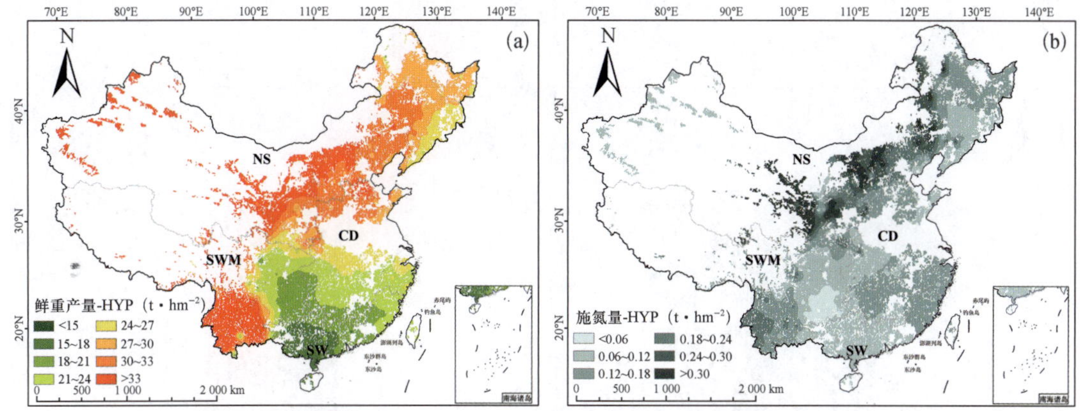

图 6-5　“高产兼顾减排”种植模式下北方一作区(NS)、中原二作区(CD)、西南混作区(SWM)和南方冬作区(SW)马铃薯的鲜重产量(a)和氮肥施用量(b)

6.3.2　“高产兼顾减排”种植模式下的适宜管理方式

与传统种植模式相比,“高产兼顾减排”种植模式下马铃薯的适宜播期在大多数种植区较常规播期有提前的趋势,而在南方冬作区的部分地区适宜播期有推迟的趋势(图 6-6a);晚熟品种适宜种植在北方一作区和西南混作区,而中熟品种适宜种植在中原二作区和南方冬作区(图 6-6b);除北方一作区的西北部地区、黄土高原地区和中原二作区的北部地区外需要 2～4 次灌溉,其他马铃薯种植区仅需 1 次播种时的 30 mm 灌溉(图 6-6c);马铃薯的最佳施氮量在北方一作区较常规种植模式增加 50%,而在其他种植区可较常规种植模式减少 50%的施氮量(图 6-6d)。

6.3.3　“高产兼顾减排”种植模式下的温室气体排放量和排放强度

在“高产兼顾减排”种植模式下全国马铃薯种植区温室气体排放总量为 1.01×10^{10} kg $CO_2\cdot hm^{-2}$。相比传统种植模式,“高产兼顾减排”种植模式下的平均温室气体排放量和排放强度可分别减少 24.2%和 39.8%。北方一作区、中原二作区、西南混作区和南方冬作区的温室气体排放量分别为 2 914.1 kg $CO_2\cdot hm^{-2}$、1 865.2 kg $CO_2\cdot hm^{-2}$、2 572.3 kg $CO_2\cdot hm^{-2}$ 和 1 149.6 kg $CO_2\cdot hm^{-2}$。中原二作区、西南混作区和南方冬作区较传统种植模式下的排放量分别减少了 34.4%、17%和 57.8%,而北方一作区在“高产兼顾减排”种植模式下的温室气体排放量较传统种植模式下的排放量增加了 12.4%(图 6-7a)。

与传统种植模式相比,“高产兼顾减排”种植模式下中国马铃薯主产区的平均温室气体排放强度可减少 39.8%。其中南方冬作区的温室气体排放强度较传统种植模式下的减少量最多,其次为中原二作区、西南混作区和北方一作区,较传统种植模式下的排放强度分别减少了 62.5%、40.2%、30.1%和 26.6%(图 6-7b)。南方冬作区、中原二作区、西南混作区和北方一作区在“高产兼顾减排”种植模式下的温室气体排放强度分别为 59.6 kg $CO_2\cdot t^{-1}$、78.6 kg $CO_2\cdot t^{-1}$、94.4 kg $CO_2\cdot t^{-1}$ 和 91.1 kg $CO_2\cdot t^{-1}$。

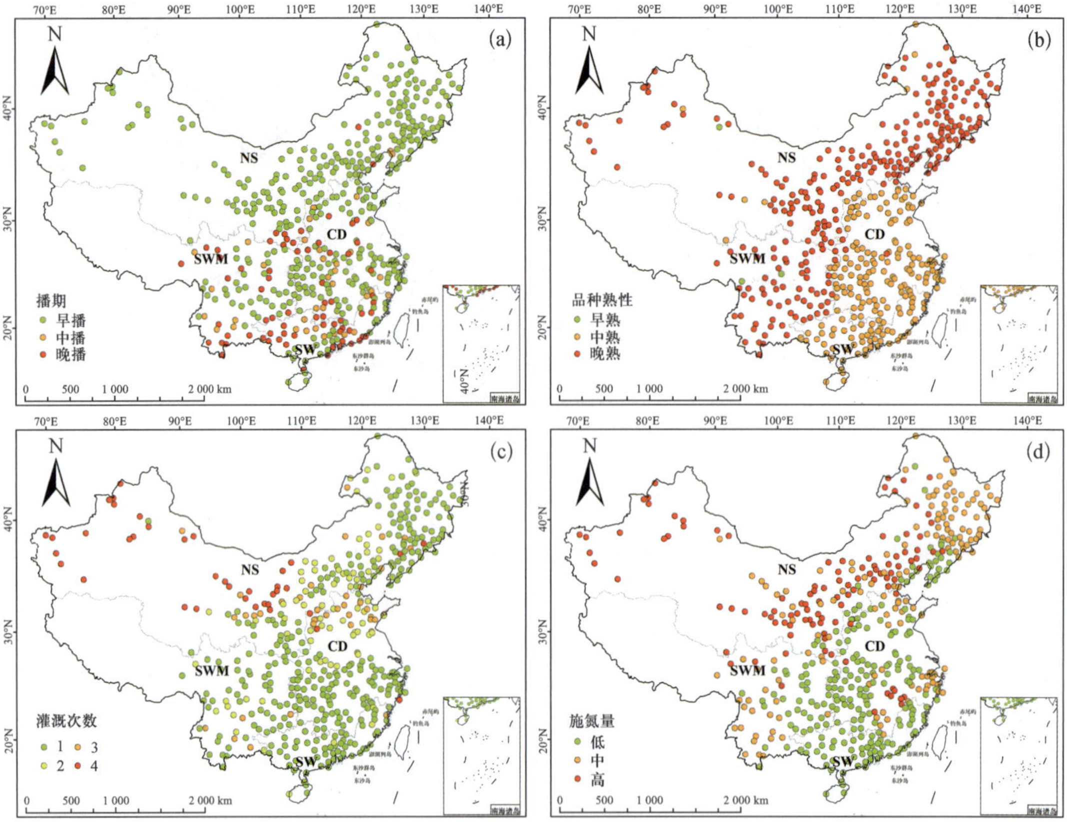

图 6-6 “高产兼顾减排”种植模式下北方一作区(NS)、中原二作区(CD)、西南混作区(SWM)和南方冬作区(SW)的适宜播期(a)、品种熟性(b)、灌溉次数(c)和氮肥施用量(d)

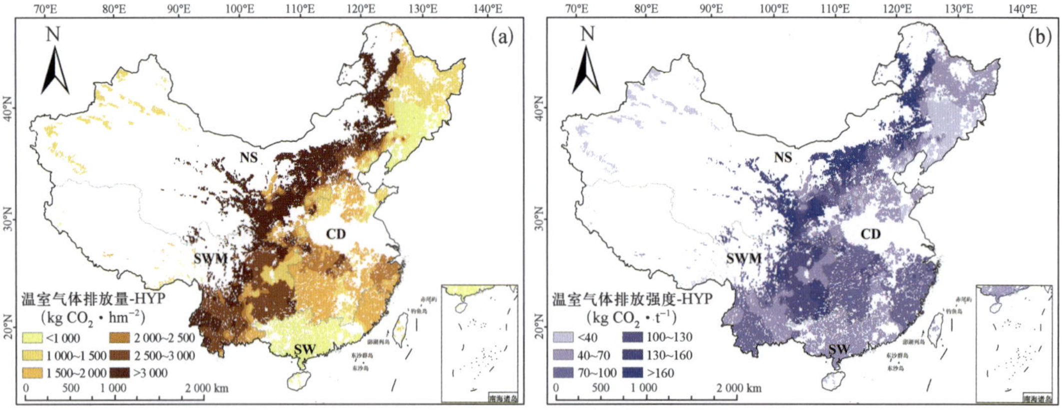

图 6-7 “高产兼顾减排”种植模式下北方一作区(NS)、中原二作区(CD)、西南混作区(SWM)和南方冬作区(SW)的温室气体排放量(a)和温室气体排放强度(b)

6.4 “低碳兼顾产量”种植模式下马铃薯的产量和温室气体排放量

6.4.1 “低碳兼顾产量”种植模式下马铃薯的产量和施氮量

相比于传统种植模式，中国马铃薯主产区的平均鲜重产量在“低碳兼顾产量”种植模式(LEP)下可提升 8.1%。在“低碳兼顾产量”种植模式下，北方一作区，南方冬作区、中原二作区和西南混作区的马铃薯鲜重产量可较传统种植模式增加 12.8%、8.8%、5.9%和 4.8%，对应的产量分别为 25.7 t·hm^{-2}、18.4 t·hm^{-2}、23.6 t·hm^{-2} 和 26 t·hm^{-2}(图 6-8a)。“低碳兼顾产量”种植模式下各马铃薯主产区的氮肥施用量均低于传统种植模式下的施氮量，北方一作区、中原二作区、西南混作区和南方冬作区的氮肥施用量较传统种植模式可分别减少 49.6%、49.5%、49.1%和 49.8%(图 6-8b)。

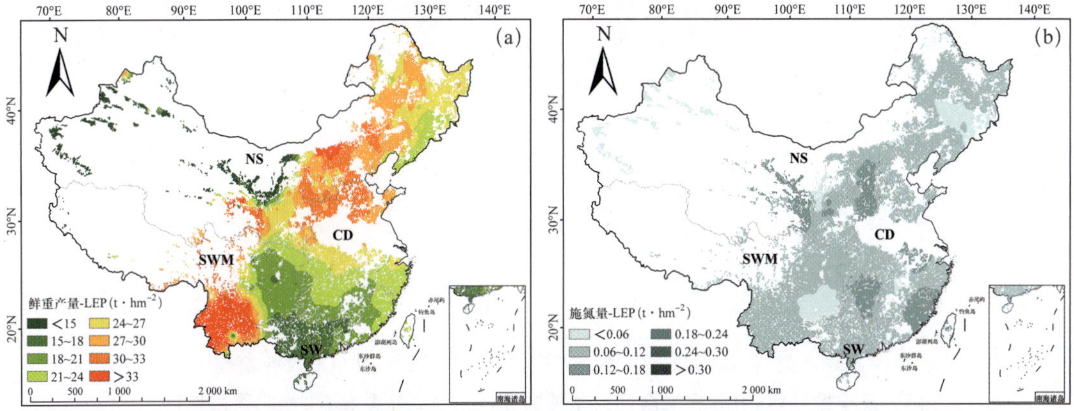

图 6-8　“低碳兼顾产量”种植模式下北方一作区(NS)、中原二作区(CD)、西南混作区(SWM)和南方冬作区(SW)马铃薯的鲜重产量(a)和氮肥施用量(b)

6.4.2 “低碳兼顾产量”种植模式下的适宜管理方式

在“低碳兼顾产量”种植模式下，马铃薯的最适播期由北方的早播逐渐变为南方的晚播(图 6-9a)；马铃薯最适品种熟性在“低碳兼顾产量”种植模式下由北方的早熟品种向南逐渐变为中熟品种(图 6-9b)；北方一作区北部种植区、中原二作区南部和西南混作区东北部均需要 4 次灌溉(播种期 30 mm，出苗期 60 mm，现蕾期 60 mm 和开花期 60 mm)，其他大多数马铃薯种植区仅需要一次灌溉(播种期 30 mm)(图 6-9c)；“低碳兼顾产量”种植模式下各马铃薯主产区的氮肥施用量均比常规种植模式减少了 50%(图 6-9d)。

6.4.3 “低碳兼顾产量”种植模式下的温室气体排放量和排放强度

在“低碳兼顾产量”种植模式下，南方冬作区单位面积的温室气体排放量较传统种植模式减少 58.8%，中原二作区、北方一作区和西南混作区的温室气体排放量较传统种植模式减少了 49.3%、48.8%和 36%(图 6-10a)。南方冬作区、中原二作区、北方一作区和西南混作区在“低碳兼顾产量”种植模式下单位面积的温室气体排放量分别为 1 122.2 kg CO_2·hm^{-2}、1 442.7 kg CO_2·hm^{-2}、1 327 kg CO_2·hm^{-2} 和 1 985.1 kg CO_2·hm^{-2}。

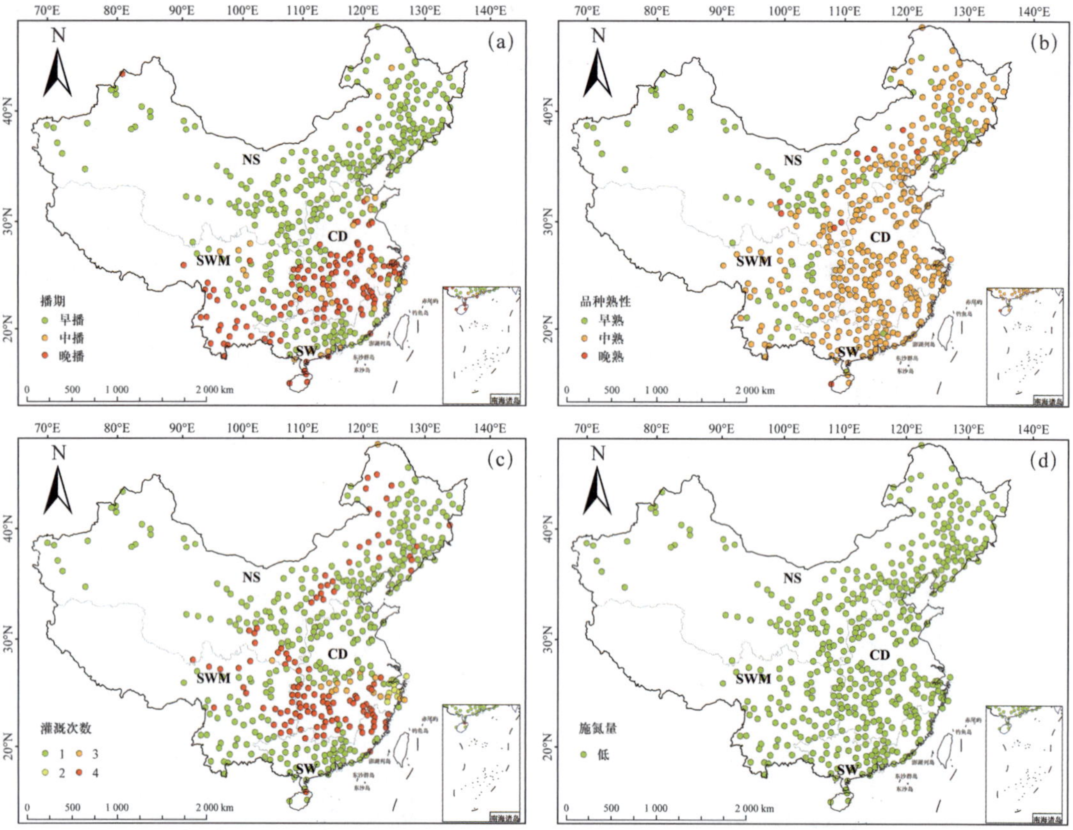

图 6-9 “低碳兼顾产量”种植模式下北方一作区(NS)、中原二作区(CD)、西南混作区(SWM)和南方冬作区(SW)的适宜播期(a)、品种熟性(b)、灌溉次数(c)和氮肥施用量(d)

在“低碳兼顾产量”种植模式下，北方一作区、中原二作区、西南混作区和南方冬作区的温室气体排放强度分别为 57.2 kg $CO_2 \cdot t^{-1}$、62.5 kg $CO_2 \cdot t^{-1}$、84.4 kg $CO_2 \cdot t^{-1}$ 和 59.9 kg $CO_2 \cdot t^{-1}$，较传统种植模式分别减少了 53.9%、52.4%、37.5%和 62.3%(图 6-10b)。

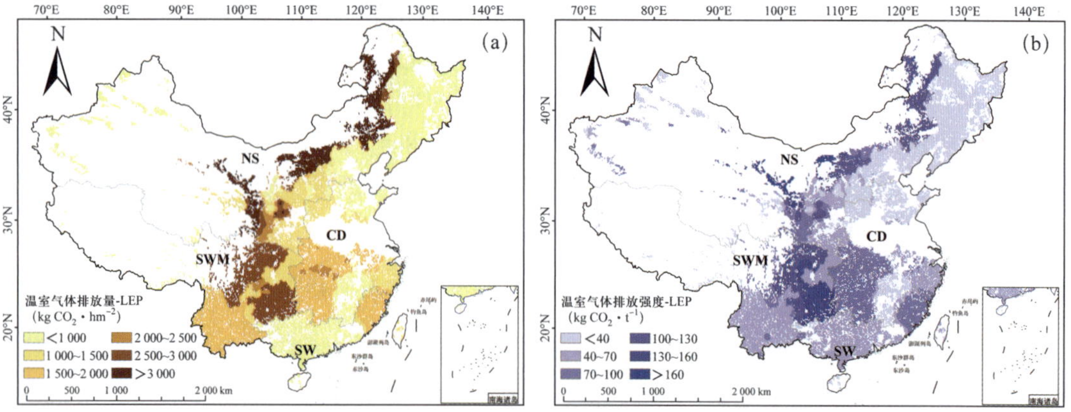

图 6-10 “低碳兼顾产量”种植模式下北方一作区(NS)、中原二作区(CD)、西南混作区(SWM)和南方冬作区(SW)的温室气体排放量(a)和温室气体排放强度(b)

6.5 不同马铃薯主产区气候智慧型种植模式比较

6.5.1 不同种植模式下的经济效益

传统种植模式(CPP)下,中国马铃薯主产区的平均经济收益为 20 668 CNY・hm^{-2},“低碳兼顾产量”(LEP)和“高产兼顾减排”(HYP)种植模式下中国马铃薯主产区的平均经济收益可较传统种植模式分别提升 18.5%(24 349 CNY・hm^{-2})和 39.6%(28 394 CNY・hm^{-2})(图 6-11)。传统种植模式下北方一作区、中原二作区、西南混作区和南方冬作区的经济收益分别为 17 802 CNY・hm^{-2}、24 763 CNY・hm^{-2}、20 260 CNY・hm^{-2} 和 19 848 CNY・hm^{-2}。“低碳兼顾产量”种植模式下北方一作区、中原二作区、西南混作区和南方冬作区的经济收益较常规种植模式分别提升了 22.3%(21 765 CNY・hm^{-2})、9.7%(27 177 CNY・hm^{-2})、8.5%(21 979 CNY・hm^{-2})和 33.4%(26 473 CNY・hm^{-2})。在“高产兼顾减排”种植模式下北方一作区、中原二作区、西南混作区和南方冬作区的经济收益较常规种植模式可分别提升 61.8%、12.6%、25.3% 和 58.8%,分别为 28 808 CNY・hm^{-2}、27 871 CNY・hm^{-2}、25 380 CNY・hm^{-2} 和 31 516 CNY・hm^{-2}。

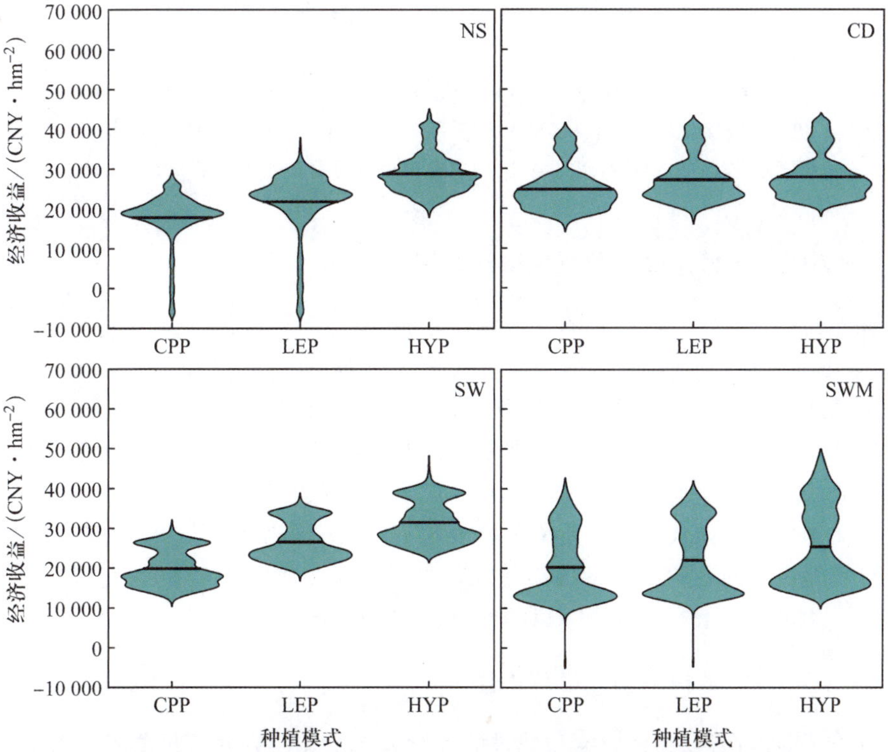

图 6-11 常规种植模式(CPP)、“低碳兼顾产量”种植模式(LEP)和“高产兼顾减排”种植模式(HYP)下北方一作区(NS)、中原二作区(CD)、西南混作区(SWM)和南方冬作区(SW)种植马铃薯的经济收益

6.5.2 不同种植模式下的生态效率指数

使用生态效率指数(EEI=净收益/温室气体排放量)来评价不同种植模式下中国马铃薯生产的生态持续性。结果表明,在“低碳兼顾产量”(LEP)和“高产兼顾减排”(HYP)种植模式下中国马铃薯主产区的平均生态效率指数均高于传统种植模式(CPP)下的生态效率指数(图6-12)。各马铃薯主产区均在“低碳兼顾产量”种植模式下达到最高生态效率指数,表明优化的种植模式可保证中国马铃薯生产的生态可持续发展。

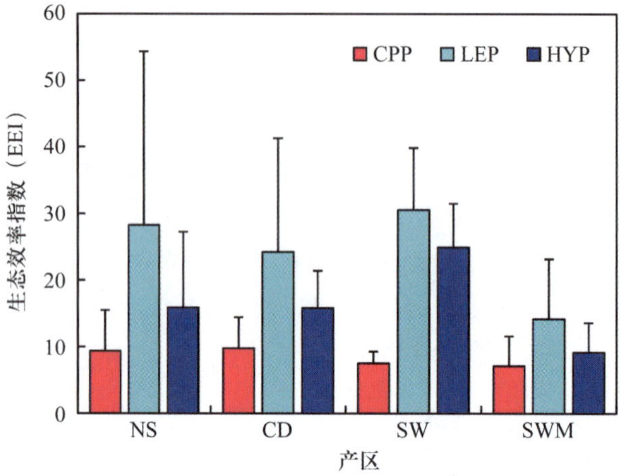

图 6-12 常规种植模式(CPP)、“低碳兼顾产量”种植模式(LEP)和“高产兼顾减排”种植模式(HYP)下北方一作区(NS)、中原二作区(CD)、西南混作区(SWM)和南方冬作区(SW)种植马铃薯的生态效率指数(EEI)

6.5.3 不同马铃薯主产区适宜种植模式推荐

为推荐不同马铃薯主产区适宜的种植模式,进一步分析了“低碳兼顾产量”和“高产兼顾减排”种植模式下马铃薯产量、温室气体排放量(GHGe)、温室气体排放强度(GHGI)和经济收益较传统种植模式下的变化率。北方一作区(NS)推荐采用“低碳兼顾产量”(LEP)的种植方式,主要原因为温室气体排放量在“高产兼顾减排”(HYP)种植模式下高于传统种植模式下的温室气体排放量(图 6-13a);而南方冬作区(SW)在“低碳兼顾产量”和“高产兼顾减排”种植模式下的温室气体排放量和排放强度较传统种植模式下的减少幅度相近,采用“高产兼顾减排”的种植模式可获得更高的马铃薯产量(图 6-13c);对于中原二作区(CD)和西南混作区(SWM),两种种植模式均可实现增产和减排“双赢”的目标(图 6-13b,d)。

6.5.4 气候智慧型种植模式推广的限制

本章推荐了兼顾产量、经济效益和减排的气候智慧型马铃薯生产方式,但在实际的推广过程中存在一定的阻碍,如北方一作区灌溉制度的调整可能会受到地表和地下水短缺的影响(Tang et al.,2019,2021;Qin et al.,2022);而在中原二作区、西南混作区和南方冬作区的种植制度为轮作,马铃薯播期的调整可能会受到下一季作物种植时期的影响;对于马铃薯适宜品种的选择,本章仅考虑了品种熟性对气候智慧型种植的影响,而对于干旱和病虫害频发的地区

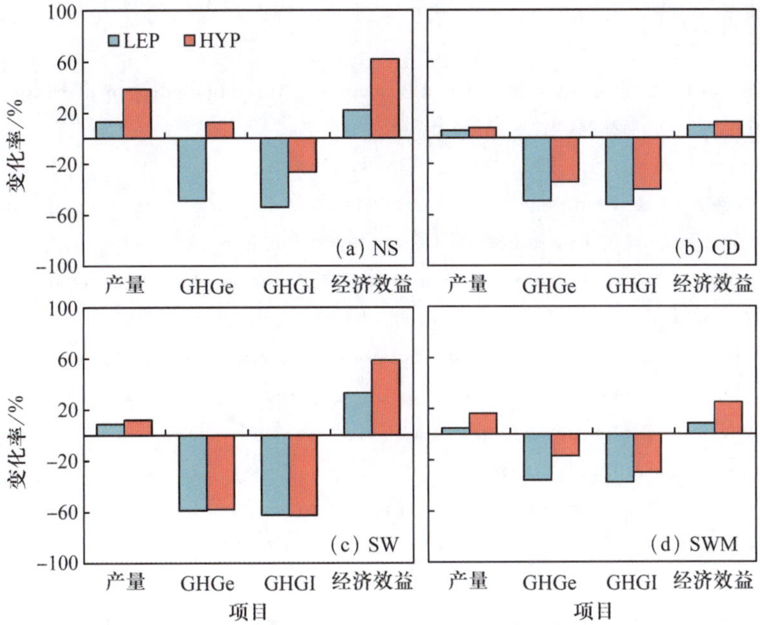

图 6-13　"低碳兼顾产量"种植模式(LEP)和"高产兼顾减排"种植模式(HYP)下北方一作区(NS)、中原二作区(CD)、西南混作区(SWM)和南方冬作区(SW)马铃薯产量、温室气体排放量(GHGe)、温室气体排放强度(GHGI)和经济收益较传统种植模式下的变化率比较

应首先考虑选择耐旱性和抗逆性较好的品种(高玉林等,2019)。

本章的研究结果存在一定的限制,第一,在计算温室气体排放量和排放强度时使用的格点种植面积为2009—2011年的平均值,而FAO统计数据显示中国马铃薯种植面积在近10年有逐渐增加的趋势,意味着当前中国马铃薯生产过程可能存在更大的减排潜力(FAO,2018;Qin et al.,2022);第二,本研究考虑了优化马铃薯播期、品种熟性、灌溉制度和氮肥施用量对马铃薯经济收益和环境的影响,而其他管理措施如起垄、覆膜和轮作等对马铃薯经济收益和环境的影响应在未来研究中加以考虑(Zhao et al.,2012;Tang et al.,2019);第三,本研究采用的各主产区马铃薯价格数据均来自前人发表文献,而实际生产中马铃薯的价格可能会随着市场的供求关系发生变化(伦闰琪等,2020);最后本研究中模拟的马铃薯产量未考虑到实际生产中病虫害对产量的负面影响,如早疫病(*Alternaria solani*)和晚疫病(*Phytophthora infestans*)等(任彬元等,2015;向运佳等,2019;高玉林等,2019)。

参考文献

高玉林,杨宇红,徐进,等.我国马铃薯病虫害发生现状与防控策略[J].植物保护,2019,45(5):106-111.

李思思,张志强,朱文华,等.不同灌溉量对马铃薯产量和土壤 N_2O 排放的影响[J].衡水学院学报,2019,21(4):20-25.

伦闰琪,罗其友,高明杰,等.中国马铃薯批发市场价格波动分析[J].农业展望,2020,16(8):30-40.

任彬元,杨普云,赵中华.我国马铃薯病虫害防治现状与前景展望[J].中国植保导刊,2015,35(10):26-31.

向运佳,符慧娟,李其勇,等．四川丘陵区旱作病虫草害发生特点和规律[J]. 山地农业生物学报,2019,38(4):46-53.

Djomo S N,Blumberga D. Comparative life cycle assessment of three biohydrogen pathways[J]. Bioresource Technology,2011,102:2684-2694.

FAO. FAO statistical databases[R],2018. http://faostat3. fao. org/.

Gao B,Huang W,Xue X,et al. Comprehensive environmental assessment of potato as staple food policy in China[J]. International Journal of Environmental Research and Public Health,2019,16,2700.

He X,Qiao Y,Liu Y,et al. Environmental impact assessment of organic and conventional tomato production in urban greenhouses of Beijing city,China[J]. Journal of Cleaner Production,2016,134,251-258.

Huang Y,Gao B,Huang W,et al. Producing more potatoes with lower inputs and greenhouse gases emissions by regionalized cooperation in China[J]. Journal of Cleaner Production,2021,299,126883.

Liu B,Gu W,Yang Y,et al. Promoting potato as staple food can reduce the carbon-land-water impacts of crops in China[J]. Nature Food,2021,2,570-577.

Qin R,Zhang F,Yu C,et al. Contributions made by rain-fed potato with mulching to food security in China[J]. European Journal of Agronomy,2022,133,126435.

Tang J,Wang J,Fang Q,et al. Identifying agronomic options for better potato production and conserving water resources in the agro-pastoral ecotone in North China[J]. Agricultural and Forest Meteorology,2019,272/273:91-101.

Tang J,Xiao D,Wang J,et al. Optimizing water and nitrogen managements for potato production in the agro-pastoral ecotone in North China[J]. Agricultural Water Management,2021,253,106945.

Zhao H,Xiong Y,Li F,et al. Plastic film mulch for half growing-season maximized WUE and yield of potato via moisture temperature improvement in a semi-arid agro ecosystem[J]. Agricultural Water Management,2012,104,68-78.

第 7 章 中国马铃薯生产发展对策与展望

7.1 中国马铃薯生产发展前景

2015 年，农业部把马铃薯主粮化作为重要战略，力争将马铃薯打造成继三大主要粮食作物后的第四大主要粮食作物。尽管马铃薯的种植面积有所扩大，但时至今日尚未达到当初的目标。对马铃薯主粮化的利弊仍然存在很大争议，本节重点分析中国马铃薯主粮化前景和存在的制约因素。

7.1.1 中国马铃薯主粮化前景

1. 国家政策的支持

国家在提出马铃薯主粮化策略后，对马铃薯种植实施了一系列财政扶持和补贴(陈奕名和张千友，2017)。2019 年启动了马铃薯制种大县奖励政策，促进脱毒种薯及马铃薯优良品种的培育和推广。完善了粮食补贴政策，2020 年起，国家明确了东北三省和内蒙古自治区可结合实际，调剂部分生产者补贴资金用于马铃薯种植。目前，内蒙古自治区已将马铃薯种植纳入补贴范围。同时，农业部为支持马铃薯发展为主导产业，加大了财政投入。通过一系列项目实施，促进马铃薯产业全产业链发展。完善了马铃薯加工标准体系，推动马铃薯主粮化(刘光琳等，2018)。

2. 粮食安全的需要

推进马铃薯成为我国主粮产品对保障国家粮食安全意义重大。随着人口的增加和饮食结构的调整，我国对三大粮食作物的需求越来越旺盛，但受耕地资源的约束和种植效益的影响，小麦、水稻等口粮品种继续增产的空间变小、难度加大(Wang et al.，2018)。而马铃薯耐寒、耐旱、耐瘠薄，适应性广，种植起来更为容易，属于“省水、省肥、省药、省劲儿”的“四省”作物，且马铃薯食用后有很好的饱腹感，属于耐饥饿食品。马铃薯营养价值高，含有高的蛋白质含量、氨基酸含量、维生素含量(屈冬玉等，2005)。国家推进马铃薯遵循“一不三坚持”原则，“一不”就是不与小麦、水稻、玉米三大主粮抢水争地；“三坚持”就是坚持主食化与综合利用相兼顾，坚持政府引导与市场决定相结合，坚持整体推进与重点突破相统一。马铃薯主粮化既不会影响三大粮食作物的安全，也能进一步保证国家的粮食安全(Liu et al.，2021)。

3. 马铃薯生产配套技术日趋成熟

目前，马铃薯生产配套栽培技术日趋成熟，集成了以农机为载体的双垄、覆膜、滴灌、水肥一体化等关键技术，并成功开发了马铃薯全粉占比 35%以上的馒头、面条、米粉等主食产品和面包等休闲食品。

7.1.2 中国马铃薯主粮化制约

马铃薯主粮化战略是国家层面上的一个重大布局，对于保障国家粮食安全意义重大。然而，受消费习惯和种植效益等影响，我国马铃薯生产消费总体呈现增长速度不快、生产水平不高、发展参差不齐等特点。

1. 消费习惯的制约

马铃薯一直是欧美国家的主粮，但目前在中国人的饮食结构中，特别是南方很少把马铃薯作为主粮，主要是作为蔬菜使用(李辉尚等，2019)。发展马铃薯产品加工业是扩大马铃薯生产的根本出路，但目前我国马铃薯产品加工业起步晚、技术水平较低，产品种类不多，未实现马铃薯产品的高附加值功能(李志平，2017)。

2. 种薯质量的制约

马铃薯连续种植过程中会产生退化，农民不使用脱毒种薯会导致土豆严重减产，但相对于农民自己种植的马铃薯，脱毒种薯价格更高，且宣传和补贴不到位，影响脱毒种薯的使用(梁淑敏等，2016)。同时，我国育种强调高产抗病品种，各种专用型品种尤其加工型品种奇缺，影响了马铃薯产业发展。

3. 种植效益的制约

目前，除了国家设定的小范围、小额度的“制种补贴”外，马铃薯并未获得国家粮食生产、粮食储备、种子储备等相关优惠政策和财政补贴，一定程度上影响了马铃薯种植的积极性(陈奕名和张千友，2017)。我国马铃薯生产存在产量低、长途运输成本高、难以大批量贮藏等问题，收获季集中上市，容易造成价格下跌、产品滞销(张克艳和谢冬，2020)。因此，马铃薯规模扩张极易引起种植效益低的问题。

7.2 中国马铃薯生产发展对策与展望

为改善中国马铃薯产业现状，提升中国马铃薯主产区的单产水平。针对当前中国马铃薯生产中存在的主要问题提出一系列对策，主要包括提高种薯质量、水热匹配减轻气候障碍因子的影响、优化水肥管理、加强病虫草害监测与防控、扩大生产规模和提高机械化水平、完善贮运销体系、加强和完善相关政策。

1. 提高种薯质量

提高马铃薯种薯质量是中国马铃薯主产区产量提升的最主要策略，品质优良的种薯不仅可以大幅提升单产水平，而且可以有效地减少生长过程中发生病虫害的风险(高玉林等，2019)。脱毒种薯具有出苗早、生长健壮、叶片浓绿、根系发达、抗逆性强和增产潜力高等特点(张希太，2011)。因此，脱毒种薯的生产和推广及脱毒种薯繁育体系和种薯基地的建设对于中国马铃薯产量稳定提升有重要作用(张荣达等，2019)。

2. 水热匹配减轻气候障碍因子的影响

针对不同产区的气候障碍因子，可通过改变品种和管理方式，使马铃薯生育期对水热的需求和气候条件更好地匹配。针对北方降水少和年际变异大的问题，可通过在不同的水热年型中，选择适宜生育期长度的品种搭配不同的播期来保证马铃薯稳产高产(李扬等，2020)。对于中原二作区，通过及时覆膜可有效减轻早春低温的不利影响，而及时揭膜可提高土壤温度，增加地温日较差，有利于增产(秦丽娟，2018)。西南混作区为了避免连阴雨和低温冻害，应选择适宜的播期搭配生育期较短的早熟品种，保证整个生育期光照充足、水热适宜且无低温冻害(梅勇等，2013)。对于南方冬作区，为避免生育期季节性干旱，可采取“抢墒”播种，“催芽”播种、播种喷地和苗期补灌等手段确保马铃薯正常出苗，而在阴雨天气和生育后期，为避免田间积水造成烂薯现象，应注意及时进行田间排水，保证土壤透气良好(陈瑞林等，2018)。

3. 优化水肥管理

由于实际生产过程中马铃薯消耗的水量较多，为了节约水资源和提升马铃薯水分利用效率，应采取合理的灌溉方式，主要包括滴灌节水灌溉(石晓华等，2014)、膜下滴灌(计荣坤等，2016)、集雨补灌(胡琦等，2017)、需水关键期补灌(Tang et al.，2018)等方式。针对肥料使用过量，可使用测土配方施肥(计荣坤等，2016)、养分专家系统推荐施肥(梁俊梅等，2019)、水肥一体化(杨栋，2020)等方式进行施肥，提高马铃薯产量和肥料利用效率。

4. 加强病虫草害监测与防控

加强对病虫草害的监测和防控，需构建完善的病虫害监测和预警体系，坚持预防为主，综合防治(吕超和孙国峰，2019)。实际生产中，应加大合格种薯的推广和应用范围，使病虫害问题在源头上得到有效的控制，生产过程中可通过播种前深翻土地、及时除草和喷药，控制合理的田间温湿度等措施来减轻病虫草害的发生，在喷药的同时结合物理防治和生物防治手段(高玉林等，2019)。此外，应向农民普及详细的马铃薯病虫草害的基本知识和防控措施，强化农民对病虫草害的防控意识和处理能力。

5. 扩大生产规模和提高机械化水平

针对以小农户为主的马铃薯生产方式，应鼓励创办具有一定规模的马铃薯专业合作社、马铃薯生产企业，加大投入，集约生产，精细管理，提高生产过程中的机械化程度(张荣达等，2019)。机械化水平的提升，需增加马铃薯机械设备的数量和质量，因此科研机构要增强机械研发力度，使传统的手工劳作转向现代机械化生产方式(臧广越，2020)。同时要降低机械化设备价格，使农民作为生产主体能够充分参与到马铃薯机械化生产过程中(岳以翛等，2017)。加强农技和农机培训，提高农民种植技术水平和机械化操作水平(牛军虎等，2016)。同时应加强产后的精细分选加工(刘光琳等，2018)，使马铃薯产品多样化，提升产品附加值。

6. 完善贮运销体系

针对当前马铃薯贮存数量多、贮藏难度大、贮藏成本高的问题，须加大马铃薯贮藏库建设的扶持力度，完善现代马铃薯贮藏体系(陈奕名和张千友，2017)。在贮藏过程中，应控制马铃薯的水分含量，对贮藏设施进行消毒，减少贮藏损失，选择通风良好、场地干燥的仓库，同时控制光照、温度和湿度(李建欣，2010)。其次，应逐步完善马铃薯运输和销售链条(张克艳和谢冬，2020)，在销售过程中，建立加工企业交易市场和马铃薯销售信息化平台(宾士友和郑浩，2019)，扶持一批营销大户或农村经纪人，推行订单种植经营等(杨珠生，2008)。政府也应对马铃薯的销售过程进行保障，如规范马铃薯交易行为政策等(王淑新等，2009)。

7. 加强和完善相关政策

政府应引导居民马铃薯主粮化消费(梁晶晶，2016)，加强政策调整和优化，将现行鼓励粮食生产的政策惠及马铃薯生产。出台马铃薯价格稳定政策，增加马铃薯种植和加工补贴等(陈奕名和张千友，2017)。加强在种薯和商品薯销售等方面的监管力度，扶持马铃薯加工型企业转型升级，补贴马铃薯主食产品的加工和销售，加大马铃薯产品的品牌建设力度（张荣达等，2019）。同时应重视马铃薯机械设备研发，鼓励校企合作、院企合作、校院合作，成立科技创新平台（李志平，2017）。此外，应尽快改变薯粮折算比，减少马铃薯作为主要粮食作物和其他主粮作物之间的折粮差距，从而调动马铃薯生产积极性（陈奕名和张千友，2017）。

7.3 气候智慧型马铃薯产业发展的机遇和挑战

本书详细阐述了中国马铃薯的生产现状、主要限制因子、对策和科学发展路径，为中国马铃薯气候智慧型种植模式的发展提供重要理论支撑。

1. 气候智慧型马铃薯产业发展的机遇

在推进马铃薯气候智慧型种植模式的过程中存在一定的机遇：

（1）近些年在中国马铃薯主粮化战略的实施过程中，马铃薯种植面积有进一步扩张的趋势，其他主粮作物的不适宜种植区也同样成为马铃薯种植面积的潜在扩张区（Gao et al.，2019；Liu et al.，2021）。

（2）中国马铃薯脱毒种薯的普及率逐年增加，马铃薯种植补贴和良种补贴范围进一步扩大，农民种植马铃薯的意愿不断上升（李扬等，2020）。

（3）近些年马铃薯相关研究逐渐增加，在基因改良、管理优化和环境匹配等方面均取得较大的突破，理论基础逐渐扎实（Tang et al.，2018；Wang et al.，2018；Li et al.，2021；Li et al.，2022）。

（4）马铃薯优秀种植经验不断总结和完善，高产田块、示范田块不断增加。

2. 气候智慧型马铃薯产业发展的挑战

然而，中国马铃薯气候智慧型种植模式的发展中仍存在一定的挑战：

（1）当前中国马铃薯生产的机械化规模仍较小，配套机械设施的研发和全马铃薯机械化生产应当稳步推进（李娜等，2019）。

（2）当前部分马铃薯种植区受种植制度的影响，马铃薯的优势未能体现，而科学合理的调整马铃薯种植制度有利于气候智慧型马铃薯种植模式的发展（池再香等，2009；黄团等，2013；邓仁菊等，2016）。

（3）马铃薯种植观念亟须转变，农户对马铃薯主粮化的意义和认识欠缺。

（4）农户种植马铃薯时，在经济效益和环境影响之间的权衡有待进一步探索，需要更多和更细的研究为农户种植马铃薯提供科学精准的预估和决策（Li et al.，2022）。

参考文献

宾士友，郑浩．广西马铃薯产业发展现状与展望[J]．广西农业学报，2019，34(5)：1-7.

陈瑞林，林宇香，蔡阿玲．漳浦县冬季马铃薯各生育期的气象要素影响分析[J]．福建热作科技，2018，43(3)：63-66.

陈奕名，张千友．马铃薯产业困境与政策优化探析[J]．当代县域经济，2017(4)：43-45.

池再香，张普宇，张艳梅，等．贵州西部地区马铃薯生产主要气象限制因子分析[J]．中国农业气象，2009，30

(s2):257-259.
邓仁菊,卢扬,潘建梅,等. 不同栽培模式对贵州冬作马铃薯抗旱防寒的影响[J]. 江西农业科学,2016,44(9):119-122.
高玉林,徐进,刘宁,等. 我国马铃薯病虫害发生现状与防控策略. 植物保护,2019,45(5):106-111.
胡琦,谭英,杨鹏宇,等. 阴山北麓农牧交错带不同沟垄宽度集雨技术对马铃薯的影响[J]. 干旱区资源与环境,2017,31(11):116-121.
黄团,邓仁菊,韦唯,等. 不同覆膜栽培对冬作马铃薯的影响[J]. 农技服务,2013,30(11):1192-1194.
计荣坤,王云华,高森,等. 陆良县马铃薯膜下滴灌实施成效与技术优势[J]. 云南农业,2016(1):80-82.
李辉尚,赵鑫,郭昕竺,等. 欧美主要国家马铃薯消费及其对中国马铃薯产业发展的启示[J]. 农业展望,2019(11):123-128.
李建欣. 中原二作区马铃薯块茎贮藏技术[J]. 乡村科技,2010(12):24.
李娜,周进,崔中凯,等. 山东省马铃薯生产全程机械化现状与对策建议[J]. 中国农机化学报,2019,40(1):198-204.
李扬,王靖,唐建昭,等. 农牧交错带马铃薯高产和水分高效利用的播期和品种选择. 农业工程学报,2020,36(4):118-126.
李志平. 内蒙古马铃薯产业发展现状及应对措施[J]. 中国农技推广,2017,33(11):8-11.
梁晶晶. 云南省马铃薯主粮化发展的思考[J]. 现代商业,2016(32):176-177.
梁俊梅,张君,安昊,等. 养分专家系统推荐施肥对马铃薯产量及肥料利用率的影响[J]. 作物杂志,2019(4):133-138.
梁淑敏,王颖,杨琼芬,等. 我国云南山区马铃薯周年生产潜力的时空分布特征[J]. 中国农业资源与区划,2016,37(6):201-207.
刘光琳,谢青夏,蓝常斌. 玉林,"南方薯都"的兴起[J]. 农家之友,2018(4):4-8.
吕超,孙国锋. 中国马铃薯生产区域布局的时空特征与驱动机制研究:基于主产区的面板数据分析[J]. 中国农业资源与区划,2019,40(6):34-41.
梅勇,阳园燕,罗孳孳,等. 重庆秋马铃薯生产气候条件及科技保障技术[J]. 南方农业,2013(s1):82-85.
牛军虎,马玉东,王龙龙. 甘谷县马铃薯种薯贮藏库管理现状的调查[J]. 农业科技与信息,2016(13):103-104.
秦丽娟. 华北集约农区马铃薯地膜覆盖安全期研究[D]. 北京:中国农业科学院,2018.
屈冬玉,谢开云,金黎平,等. 中国马铃薯产业发展与食物安全[J]. 中国农业科学,2005,38(2):358-362.
石晓华,杨海鹰,云庭,等. 养分综合管理对马铃薯抗冻性的影响[J]. 中国农学通报,2014,30(21):158-163.
王淑新,王学定,高峰. 马铃薯种植及流通的成本收益比较分析:以定西市为例[J]. 乡镇经济,2009(9):28-30,51.
杨栋. 马铃薯滴灌水肥一体化生产技术[J]. 农业科技,2020(7):48-49.
杨珠生. 青海马铃薯产业发展探讨[J]. 青海农业科技,2008(1):48-49.
岳以脩,王海宝,逯全波,等. 加速发展渝东北地区农业机械化的措施[J]. 南方农机,2017,48(22):172-173.
臧广越. 山东省马铃薯机械化发展情况分析[J]. 农业技术与装备,2020(1):70-71,73.
张克艳,谢冬. 甘肃省马铃薯产业发展现状与前景展望[J]. 农村经济与科技,2020(1):227,238.
张荣达,刘红梅,王立新,等. 贵州毕节马铃薯产业发展的现状及提升措施[J]. 农技服务,2019,36(2):83-86.
张希太. 中原二作区脱毒马铃薯春播栽培技术[J]. 现代农业科技,2011(6):130-131.
Gao B,Huang W,Xue X B,et al. Comprehensive environmental assessment of potato as staple food policy in China. Int J Environ Res Public Health,2019,16:2700.
Li Y,Tang J Z,Wang J,et al.,Diverging water-saving potential across China's potato planting regions[J]. Eur J Agron,2022,134:126450.

Liu B B, Gu W Y, Yang Y, et al. Promoting potato as staple food can reduce the carbon-land-water impacts of crops in China[J]. Nat Food, 2021, 2: 570-577.

Tang J Z, Wang J, Wang E L, et al. Identifying key meteorological factors to yield variation of potato and the optimal planting date in the agro-pastoral ecotone in North China[J]. Agricultural and Forest Meteorology, 2018(3): 256-257, 283-291.

Wang N, Reidsma P, Pronk A A, et al. Can potato add to China's food self-sufficiency? The scope for increasing potato production in China[J]. European Journal of Agronomy, 2018, 101: 20-29.